公元787年，唐封疆大吏马总集诸子精华，编著成《意林》一书6卷，流传至今

意林：始于公元787年，距今1200余年

意林®

一则故事　改变一生

意林青年励志馆

真正厉害的人，都懂得精准努力

《意林》图书部　编

吉林摄影出版社
·长春·

青年励志馆系列

图书在版编目（CIP）数据

真正厉害的人，都懂得精准努力 / 《意林》图书部编. — 长春:吉林摄影出版社，2022.8
（意林青年励志馆）
ISBN 978-7-5498-5455-4

Ⅰ.①真… Ⅱ.①意… Ⅲ.①成功心理－青少年读物 Ⅳ.①B848.4-49

中国版本图书馆CIP数据核字(2022)第142348号

真正厉害的人，都懂得精准努力 ZHENZHENG LIHAI DE REN，DOU DONGDE JINGZHUN NULI

出版人 车　强
主　编 杜普洲
责任编辑 吴　晶
总策划 徐　晶
策划编辑 王征彬
封面设计 资　源
封面供图 梨　花
美术编辑 刘海燕
发行总监 王俊杰
开　本 889mm×1194mm 1/16
字　数 340千字
印　张 11
版　次 2022年8月第1版
印　次 2022年8月第1次印刷

出　版 吉林摄影出版社
发　行 吉林摄影出版社
地　址 长春市净月高新技术开发区福祉大路5788号
邮　编：130118
电　话 总编办：0431-81629821
发行科：0431-81629829
网　址 www.jlsycbs.net
经　销 全国各地新华书店
印　刷 北京中科印刷有限公司

书　号 ISBN 978-7-5498-5455-4 定价 36.00元

启　事

本书编选时参阅了部分报刊和著作，我们未能与部分作品的文字作者、漫画作者以及插画作者取得联系，在此深表歉意。请各位作者见到本书后及时与我们联系，以便按国家相关规定支付稿酬及赠送样书。

地址：北京市朝阳区南磨房路37号华腾北搪商务大厦1501室《意林》图书部（100022）

电话：010-51908630转8013

目录

1 这世界很好，你也可以很出色

2 破局精进，在自我启发中成长

3 厉害的人，看事儿往往很特别

4 事情想得到，更要能做好

5 如果运气不好，不妨试试勇气

6 坚持热爱，毅然奔赴江河湖海

1

这世界很好，你也可以很出色

学会拥有黎明的感觉

□钱理群

做任何事，刻苦的结语常常是两个字：及格；兴趣的结语常常也是两个字：出色。

高中毕业的时候，我在学习经验会上有个发言，令我至今难忘，因为它照亮了我的一生。当时我说："学习最重要的是要有兴趣，要把上的每一堂课都当作精神享受，学习就是探险的过程，每一次上课都会发现新大陆，要带着好奇心，怀着一种期待甚至神秘感，走进课堂。"这可以说是我的第一个独立的学习观、读书观，后来发展成为我的研究观和我对学术工作的基本理解与信念。

这就是我这些年来经常说的，读书、学习、研究，本质上就是对未知世界的"发现"。这里有一个我和世界的认知关系问题。世界是无限丰富的，我作为一个生命个体所掌握的世界知识是有限的，还有许多未知的世界等着我去认识，我的认识能力是有限的同时是无限的，充满对未知世界的期待和好奇。学术研究所面对的就是一个未知世界，我对它充满期待与好奇。正是这种期待、好奇产生学习、探索的热情和冲动，这是一切创造性的学习、研究、劳动的原动力。

我们所说的学术研究中的发现，不仅是对研究对象的发现，更是一种自我发现，因此就会产生自我生命的升华：学术研究的美妙之处就在这里。

怎样使自己始终处在探讨、发现的状态，并由此获得永恒的快乐？这是我的人生道路、研究生涯中必须面对的问题。在这里我想介绍林庚先生的一个观点及其对我的影响。那是1984年左右，我刚留校做助教，严家炎老师是系主任，他提出举办学术讲座，请中文系已经退休的老师，来做最后的公开演讲，让我做具体组织工作。于是我就请来了吴组缃、林庚、王瑶、朱德熙等一流的北大中文系教授，那真是一次辉煌的"演出"。

我记得林先生做了非常认真的准备，几易其稿。那一天，他的穿着看似朴素，但是很美，很有风度，他一站在讲台上，那种说不出的风度，就把大家给镇住了。讲完以后，走出教室，他几乎要倒下了，我把他扶到家里，他回去就病了一场。他是拼着命来讲这一课的，讲完人就倒了。正是在这次课上，他提出："诗的本质就是发现，诗人要永远像婴儿一样，睁大好奇的眼睛去看周围的世界，去发现世界的新的美。"

我当时听了，心里为之一震：这正是说出了学术研究，以至人生的真谛啊！所谓"永远处于婴儿的状态"，就是要以第一次看世界的好奇心，用初次的眼光和心态去观察，去倾听，去阅读，去思考，这样才能有不断的新的发现。这是非常重要的，问题是怎么使自己永远处在婴儿状态。

后来我们的《新语文读本》选了梭罗《瓦尔登湖》里面的一篇文章，提出了一个概念，叫作"黎明的感觉"。"黎明的感觉"就是每天早上睁开眼睛，你便获得了一次新生，你的生命开始新的一天，就有了黎明的感觉：一切对你来说都是新鲜的，你用新奇的眼光与心态去重新发现。这就是古人说的："苟日新，日日新，又日新。"这样一种新生状态，就是真正的学术状态，或者说是一种理想的学术境界、人生境界。我们讲“赤子之心”，就是指这样的状态与境界。

我很同意梭罗说的另一句话，他说人无疑是有力量来提高自己的生命质量的。外界的环境我们管不了，因为我们都是普通老百姓，但你可以有意识地去提高自己生命的质量，通过自己的主观努力去创造一个有利于自己发展的小环境。

直到今天我还形成了一个习惯，那就是总是给自己设置大大小小的目标，或者读一本书，或者写一篇文章，或者编一套书，甚至是旅游，我都把它诗意化，带着一种期待、想象，怀着一种激情，兴致勃勃地投入，以获得写诗的感觉。我强调生命的投入，全身心投入，我跟前几届的北大学生都说过：“要读书你就拼命地读，要玩你就拼命地玩。”这样，你就可以使自己的生命达到一种酣畅淋漓的状态。我追求这种生命的强度和力度，也追求这种生命的自由状态。

做一根兴冲冲猛生猛蹿的蔓藤

□张晓风

17岁那年的某个夏夜，我因参加一项考试而投宿在一家简陋的客栈里。半夜，同学睡了，我还在读书。忽然，我觉得房间里有些异样，但并不可怕，抬头一看，原来有一根瓜藤正在窗格间游走——我的天，它通体晶莹剔透，像一条活生生的青蛇，正昂首吐芯，探索而前。它的柔须纤弱如丝，却又强悍如钢，我看呆了。也不知是不是由于某种错觉，我竟听见它噗噗的脚步声。

瓜藤会生长，我当然是明白的，但一向只是个概念性的知识。这一次不同，我竟眼睁睁看着它一寸一寸地把自己拉长、拉远，并且因而扩张了自己的疆界。原来植物有的时候简直也可以是动物的。许多年过去了，我一直不能忘记那瓜藤在黑夜中探索而前时令人心悸的颤动，对我而言，那幅画面大可题名为“青春”。

是的，青春，渴于探索叩路的青春。渴于求知，渴于了解，渴于爱和被爱，渴于出发，一再出发。

“毕业”？我不知道什么叫“毕业”，我知道的是另一种东西，名叫“探索”。嘘，我告诉你一个秘密，我们才不要去管什么毕业不毕业的鬼话，我们来关心自己的探索生涯吧！

像一根夏季的瓜藤，在深夜时分喜滋滋地游走探路，每个时辰，它都在成长壮大；每一分钟，它都不同于前一分钟的自己；每一秒钟，它都更旺、更绿。如果你决定做个毕业生，那随你，至于我，我仍然决定做那根兴冲冲地往前猛生猛蹿的蔓藤。

不妨“小折腾”一下

□万维钢

一百多年前，陈独秀先生创办《新青年》杂志，在发刊词中说，青年应该是什么样的呢？他提了六点——

第一，自主的而非奴隶的；第二，进步的而非保守的；第三，进取的而非退隐的；第四，世界的而非锁国的；第五，实利的而非虚文的；第六，科学的而非想象的。

这六条放在今日中国，不但仍然掷地有声，而且足以令大多数青年汗颜。不说别的，单论第一条，“自主的而非奴隶的”，就不是一般人能做到的。“自主”有大学问，以我之见，只要你具有自主的一个小小侧面——折腾的而非墨守的——就能超越不少青年。

有些人服从默认的设置，有些人喜欢折腾。新买一台电脑，里面有很多工具是现成的，属于默认配置。但默认的不等于最好的。一些企业开发的浏览器，就比那些自带的好。有些人自从使用电脑那天开始就一直使用默认的浏览器，从来没想过尝试一下别的；有些人却是一接手就把各种设置全折腾一遍，追求最顺手的工具。

这种爱折腾的人，跟墨守成规的人相比，有什么优势吗？

这两种人可太不一样了。

有经济学家取得了三万份从事客服代表职业的员工的简历数据，想看看是什么因素决定了一个员工会不会跳槽——可能很多人觉得那些以前爱跳槽的人将来更可能跳槽，结果不是。一个人未来会不会跳槽，跟他过去五年有几次跳槽经历没关系。

那到底跟简历里的什么有关呢？那些员工都是在线填写的简历，系统记录了他们当时使用的是什么浏览器。经济学家发现，用非默认浏览器的人，平均而言，比那些用默认浏览器的人坚守一个岗位的时间要长15%。

有意思吧？那些爱折腾的人，反而更不爱跳槽，而且他们的缺勤率更低、客户满意度更高、从新手阶段达到高客户满意度所花的时间也更短。一句话，这些拒绝默认设置，非得自己折腾一番浏览器的人，是更好的员工。

注意，这不仅仅是一个人的计算机技术水平的问题。经济学家给这些员工做了计算机技术水平和打字速度测试，发现哪怕排除这些因素，使用什么浏览器仍然显著说明了工作情况。

那些人只是爱折腾而已。他们不是说你让我干啥我就干啥。他们有自己的想法，有自主能力。而这个自主性不但没有降低，反而提高了他们的工作水平和工作奉献度。

爱折腾是个优良品质。创新需要冒险，做事的人得能折腾。但是不是折腾得越狠越好吗？不是！

一个关键洞见就是，成功的创新者、企业家和政治家并不比普通人热爱冒险——他们是合理地规划风险。他们喜欢折腾，但是不是大折腾。

你需要的是“小折腾”。

小张本来是个工作清闲又安稳的公务员，有一天灵感迸发，突然想到一个创业的主意，立马就辞职了。老李的工作本来就挺忙的，业余又在家里搞了个小项目。朋友劝他辞职开公司，老李总是下不了决心。你说小张和老李，谁更有可能成为成功的创业者呢？

答案是老李。有人研究了5000多位企业家，发现像老李这样，兼职创业的企业家，失败的可能性，比像小张那样一创业就辞职的企业家要低33%。

稳当点更好。搞创新已经是件充满风险的事儿了，你最好在别的方面对冲一下风险。恐怖小说作家斯蒂芬·金发表了第一部小说之后，还接着干了七年“正常”的工作。

如果你在一个领域有安全感，你就会更敢于在另一个领域成为创新者。企业家跟普通人一样厌恶风险。很多人是被逼、被催、被拉着出来的。这是人之常情。

成功的企业家小时候的确爱做一些离经叛道的事儿——但他们可没犯罪，他们的折腾都是小折腾。小折腾已经足够好了，而且比大折腾更好。

但我要说的是，更多的人是不折腾。人们过惯了循规蹈矩的生活，每天上班走流程，对工作没有想法和要求，只关心工资和头衔。好不容易不墨守成规一次，还是跳槽。这样的话，想有所作为难免期望过高。

当然，不是人人都要去创业。折腾可以是一种工作风格，一种生活方式，它能体现你的自主性，证明你不是“奴隶”。

自主，是种需要修炼的美德。哪怕你主动换个浏览器，都算是改变了自己。

星星缀满我的脸

□傅　菲

人世间，唯有星辰和星辰下的旷野，不会让人厌倦。

当仰望星空，觉得它像巨大的谜，我永远也无法猜透。星空的存在，是生命中最大的诱惑。星空浩瀚无边，亘古不变，散发的清光纯净如水。星空下的人间，从来都是寂然的。一个热爱孤独的人，星空会带给他沉默的伴侣。海子在《黑夜的献诗》中说：“天空一无所有，为何给我安慰。”天空一无所有，除了无处不在的星光。给我们安慰的，不是别的，恰恰是如星辰般的孤独。

星光照耀过多少人，谁又知道呢？每一个人都数过星星，可谁又数得清呢？星光是一把把刀，呼呼呼，从我们头顶飞过。我们看不到刀，也看不到刀光，看到的是星星如钉子，被钉在苍穹的悬崖峭壁上。我们遥望星空时，会想起什么呢？星宿是时间的同行者。它们就像与我们失散已久的人，它们尘埃一样的面容发出友爱的光。我们需要寻找的人，都居住在峭壁之上的湖泊里。他们手腕挂着铃铛，脸颊贴着锡箔——他们用古老的巫术，让我们结束梦魇，回到河流的出生地。

夜色温柔。星空下，你会想起谁？

会想起生火做饭的人，会想起给花浇水的人，会想起把门打开又关上的人，会想起在雪中紧紧拥吻的人，会想起不回信的人……

我会想起你。我微微仰起头，闭上眼睛，星星便缀满我的脸。旷野无人，万物冥寂，星光的马蹄踏过我的心房。旷野上有人在轻轻传唱，传唱——那是你写给我的诗句：

抬头时

我看见了夜空中的一颗星星。

不给自己标价，因为你本身无价

□李松慰

“人是目的，而非手段”，这句话出自哲学家康德，经常被引用。也许我们人生的每个阶段都会有重温这样一个声音的时刻。我也谈一点心理学层面的理解。

手段的意思，就是另有目的。手段只有实现其目的才有价值。把人当成手段，就是把价值建立在通过“人”实现一点别的什么上。因此康德说，没有别的，人成为“人”已经是终极的价值了。

讨论“人何以成为人”，对普通人的生活意义何在？事实证明，这个命题影响了大多数人的生活体验，它牵扯到我们日常生活之中时时刻刻隐秘的自我拷问：我是否还有比现在更值得的活法？

比如，多创造点儿价值，会不会更好？这听上去是很积极的人生观，可一旦接受它，也就要接受它的推论：创造的价值少了，人生就（相对）没有意义。而无法创造价值的人，对这个世界就是可有可无的存在。这是必须警惕的观念。

人可以创造价值，这只是他工具性的一面，但人绝对不等同于自己创造的价值。比如，我花一小时赚100元钱，而我这段时间并非只值这100元，否则，是否给我100元，再把这一小时从我生命中抹掉，我就没有任何损失呢？——再推一步，是否给一个人足够多的钱，就可以买断他的生命呢？

结论当然很荒谬。荒谬的起点为把人当成手段，简化为交换某个产出——100元也好，造福世人也好的筹码。这必定导向人自身存在的危机：假如有人一小时挣2000元，我该怎么办呢？是否他们的生命比我的更有分量？我的人生是否就不值得一过？

这是一旦开始就不能回头的歧途。

有一个关于登山的隐喻说：人为什么要登山呢？只是因为山在那里，而不是山顶有什么荣誉或者秘宝。如果把登山的意义看成必须到达山顶，假如不幸没有到达（迷路、路被堵死，或登上山顶发现什么都没有），整个旅途都将变得一文不值。所以，登山的意义只能在于登山。

活着的意义也只是活着，而非做到什么就会有额外的增值。活着就是活着本身，活着的同时顺便做到一些事。多或少，好或坏，那些事当然可以被评价、被比较，但不涉及人的价值命题。

如果对整个人保持这样一种态度有些强人所难，那不妨从拿出一个小时开始。每天拿出一个小时——其他时候你可以忙忙碌碌，用产出多少为时间定价，但这一个小时是属于你的——这一个小时是目的，不是手段。

这不等于要你什么都不做，只是不用给你做的事标价，一旦标价就会一步一步落入前面的陷阱：我用一小时做咨询可以赚几百元钱，却用它写了这篇文章，只换到几十元的打赏，那这段时间就不划算；更不用说拿来睡觉或看风景，一毛钱产出都没有。这样推论下去，一秒钟都浪费不起，连睡觉都变得奢侈。

收回来，不要标价。只要不标价，它就是无价的。度过这一小时本身就是这一小时的主要目的，至于实现了什么根本不重要。一个小孩趴在地上一小时，画一幅自己都不甚满意的涂鸦，然后漫不经心地忘在脑后。但他度过的这段时间仍然充实且快乐，与一个把画稿卖出天价的艺术家不分高下。再退一步，不充实不快乐又怎么样？那样是一个人度过一小时啊。

试试看，说不定在不追求做成什么的心态下，没有负担，反而能不知不觉地做成一些事呢？

别等下一次

□程　刚

1956年11月，第16届奥运会将在澳大利亚墨尔本举行。美国跳高运动员杜马为了争取到参赛名额，每天都要加练两个小时。他从小在贫民窟长大，吃尽了苦，特别希望在奥运会上一展身手，实现自己的梦想。

然而，由于伤病等，他在奥运会选拔赛和测试赛中的成绩都不够理想。虽然取得了参加奥运会的资格，但整个教练团队都不看好他，协会甚至让他自购往返的机票。家里也觉得他希望不大，不愿让他去参赛，后来在他的再三恳求下，勉强给他凑够了往返的机票钱。

一转眼，奥运会就要开始了。他跟随美国代表团来到墨尔本，开始了紧张的赛前训练。

这一天，轮到他的跳高项目了。因为是下午，中午他没有休息，而是选择训练热身，以期取得好成绩。可谁都没想到，他练着练着竟然忘记了比赛时间，等他急匆匆跑回酒店准备比赛时，大巴车已经开走了。团队在酒店前台给他留了一张字条，让他自行前往赛场。

他匆忙赶到了赛场，但更糟糕的事情出现了。教练和领队都不在，也没有把他的比赛证件留给门口的检录人员。眼见着比赛就要开始了，他却被阻挡在赛场外讲不去。

这时，门口有人叫卖门票，现在只有买门票才能进场了，他像遇到了救星一样。可是，他兜里的钱是要买回去的机票的，他有些犹豫。可比赛就在眼前，不参加太遗憾了。他狠下心来，用返程的机票钱买了一张门票，进到了赛场，投入了比赛。

可能是赛前热身做得好，也可能是这天身体高度兴奋，他第一跳便一鸣惊人，竟然比平时成绩提高了5厘米，而且一跳比一跳好，牢牢占据了领先位置，最后竟以2.12米的成绩打破世界纪录，赢得了冠军。

后来，电视台对他进行了专访，他开玩笑地说出了自己的遭遇。当谈到这次奥运之旅的收获时，他笑着对主持人说："你所做的一切，都是为了心中的梦想。如果有实现梦想的机会，就别等下一次。"

手　段

□［印度］安东尼·德·梅勒

弟子离开大师，重返家园，重操旧业。临行前，他询问大师自己要带些什么回去。大师说："谨记，并非火本身炽热，而是你感觉其热；并非眼睛看见，而是你看见；并非圆规画圆，而是工匠使然。"

你还在为未来的竞争而焦虑吗

□吴　琪

我要讲述的故事，从美国一所著名研究型大学的医学院开始。这所医学院与美国其他大学的医学院一样，招收的都是成绩顶尖的学生。医生在美国堪称勤奋、博学、社会责任感的代名词，他们充满奋斗精神，是典型的终身学习者。

在美国，进入医学院的竞争相当激烈，而在医学院学习和实习的压力，也不是一般人能承受的。北京协和医院的一名医学生，曾到哈佛大学医学院的神经外科作为交换生实习。这里的学生基本上每天凌晨3点30分起床，吃过早饭之后3点45分出门，4点之前就到达医院，开始查房前的准备，4点30分早查房之前准备好全病房病人的信息，接受着每周100小时高强度的严酷训练。

这名医学生，在哈佛大学学习期间，住在波士顿，由于没能找到搭顺风车的同学，只能乘坐凌晨4点的第一班公交车，等他到达哈佛医学院的时候，医院的住院医师都快写完病历了。波士顿凌晨4点的这班车上大多是穿着浅蓝色工作服的医生，因此这班车被波士顿人称为“医生专车”。

可是面对如此优秀勤奋的学生，美国某所医学院的院长和几位同事却开始担心，会不会是他们的医学教育出了问题：学生初入医学院的时候，大多怀有怜悯之心，但是在接受专业的课程和实习训练后，这种怜悯心在不断消退。“等到他们毕业时，他们很容易把病人视为物品，可以修就修理，修不好就扔掉。”

院长和他的同事们开始反思：到底我们的教育出了什么问题？他们开始担心急功近利的学术文化，令医学生的学习动机不是治愈疾病，而是在竞争中击败对手。

这种竞争心态，使医学院里出现了这样的情况：当有教授偶尔把学术期刊放在图书馆不能外借的书架，并且要求学生阅读里边的论文，到了第四名或第五名学生时，出现了偷偷用剪刀把文章裁下来据为己有的事情。这让教育者们感到特别痛心：如果大家共享论文，这些信息可能有朝一日会帮助某位医生治好一位病人。可是，有些学生的怜悯之心已经消失了。如果教育并没有让他们学到如何通过自我鼓励去学习，而是一心要在你死我活的竞争中获胜，那我们是在培养具有医德的医生吗？

院长和其他具有反思精神的老师认为，这种情况与传统教育的局限性紧密相关。院长说，传统医学教育的情景是：“头两年，学生坐在座位上，教授则坐在讲台上，手执教鞭，对着一具骷髅指点。学生的任务就是记住所有信息，在测试中把它们默写出来，并且能在实验室内运用。从第三年开始，学生跟第一个病人见面。我们奇怪为什么他们会像对待一具挂着的骷髅那样对待病人。因为这种单向灌输式的学习，根本没为学生提供任何主动去发现知识的经验。”

学生经过层层激烈竞争才能进入医学院，又拼命奋斗以保住自己在这个行业的地位，他们的经历给予他们的意识是：只有打败其他人，自己才能成功。可是如果未来的医生，只盯着同行，把奋斗的动力理解为在竞争中获胜，那么医生的职业道德又何在呢？医生如果对病人没有同情心和怜悯心，那么他们如何既给病人提供技术上的治疗，又提供人性深层的抚慰呢？

意识到问题的院长和同事们一起，提出了一个新的教学方案。这个新方案的主要特征是，让学生从进医学院的第一天开始，就聚集在一个病人周围，围成一个小圈，为其诊病并开处方。

每个圆圈中都有一位导师和一名负责教学的医生。但是，导师既不告诉学生诊断结果，也不告诉学生如何开处方。导师的任务是，引导大家合作探讨医学生应该看到的伟大事物——病人和疾病之间的关系。这才是学生应该注意的核心问题，而不是学生个体之间你死我活的竞争。

在这项新计划执行六年之后，不仅没有人再把论文从期刊上偷偷剪下来，医学院还不断收到表扬学生如何帮助病人的感谢信，学生的成绩不仅没有下降，还持续而缓慢地上升了。哪怕是刚刚进入医学院的学生，他们并没有多少医学知识，但是当他们围着一个病人时，他们也会联系自己生病的感受和看病的经验，为病人出谋划策。这种将冷冰冰的医学知识与个人经历、情感相连的方式，让学生意识到——医生的职责，绝不仅仅是战胜其他医生。医生眼里应该看到病人，看到病人的疾病，看到他们的痛苦、脆弱与期待。

正如美国教育学家帕克·帕尔默所说，这时候大家建立了一个学习的共同体。

这种对学习共同体的认知，背后也有自然科学理论的支撑。早期的生物学家认为，生活是个体之间从不间断的战斗，是你死我活的斗兽场。丁尼生的名言代表了早期生物学家的观点：“动物的牙和爪都染满了鲜血。”而崇尚社会达尔文主义的学者，把人际关系看成物竞天择、适者生存。

但在今天，我们对生物学事实的形象已经被转化了。生态学的研究提供了一张聚焦在合作共舞多于恐怖战斗的照片，这是一张包罗万象的生物网的照片。竞争和死亡从来没有从自然界中消失，但是死亡现在被视为共同体生活的一部分，而不是个人生命失败的结果。同样，我们对人类社会的理解，不应该停留在物竞天择的阶段，我们要意识到我们生活在一个共同体中，每个人都可以在这个共同体中获得成长的机会。一个人的成功，并不是建立在其他人被打败的基础之上。

匠　心

□［日］志村福美

常听人说：“做东西的人，所有精力都在制作上，无暇贫嘴。”

确实如此，作品要诚实公正得多。人的眼睛能将作品的表里看得分明，无一能隐藏。上手一用，则更了然。

在作品上倾注一切，其实是至难的技道。想要充分而熟练地运用材料，需要经过漫长岁月的历练，其间还时常会遭到材料造成的难以预见的波折。所谓直觉，不是天赋，而是在一次次失败中依然不放弃对技艺的磨炼，通过持续的培育和积累而获得的能力。

诚然，在工艺领域，甚至可以说材料占九成，人心占一成。当这一成能充分发挥出九成的优势时，所得的作品便可称得上名品。

别被“精彩”废掉

□曹　林

学者刘擎在一篇文章里，谈到“忍受枯燥”这种能力，特别有道理。他说：人如果在娱乐文化的背景下成长，他们忍耐没有笑点、没有兴奋、没有生动言谈方式的时间会非常短。他们的阅读能力也会下降，手机上短平快的东西破坏了深度阅读能力的养成。我们的大学模式是建立在20世纪中叶的文化环境里的，假设你能专心致志地读书，能够忍受看似枯燥实则有深度的内容，肯定会大有收获。但现在整个文化环境改变了，人们对“枯燥”的忍受力普遍非常低。

确实，生活在消费主义和娱乐化环境中的一代人，被“精彩”惯坏了。人们热爱爆梗、段子、金句、笑点、包袱带来的感官刺激，习惯被消耗自己时间的娱乐文化喂养，学习感官已经钝化，进入不了越过枯燥门槛去深度学习的境界。学习越来越依赖如社会学家伯格曼所说的各种装置范式，这些阅读装置以友好而人性化的方式帮你消除各种“枯燥”，将费力的文字转化成轻松的视听语言，植入笑点。人人面前有一台可供随时切换的计算机，这些让你从枯燥中解放的学习装置，实际上已经改变了学习的性质，让学习成为一种信息消费的景观。这种“学习景观”生产着让人躁动和焦虑的欲望，而不是用厚重的知识思想去驯服欲望，并让人安静下来。

能真正滋养一个人的事，往往带着某种枯燥，需要学习者忍受，投入深度注意力去穿透抽象。一开始写作，是枯燥的。阅读一本经典，是枯燥的。深刻的课堂，是枯燥的。创新、创造的过程，往往也是枯燥的。枯燥是一道门槛，是为不学无术者、浮躁者、消遣者设置的障碍。越过这道门槛，沉浸其中，才能慢慢获得愉悦。精彩不是一个“被动获得”的结论，不是通过别人的喂养，一下子就引起你的兴趣，而是在孤独静观、克服枯燥后先涩后畅，在读懂读通，习得新知，打消困惑后所获得的知识愉悦感。

写作是一件需要忍受枯燥的事。常有学生跟我说，之所以不写，是因为没有灵感，等有灵感的时候再动笔。我说，哪能这么被动地等灵感到来？你得现在就思考和动笔。开始肯定是枯燥的，我的经验是，如果克服了前30分钟的枯燥，逼着自己动笔，想着想着，就会进入状态并找到灵感。一气呵成的感觉，很少是一开始就有的，而是在克服开始那30分钟的枯燥过程中酝酿出来的。

阅读是一件需要忍受枯燥的事。你要有耐心让自己慢下来。再深奥难读的书，克服了前30页的阅读痛苦，慢慢就读进去了。前30页往往是作者设的障碍和门槛，一个优秀的作者也在寻找优秀的读者，绝不希望自己的作品被一个不学无术的人糟蹋。很多人的问题在于，容易被书的标题吸引，却连30分钟的阅读耐心都没有。那些让人很舒服、不断点头的轻松阅读，往往是重复你既有认知的无效阅读，要想获得认知增量，需要艰难的“入境”，需要烧脑的坚硬阅读。

上一门好课时常也是需要忍受枯燥的。常听学生说，某某课是好课，老师善于讲段子；某某课太枯燥，全是抽象的概念和艰涩的推理。我说，判断一门课的好坏，绝不能用“能不能在10分钟内吸引我”的标准去判断，那是对好课的侮辱。首先要清楚，自己是不是需要这门课去完善知识体系，提升自己的思想。学生与老师不是“我花钱让你教我知识”的消费关系（流行的知识付费异化了教育关系），身心投入学习过程才会有收获。其次要有忍受枯燥的心理准

备，投入和参与进去。

知识的传授本身就带着枯燥——逻辑推理，方法训练，批判性思考，都需要自己琢磨、分析、深思、质疑、否定才能内化，主动探索而不是被动接受投喂。

枯燥是一道门槛，有人越不过门槛，睡着了，或者被计算机上的综艺和手机上的段子吸引走了，谋杀了时间。优秀的人忍耐了前30分钟的枯燥，沉浸到写作、阅读和课堂之中，日积月累，就有了学渣与学霸、人手与人才的分别。所谓优秀，绝不是要机巧的小聪明，而是有强大的枯燥忍耐力，是聪明人下笨功夫，越过了枯燥并攀登到知识高处的结果。

什么是拖延症？我在课堂上跟同学们分享过克制拖延症的方法：忍受10分钟的枯燥，就战胜了拖延。做迎合自己欲望的事，从来不会拖延。容易被拖延的事，开头往往有一定的枯燥性，立刻去做，10分钟过去，接受了这件事情，进入做事的“心理场”，从中获得成就感，受到“行动正回馈”激励，就想停都停不下来了。

好习惯的养成，也是克服枯燥的过程。运动时学英语，坐地铁时读书而不是刷短视频，睡前读几页书而不是刷短视频，会议间隙写几段文字而不是刷短视频。有了想法立刻记下来而不是“等会儿再记下来”，多个动作，动笔去记，而不是相信记性或指尖。刚开始总有点枯燥，一个月后，回过头去看，有了受益感，进入身体本能，就成习惯了，会终身受益。

专业训练的过程，哪一个不是克服枯燥的过程？史学家桑兵说，长时间不断重复的、枯燥乏味的基础性练习，是从培养兴趣逐渐变成内行的必由之路。弹钢琴，学历史，读哲学，读文献写论文，写一手好字，成为专家，每一项令人景仰的成就，每一位受到业内外肯定的专业人士的背后，都经历过常人无法忍受的枯燥。你看到的有趣好玩，那是别人专业积累之后游刃有余的从容驾驭。创新，不是脑袋一拍灵机一动，新点子就来了，那是枯燥的重复实验、头脑风暴、文献输入、失败沮丧、爬起来继续干等不断累积的产物。专业学习和训练，本身就包含克服外行人无法忍受的枯燥，读普通人永远不会读的东西，做一般人受不了的重复训练，从而拥有不可替代的专业资本，超越“人手”，成为“人才”乃至“人物”。

很多时候，人们对“有趣”的追求中隐含着不愿投入忍耐枯燥的过程，想一下就抵达“感官的愉悦”，这是肤浅之源。所以我觉得，应该珍惜那些考验你枯燥忍耐力的挑战，警惕迎合和喂养，积累从容驾驭各种挑战的资本。如今很多所谓的“学习”，已经脱离了对真知的求索而成为保健式按摩。营造知识得到幻觉的商业娱乐，不是让你克服枯燥去获得新知，而是迎合着你“厌恶枯燥”的惰性，把需要硬啃的知识，再生产为表面有趣却失去原有营养的“知识点”“金句”“成功学鸡汤”。实际上这不是滋养，而是娱乐工业对你的消耗。

我常跟学生讲，学习就是学习，娱乐就是娱乐，想娱乐，那就好好玩，投入地玩。学习就是学习，不要机巧地伪装，美其名曰“娱乐式学习”。读书，尽可能去读严肃的文字，读经典原著，在孤独的沉浸和默读中收获新知，并通过“输出”去固化它，在克服枯燥中获得一手的、上等的知识，而不是等着别人把你当宝宝，喂那种添加各种甜味剂的“知识营养品”来哄着你、惯着你。

忧伤的时候，到厨房去

□松软君

1

爸爸是个美食爱好者。这一点，从他圆圆的脸庞和肚皮上可以略知一二。他爱吃，也喜欢自己动手做。天南海北的美食在我们的餐桌上轮番登场：醇香的糯米鸡、鲜甜的梅菜扣肉、滑嫩的酸菜鱼，连清宫御膳房里皇帝爱吃的开水白菜我们也品尝过。后来他入了甜品的坑，做起奶酪蛋糕、蛋挞、雪糕都不在话下；我还在上大学时，有一年中秋，他研制的冰皮月饼和奶黄流心月饼悄然寄来，还附带一大包送给室友们的爸爸牌牛轧糖。

作为女儿的我自然是享到了极大的口福。他偶尔也会在我吃得浑然忘我的时候说：“现在可以给你做饭，等你以后工作了、独立了怎么办？还是得学着自己来，不用依靠任何人也能好好吃饭。”但每当我走进厨房，他又总是挥挥手“我来吧”，指挥我蒸好米饭就给打发出去了。

幸运的是，我多少还是继承了爸爸在做饭方面的优秀基因。有一段时间我在北京实习。拿着微薄工资的我，外卖也不敢多吃，只能摸索着自己做饭。在手机上找好食谱、买了食材，按顺序一样一样放进锅里——我做的第一道菜是爆炒牛肉，当肉吱吱冒油、变熟、散发出香味儿时，我前所未有地理解了爸爸对美食的喜爱——处理食材是件多么治愈而美妙的事儿啊！

我迫不及待地跟爸爸讲述这一切。上大学以来，除了打生活费的日子和一些重要考试的前夕，我们其实很少发微信问候，但现在我有好多做饭的心得想要与他分享：昨天吃烤鸭剩下的骨头被我炖了汤，第一次尝试做的糯米饼煳锅了，徒手打发蛋白实在太难……有次炒菜，我不小心多放了姜进去，但吃下第一口便惊呼，这不是妈妈炒菜的味道吗？舌尖上的记忆是如此诚实且牢不可破，竟让我在一道普通的爆炒蔬菜中寻到了乡愁。

爸爸在手机另一端观望，对我所有成功或失败的作品，他都毫不吝惜地鼓励；我在美食上表现出的与他如此相似的巨大热情，也让他难掩自豪。无论读书还是实习期间，爸爸对需要学着独立生活的我说得最多的一句话就是：“吃好喝好！”当从买菜到刷碗都需要自己解决时，我才渐渐明白这句话的分量：日子是琐碎的，但依然得严肃地去对待这唯一的生活。

2

2020年年初，我赶在疫情变猛烈前回了家，终于能安心地为爸爸妈妈露一手了。我永远忘不了当我把一盘白菜肉卷端上桌时，爸爸眼睛里闪烁的光。那道菜花费了我一上午的心血。白菜要先上锅蒸软，再把调好的猪肉馅儿用菜叶儿小心地包好、用牙签定型，然后回锅直到蒸熟——这是爸爸最欣赏的一种菜，家常，但是需要花点心思。

“以前真没想到闺女的动手能力这么强，”每次吃我做的菜，他都惊喜得像是第一次吃到美食一样，“放心了，以后闺女算是饿不着了。”他的语气里，一半是骄傲，一半是真的放心了。

在琢磨吃这件事上，我有和爸爸一样的毅力。在家的几个月里，由我掌勺的午饭几乎没有重样过。每天爸爸妈妈下班回家，第一件事就是跑到厨房看看我又做了什么新鲜玩意儿。而我终于也可以扬眉吐气一番，在爸爸几次兴致勃勃地想要做帮厨时，毫不客气地把他赶出了厨房。

但有时也会翻车。有趣的是，爸爸从不会说不好吃。不管我做什么，他都一如既往地“全盘”接收。刚自学做甜点时，烤出来的曲奇硬得连我自己都难以下咽，每次却总能一点不剩——都被爸爸在第二天当作早点解决了。负责唱白脸的是妈妈，只有我们母女俩时，她才会悄悄告诉我：你爸爸觉得鸡肉有点柴了，或者葱姜放少了、盐不太够。每次我觉得又好气又好笑：边气自己没做好，边笑爸爸这样小心翼翼地保护着我的积极与热情。

他爱吃带汤汤水水的饭菜、爱吃面条；没办法接受红薯，因为那让他反胃；晚上必须有肉配一小杯白酒，再来点圣女果就完美了……我意识到我此前从未了解过爸爸的饮食习惯，也不太清楚他爱吃什么。偶尔我会苦恼第二天要做什么菜，然后突然想到，父母已经不停思考这个问题二十多年了。

3

没过多久，妈妈检查出十二指肠处有个囊肿，需要做手术切除。我和爸爸轮番上阵在医院陪着妈妈。谁也没有心情做饭，家里的厨房一个多月没有开火，外卖成了我和爸爸每天的主食。家人生病做手术是件大事，但在那段日子里，即使我和他单独在一起时，我们也从没有谈起过这个话题。十几楼的病房里，妈妈睡着，常常是我和爸爸坐在另一张床上，看窗外旭日升起，直到霓虹灯亮。我们说话很少，要么指着远处的高楼谈谈家乡的发展，要么讨论晚上吃哪家的拉面。事到临头，反倒不会生出那么多感慨。但我感到我与他相依为命。

妈妈恢复到能慢慢喝些流食的时候，家里的锅碗瓢盆就被爸爸搬到了病房里。尽管只是一碗小米粥——妈妈甚至还不能吞咽小米，只能喝熬出的米油——他也要精心煮上三四道，反复撇掉上层的泡沫。早晨五点，最新鲜的鲫鱼已经被他买回来，熬出的汤色是牛奶般的乳白，是为了给妈妈补身子。因为吃不上喜欢的水果，加上卧床输液太久，妈妈有时耍小脾气，把帮她按摩的我的手甩开。爸爸也不急，一直乐呵呵地抚着她的背。要知道在平时，爸爸才是容易上火的那个——这是我从没见过的、父母的另一面。

我没忘记爸爸的四字箴言“吃好喝好”。妈妈一天天精神起来，我重新琢磨着下厨房的事情。每天去医院前，我会起个大早，烤好蛋糕、曲奇带到病房，给专门从省城回老家照顾妈妈的姨妈和妹妹品尝。那阵子我常常想起读过的一本书——《忧伤的时候到厨房去》。

“我外甥女做的点心真好吃。”姨妈有双和我妈妈一样的大眼睛，里面洋溢着惊喜。我美滋滋地看向妈妈，像个要糖做奖励的小孩；而她居然云淡风轻地摇摇头：“赶不上她爸爸，比她心细手巧多了。”她不会知道听到这个答案的我有多么感动。

妈妈顺利出院两个月后，我就再一次离开了家，开始了在国外独自求学的日子。尽管每天都辛苦，我依然习惯向爸爸妈妈汇报当天的食谱，哪怕只是个简单的三明治。我开始留意各类养生信息，嘱咐妈妈冬天的时候多吃红枣和核桃，告诉她哪些食物抗衰老、哪些食物要少吃。爸爸生日，我发微信祝贺他生日快乐，家里的走路机要多用几次——尽管能吃是福，肚子上的肉该减还是得减。

不出我所料，他回复我一定要多买点米面以防万一，还有那句我再熟悉不过的——“闺女，吃好喝好！”当然，我会做到的。

我的父亲傅抱石

□傅益瑶

每次看到父亲驼着背站在画桌边画画，我就觉得父亲一生的艰辛都在画里了。

父亲13岁时进入江西省立第一师范附属小学读书，老师为他取了一个学名叫傅瑞麟。父亲17岁时以第一名的成绩从高小毕业，被保送至江西省立第一师范学校读书。但入学读书需要缴纳一定数额的保证金，万般无奈之下，父亲就从南昌步行到300多里外的老家去借钱，结果隔房叔叔竟然不让父亲进门，说穷人家的孩子读什么书，连顿饭也不给吃，最后还是婶婶包了两个山芋给父亲……打这儿以后，父亲便下定决心好好读书。

父亲小时候真的很苦。冬天冷，他就把姐姐、妈妈的花褂子一件件地套在里面，最外面罩一件灰布大褂。父亲常常对我们说，如果人不知道“饥寒”二字，那他是不会成人的。

父亲从小就喜欢刻图章，把石头放在腿上用刀刻，常常弄得自己血迹斑斑。不少人提到父亲的名字傅抱石，都说是父亲喜欢石涛以及屈原“抱石怀沙”的缘故。在我看来，父亲取名“抱石”的初衷，更多的是怀抱石头，喜欢刻图章而已。

父亲、母亲成长于不同的家庭。我的母亲叫罗时慧，出生在奉天（今沈阳），所以小名奉姑。母亲是大户人家的女儿，从小就有一个同年丫头陪着。外公有四房太太，母亲虽然不是嫡出，但正房没有孩子，所以外公十分宠她，专门培养她读书，不要她做其他事。

母亲长大之后，因为家庭声望很高，很多人来求婚。外婆对母亲讲，绝对不要嫁入豪门：“宁到穷人家吃糠，不到富人家喝汤。”吃糠，大家一道吃苦，那种平等的幸福才是真的；喝汤虽然比吃糠好，但不平等的痛苦是最深重的。

母亲是父亲的学生，在学校非常调皮，父亲可能很喜欢母亲的性格，就追求她。父亲常常到母亲家里去给我舅舅讲故事、补功课，讨好母亲。父亲家境困难，娶母亲遭遇的阻力很大，特别是外公的三姨太。父亲就买了许多衣料送给她，后来这个姨婆一直跟着我们住。另外，父亲又去借了一张存折，上面有1000块大洋，给外公看。外公其实对父亲的印象一直很好，但还是担心他太穷，看到父亲的存折，加上我外婆的力促，就同意了。外公对父亲说：“我的这个女儿什么也不会，你要一生照顾她。”

父亲没有食言，一直在照顾母亲。如果不是抗日战争时期到了重庆，母亲可能连饭也不会做。后来家里的事情虽然是母亲管，但有两件事一直是父亲帮母亲做的：一件是叠被子，另一件就是捶背。母亲总说父亲捶背捶得好，拳头像小锤子一样，力量恰到好处。母亲总是头疼，父亲怕她乱吃药，就定时定量拿药给她吃。母亲原来不会做饭，但后来父亲吃的饭菜全是母亲张罗的，即便家中有了保姆，母亲也会亲自下厨为父亲做饭。

父亲的口味简单，但要求很高，他最喜欢吃母亲做的炒大肠和三杯鸡。父亲说母亲做的炒大肠简直跟红枣一样，又红又亮，紧紧的、圆圆的。三杯鸡则是我们江西的家常菜，鸡里放一杯酒、一杯酱油、一杯麻油。

母亲虽不是大美人，但十分可爱，特别是她的幽默诙谐，为大家所喜欢。1931年8月的一天，徐悲鸿到南昌小住，父亲在朋友的引荐下去江西大旅社拜访了他。隔日，徐悲鸿到父母住处回访，当场画了幅《鹅嬉图》，画面上有只大白鹅，头顶一抹朱砂，引

颈向天，红掌下几茎青草。父亲用别针把它别在中堂画上，然后送徐先生回旅社。母亲在等父亲回来的间隙，铺纸磨墨照画临摹了一幅，兴犹未尽，在青草地上又添了一只大鹅蛋……次日清晨，记者拥进家里，因前日他们没带相机，这日特意赶来拍画。母亲把自己临摹的画拿出来，一位记者惊叫起来："昨天未见有鹅蛋啊，今日倒下了一蛋，神了！"母亲抿嘴一笑："张僧繇画龙点睛，龙破壁而去；大师神手画鹅，昨日肚里就有了，一夜过去，自然生下了。"母亲的乱真之作和幽默风趣令记者大为倾倒。

这类事情不止一件。有一天，父亲回到家里，帮佣的人告诉他，有位王先生等了他好久。父亲过去一看，只见这位先生戴着瓜皮帽，留着小胡子。父亲就问："您是哪位？"这位先生说："我认识你好久了，你怎么不认识我呢？"父亲愣在那里，怎么也想不起来。结果王先生"扑哧"一笑，原来是母亲假扮的。母亲的幽默名声在外，许多画商、古董商都说，画家太太中，傅抱石的太太"天下第一有趣"。他们看到母亲往往比看到父亲还要高兴。

父亲从来没有让母亲穷得没饭吃，甚至对母亲的情绪变化都很关心。母亲是父亲心里的第一人，只要一出门，他就开始给母亲写信。在日本留学时，父亲差不多隔天就写封信，不论什么细节，比如新居里家具的位置，比如与朋友相聚时各人的座次，都会写信告诉母亲。后来，在与江苏画家作两万三千里旅行写生时，也是日日或隔日写信。当时同去的年轻画家中有一名新婚者，也只写了十来封，而父亲写了三四十封，让同行者感慨不已。父亲不论出差还是出国，总会精心为母亲挑选衣物，而且只为母亲一个人买。在罗马尼亚的商场里，父亲为母亲挑大衣，找了身材与母亲相仿的女售货员左试右试，才选定。

父母的感情很好。二姐在一篇回忆父母生活细节的文章中写道："南京的夏天特别闷热，我们全家在院子里乘凉，母亲常常穿一套半新不旧的黑绸衫裤，睡在小竹床上，父亲就坐在母亲身边，手里摇着扇子。两个人一边说话，父亲一边帮母亲捶腰，往往捶至深夜，直到母亲睡熟。"母亲的腰病是生二姐时落下的，二姐有多大，父亲就帮母亲捶了多少年腰……母亲在父亲逝世20周年的时候写过一篇声情并茂的文章，谈到父亲的家庭责任感。母亲写道："在家里，他上对老母，下对儿女的关心全都无微不至，有时甚至使我感到有些过分。他哪怕离家只有三天，也必定有两封信寄回来。有时人都到了家，他进门便问我：'今天收到信了吗？'我说没有。他却非常有把握地说：'信太慢，在路上，不相信，你等着看，邮递员马上便会送来的。'真教我好气又好笑。他一生离家的时间，加起来也不满五年，家信却有一大皮箱。"

父亲有一个自定的规矩：如果不是出差在外，一定给母亲过生日，买礼物，然后给母亲画张画。而他自己从来不过生日。

父亲是1965年9月底去世的。那年夏天，他去湖南出差，当时血压已高得不得了。跟随父亲去的学生写信告诉母亲，说晚饭时父亲喝了很多酒，尽管很晚了，但仍说有件事不得不做。因为那天是母亲的生日，他要给母亲画张画，那是一张很漂亮的扇面……父亲去世得很突然，顶梁柱一倒，母亲就觉得天崩地陷，一个月内完全不知所措。她从前不是一个能独立处理事情的人，但自那以后，母亲忽然具备了这种能力。

我的妈妈，是个朴素的英雄

□李尚清

1

大年初一，我和妈妈去电影院看了《你好，李焕英》。这是我们一起看的第一部电影。看的过程中，两个人的泪水都是止不住地流。回去的路上，我们静默无言。直到快走到家门口，妈妈对我说：“我想好好爱你，可是怎么办呢？你已经长这么大了。”

都说“子欲养而亲不待”，对像我的家庭一样的家庭，更常见的情况是妈妈意识到了自己母亲的身份，想回过头去爱孩子，却发现孩子已经长大了。

妈妈在她18岁的时候生下了我，那是1998年的冷冬。很快，度过了千禧年的春节，她就和爸爸一起搭乘火车南下了。那会儿广东是一个在外地人眼里遍地黄金的地方。因为在一起总是吵架，妈妈决定留在深圳，而爸爸去了珠海。

如今，妈妈们可以通过电子设备，在屏幕那端见证孩子的成长过程：孩子如何学会走路，如何扑到大人怀里；孩子如何学会自己吃饭，每顿饭能吃下多少……虽然陪伴依然缺失，但在我出生的年代，连这样的条件也不具备。在妈妈的视角下，也许我更像是家门口的一棵小树，只要每天浇点水，就会一节一节地、自然地长起来。所以，妈妈每年过年回家，看到我后说的第一句话都是“又长高了啊”。

2

从上三年级开始，我就只能去镇上读寄宿学校了，这意味着我一周才能回一次家。妈妈有时会在周末打来电话，有时不打。我们的聊天总是停留在很浅的层面：今天吃了什么，天气怎么样。我们很少交流，或者说无法交流——我们在不同的地方过着各自的生活，对彼此的热爱和痛苦都一无所知。

一位朋友曾对我给妈妈的微信备注名感到疑惑，他说，一般要么取单音节“妈”，要么就是“老妈”，再亲昵的就叫“妈咪”；年轻人喜欢调侃，还会取“母后大人”这种昵称。很少见到有人用“妈妈”这种“官方”的备注。

印象里，我和妈妈偶尔的、短暂的相处，都像例行公事。她带我去看海，在海边花十块钱拍照留影，却不带我去旁边的草坪上放风筝。她带我去游乐场，却从不和我一块儿玩，而我一个人兴致寥寥。

仅有的一次，那也许是我们有可能最亲近的时刻，只是那个微茫的“可能”被我的羞涩或者说生涩，干脆利落地扼杀了。三年级，入学第一周，班主任要求我们写一篇开学日记。开学那天，室友们几乎都是妈妈送来学校的。她们的妈妈给她们准备了那么多好吃的，温柔、不舍地和她们说话。我是爷爷陪着一起来的。那天，我所有的行装就是一床被子、一个枕头、一块毛巾，像个小小的军旅人。我很羡慕我的室友们，羡慕她们的妈妈陪在她们左右。母子连心，妈妈是懂孩子的。我的鼻头阵阵发酸，于是在开学日记里写道：“想妈妈的感觉，就是想哭的感觉。”

我的班主任很善良，就为日记里的这句话，她特地打电话给我妈妈，说自己如何感动。当天晚上，妈妈就打电话给我，但我告诉她，那句话是我在某本书里抄下来的。那是一通令人不快的电话，我也曾为此怨恨过自己。但现在，我已经能够理解，一个素日里胆小怯懦、沉默寡言的小孩，当她面对突如其来的亲近和夸赞时，所产生的惧怕和抵触情绪。

这只是些温暾的往事。妈妈还曾在不经意间伤害过我。

入学不久，我在爬寝室上下铺的梯子时，脚打滑摔了下来。梯子是生锈的铁架，我的左腿脚踝处被剐蹭掉一小块肉，血流不止。到医院以后，医生说要打破伤风抗毒素。但我对该药物过敏，需要打替代药物破伤风免疫球蛋白——432块钱一支，是破伤风抗毒素价格的近百倍。那时我每个月的生活费是800块钱，尽管我一直在学校后街某家饭店做兼职，但钱还是不够。我打电话给妈妈，她听后很生气，劈头盖脸骂了我一通，说“你怎么还这么不懂事”。尽管挂电话后，她还是转了500块钱给我，但我没接收。免疫球蛋白我没有去打，我并不担心病死的概率，我甚至开始憎恨这世间的所谓“概率”——就像投胎一样，亲人是巧合，所谓亲情也只是前半生的命运。

3

大二暑假，我来深圳打临时工。在厂线上班的那段时间，我想通了很多事情。

没有什么时刻比在厂线更能体会马不停蹄的滋味。在厂线上，手头一刻不能停歇，不然整条拉线就无法运转。有时客户催货催得急，我们要工作到凌晨1点，第二天早上8点还是得打卡上班。午休的时候，楼道里都是睡觉的人。有的人直接坐在楼梯上，靠着栏杆就睡着了。

那段时间，我每天都很累很累，回到宿舍后什么也不想干，只想蒙头大睡。但也是在那个时候，我和妈妈产生了某种迟来的共情。妈妈也曾在这座城市里，以这种方式度过她最年轻的岁月。

有一年暑假，我坐了将近十小时的大巴车来到深圳，和妈妈一起住在她的员工宿舍里，条件和我在寄宿学校的寝室差不多。她当时做的是缝盘女工，流水线作业，工作并不轻松，薪资也不高。早上吃一碗两块钱的肠粉，中午和晚上就在食堂吃快餐。洗手间里没有热水，妈妈基本都洗冷水澡，她说烈日炎炎的天，冲“凉”才舒服。

那个年代，在深圳成功的女性层出不穷，但妈妈并不是其中的一员，她没有攒下钱买车、买房，而是把大部分钱寄回家给我读书、给外公建房子。妈妈普普通通，平凡无奇。但她从不怨恨自己，也不羡妒别人。她觉得她做好了她该做的事。她是一个朴素的英雄。

4

如今，我身处深圳这座大都市，每日一个人搭乘地铁来回穿梭。经历过找房、找工作的诸多不易，我已经能够理解，那个时候的妈妈一定和现在的我一样，怀有无处安放的恐惧，很难再负担起一个小孩的日常起居。甚至，在更多面对金钱或其他困难一筹莫展的时刻，对妈妈来说，作为家人的我，是她来到这世间要赎的罪。

很小的时候，我最期盼的，是自己生病时，妈妈照顾我的场景。比如，我因为着凉感冒了，头晕、呕吐，一整天躺在床上。妈妈默默地帮我清理呕吐物，又熬好青菜瘦肉粥，坐在床边喂我喝，眼里满是心疼。

而当我一个人住在出租屋里，因为感冒头晕时，我想的已不再是自己被妈妈悉心照顾的情景。我在想，妈妈是不是也经历过这些？现在的我，对妈妈的理解已经远远多过责备。

半字哲学

□韩铁铮

宋代理学家邵雍在《安乐窝中吟》中说：“美酒饮教微醉后，好花看到半开时。”这个“半”字用得好，它说的是一种人生智慧、处世哲学。《道德经》云：“知足不辱，知止不殆，可以长久。”《菜根谭》说：“路留一步，味让三分。”

明末清初大儒李密庵有一首《半半歌》，其中说“看破浮生过半，半之受用无边”，体现出一种知足常乐、随遇而安的生活状态。这个“半字哲学”，劝告人们心态要从容、豁达，不必事事追求完美，一路阳光不过是一种美好意愿而已。

你要走，不要停

□艾 润

1

表妹考上了研究生，打电话给我报喜，语气里是难掩的激动。她说：“姐姐，你不是说想要去海边城市吗？我要在这样的城市待三年呢，你可以来找我玩。”

我一边开心地满口应下，一边在心里琢磨着那个对海边城市的向往是什么时候诞生的。

之所以有这样一个想法，是因为那年我心心念念要考的大学就在那样的城市里。我心目中的它一定是临海而立，风满时能鼓动一袖春光，而我，一定可以在海水拍击岸边的时候，打捞起不灭的梦想。

年少的时候，谈梦想是完全不庸俗的事情，并且特喜欢为梦想建造一个依托。作为一个在北方长大、从来没见过海的人，那座沿海城市的大学，成了我心中通往未来的秘密通道。

可惜的是，我到底也没能穿过这条秘密通道，连在门口徘徊的资格都没有。那年高考，我的成绩差到羞于向人提起。

我在家里鼓起勇气跟爸妈讨价还价，虽然羞愧的我好像并不具备这样的资格，但还是梗着脖子，好像脾气硬一点儿就能掩饰内心的脆弱。我一会儿说要去读技校，一会儿说要去打工。爸妈却反反复复只有一句话——你必须去复读。我说我不去，转身就躲在房间里哭。

我并不是真的不想复读，只是不知道如何面对那样难堪的分数，那和我一贯的成绩不符。我甚至想我可能是不适合高考的，否则为什么明明每次月考的成绩都不错，却在面对高考试卷的时候溃不成军呢？我更害怕，一旦复读的结果也不好，我有没有勇气来面对爸妈，面对我自己？

最后决定去复读，是因为爸爸。他不再强制性要求我去复读，也从不对我说“我们是为你好”这样的话。他只是抱着学校发的那本报考指南翻看，从早到晚，认认真真研究每个专业，询问从事教育行业的亲戚。

他说：“哪类学校都好，只要可以收到录取通知书。但你不可以不读书，你才18岁，你不知道未来还有多长。如果停在这里，你有可能就会一直停在这里了。”爸爸垂着头，坐在那里，翻着册子。有时候他会招手问我：“你来看看，这个学校怎么样，你不是喜欢英语吗？英语专业好不好？”我突然就绷不住了。我低着头，瓮声瓮气地说：“爸爸，我去复读。”

还有半句话，卡在嗓子眼里没说出来——对不起，谢谢你。

对不起，不能成为你们的骄傲，还让你们操碎了心。谢谢你，包容我的肆无忌惮和不懂事。

2

8月份去复读，夏天正当道，热得理直气壮。能容纳一百人的复读班，黑压压的全是人。桌子上的习题集，像是长了一双双深不可测的眼睛。

我选择了最后一排靠近角落的位置，旁边的座位是空的，好像只有这样才不会被打扰。我带着惶恐，重复着一日又一日。一个月后，我有了同桌。她来的那天，背着一个巨大的书包，鼻子上架着大眼镜，周身写满了“严肃”二字。我想跟她打招呼的心立马有点儿受惊，不动声色地把我的书往里面挪了挪，以给她腾出足够的空间。

谁知她竟然发现了我的意图，挠了挠头，说：“不用，不用，我可以放在桌子底下，哪里都是位置嘛。”她指了指我们桌子下面的踏板，露出开怀的笑。

就是那个笑容，让我觉得这个姑娘一定是心甘情愿来复读的。这样的人一般是因为上一次高考成绩不错，但没能考取心仪的学校，故而打算二战。所以，我试探着问了她的成绩，以为会得到一个让我惊讶的分数。可这次，她有点不好意思地笑了：“其实，我中途退学了，因为没考上好大学，就出去打工了。后来又想读书，干脆就回来了。”

接下来的日子，她用勤奋诉说着对重返校园的感恩。因为有一年没读书，落下的课程比较多，她每天都要花费比我们更多的时间，晚上不舍得睡觉，早上早早起床。有了这样一个勤奋的同桌做参照，我更加用心起来。

那一年留给我的印象，只剩下成沓的试卷和同桌那双每天只有6小时睡眠却依旧神采奕奕的眼睛。第二次高考结束后，我问同桌：“你到底是怎么做到那么有精气神的？”她说：“因为我尝过在工厂每天连续站十几个小时工作的滋味。那时，我问自己，是不是这就是我以后的人生了。所有人都说高考不是唯一的出路，我当然也这么认为。可后来我才意识到，高考不是唯一的出路的意思是，在高考之外，你已经修好了更好的路。可惜，我并没有。我慌慌张张地一脚踏出去，才发现外面的世界根本没给我双脚落地的机会。”

那是我第二次领略到她的严肃。我们站在空荡荡的操场上，谁都没有再说话。我想起爸爸对我说过的“只是想要让你有更多的选择”，大概就是这个意思吧。

那年，我和同桌终于收到了迟到的大学录取通知书。虽然依旧不是我向往的沿海大学，也不是她刻在书桌右侧的“北京，北京”，但重要的是，我们真正懂得了为自我做选择的意思——不是孤注一掷，丝毫不忌惮未来，而是心有所盼，能为所盼去勇敢。

3

读大学的时候，我特意去了我向往的那所学校。周围是来来往往的学生，脸上带着熟知周边事物的风轻云淡。而我，像个局外人，充满好奇，绕着校园走了一圈又一圈，恨不得记下每栋建筑的名字。

同行的朋友问：“你喜欢这所学校啊？”我点点头，又摇摇头。确切地说，不只是喜欢，一如当年的我，向往的不仅是一所大学和一片海，还有更多更多的未知。而如今的我，已经有了足够的勇气去探索每一个未知。

后来，当遇到一些朋友向我诉说不知该如何选择时，我都会把当年我爸爸对我说的话告诉他们，千万不要让你的选择成为你停在这里的枷锁。你明明可以成为一把钥匙，为自己开锁，何不继续往前呢？不管高考，还是人生。

最差不过一路告别一路失望，可失望过后也会有希望，告别之后也会有新生。所以，重要的是，你要走，不要停。

诗

□刘晓蕾

诗是什么？诗是暗夜里的微光，是生命的觉悟。诗能照见人生，救赎自我。这点光，虽然微薄，但足以让生不再卑微，让死不再冰冷。

有一本书叫《被淹没和被拯救的》，写的是“二战”时的集中营。书中写道，普莱默跟朋友聊天，聊到诗人但丁时，情不自禁地背诵起《神曲》的结尾，却怎么也记不起最后几行。他着急了，便跟狱友说：“你们有谁记得，请告诉我，我把我今天这份汤给你们喝，也就是我的血液，让我多活一天的这份血液，我要记起那几行诗。”

要记起那几行诗！要记起那几行诗！诗太重要了，诗让他在“失去文明的世界”里，活得更像一个人，而不是一只待宰的羔羊，一个囚犯。

天人合一，开发万物

□田　心

1

明万历四十三年（1615年），对江西奉新的宋家而言，是一个值得铭记的年份。这一年乡试刚发榜，奉新县衙就快马传来捷报：全省一万多名考生中，29岁的宋应星排名第三，其兄宋应升排名第六。很快，他们成了励志典型，人称“奉新二宋”。

宋应星自幼机敏过人，传闻他有过目不忘之才。宋应星年长后，除了儒家经典，也喜欢涉猎天文地理、农业工艺等专业的书籍，培养了对科学、技术、哲学、历史、文学艺术等多方面的兴趣，被族人评价为“才大而学博”。1603年，江西巡抚夏良心在南昌府刊刻了李时珍的《本草纲目》。第一次看完《本草纲目》，宋应星的内心无比震撼，后来他在写作中，多次引用其中内容。

然而，直到1630年，距当年乡试成名已经过去了整整15年，宋氏兄弟经历了六次科举，依然与功名无缘。年龄和阅历的增长，也让宋应星开始调整自己的人生方向。碰巧第二年哥哥宋应升被吏部选派为桐乡县令，也算圆了父亲的期望，于是宋应星便绝了科举应试的心思，安心在家耕读为乐。

四年后，经吏部铨选，宋应星出任袁州府分宜县县学的教谕。正是这份勉强能糊口的差事，让他无须终日为生计奔波，能在兴趣上投入一些精力。

宋应星兴趣广泛，关心万事万物。十几年间每每赴京师会试，路上便要耗费近半年。这六次水陆兼具、长途跋涉的赶考，沿途经过江西、湖北、安徽、江苏等省的许多地方，可以称作当时的精品旅游线路。然而宋应星不是沉湎山水的纨绔子弟，他关注国计民生：“为方万里中，何事何物，不可以见见闻闻。”意思是说，来去行程数万里，没有什么事情和对象是我不想知道的。一路上，宋应星走访南方水田、北方旱地，实地考察生产现场、手工作坊，眼观、耳听、口问、笔录，随时随地将所见所闻记录并描绘出来。

而他在奉新乡居的日子里，更是走遍了田野和村镇，遍访打谷场和手工作坊的各类匠人和艺人，以及店铺、窑厂、工地等。

读万卷书，行万里路，问万件事，拜万人师，使宋应星掌握和积累了大量的第一手资料。他用数年编纂《天工开物》，在对古代各项生产技术的系统总结中，构建了一个较为完整的技术体系。

2

1637年，他的书杀青了。很多年以后，历史学家说起1637年，总会强调这是一个奇特的年份。这一年，东西方出版了深刻影响人类的两本书。一本是欧洲近代哲学奠基人笛卡儿的《方法论》，另一本正是宋应星的《天工开物》。

在《天工开物》问世大约300年后，地质学家丁文江如此评价他：“宋氏独自辟门径，一反明儒陋习，就人民日用饮食器具而究其源，其活力之伟，结构之大，观察之富，有明一代，一人而已。”

人与自然相协调，人力与自然力相配合，这是传统的哲学思想，也是《天工开物》的思想精髓。全书分上中下三卷十八篇。每篇的命名，都是从古书中找出的切合内容的语句。如《乃粒》取自《尚书·益稷》中的“烝民乃粒，万邦作乂”，意思是有了饭吃，百姓就安定下来了，国家就得到了治理。从内容来看，全书以《乃粒》开篇、以《珠玉》结篇，体现了“贵五谷而贱金玉”的内在理念。

书中谈到某一产品的制造时，往往以生产该产品技术最发达的地区为讨论对象。可以说，17世纪广阔神州一幅幅壮观的工农业生产景象，尽观于《天工开物》中，也无怪西方人称这本书为“中国17世纪的工艺百科全书”。

3

《天工开物》除了是一本科技著作，亦能体现宋应星的救世思想。宋应星所生活的时期，是明朝后期国势衰微之时。振兴国家，成为每个士人义不容辞的责任。宋应星把这部书献给识字的农民、工人和工商业者，帮助他们获得技术知识和经济效益，富国强民。

实际上，晚明的思想、经济以及科技发展势头，并不落后于西欧。当时，资本主义在江南萌芽，一些思想家呼吁人性解放，另一些人倡导实用主义，不再将科学技术视为“奇技淫巧”。他们写出了一批科技著作。比如，地理学有徐霞客的《徐霞客游记》，药物学有李时珍的《本草纲目》，农学有徐光启的《农政全书》等。

然而，明清易代之后，晚明重视科学技术的潮流逐渐被掐断了。宋应星的《天工开物》在清初火了一阵之后，突然间销声匿迹，完全绝版。清朝统治江西后，宋应星选择归隐，拒绝妥协。他在贫困中度过了晚年时光，大约在1666年离开了人世。

乾隆时期，朝廷以编修《四库全书》的名义，对全国的图书进行大规模的审查。原先流通的许多书籍，在这次文化工程之后，在历史上无故“失踪”。严格来说，《天工开物》并未被禁毁，它只是被四库馆臣置之不理。这么好的书，为何被官方无视？原因有两个：一是《四库全书》的收录，沿袭传统尊经重史的惯例，对科技书籍不感冒。一是宋应星这本书中对明朝的推崇，触犯了政治禁区。

由于《四库全书》的态度传达了官方舆论导向，《天工开物》成为政治不合格的作品，再也没有人敢印刷这本书了。这使得《天工开物》在中国消失近200年。然而，这本书在中国销声匿迹的同时，在另外的空间异常火爆。《天工开物》在欧洲被翻译成12国语言，传播甚广。欧洲学者称，这本书“直接推动了欧洲农业革命”。在日本，这本书从17世纪末传入后，就火得一塌糊涂，不断被重印。因为这本书，日本还曾流行过富国济民的“开物之学”。一直到民国，这本书才“出口转内销”。中国人通过日本的版本，才知道我们原来还有这么伟大的一部书。

在写作《天工开物》时，宋应星生活窘迫。用他的话说：“伤哉贫也！欲购奇考证，而乏洛下之资；欲招致同人，商略赝真，而缺陈思之馆。随其孤陋见闻，藏诸方寸而写之，岂有当哉？”没有钱购买参考资料，没有条件邀集同道中人集思广益，只能如此这般了，能不伤心吗？

这个贫穷的书生，凭一己之力，将书写完，并在大哥和好友的帮助下将书印了出来。第一本书印出来后，宋应星双眼含泪，在《谈天》一文中写道：“所愿此简流传后世，敢求知己于目下哉。”他把目光投向了未来，期望后人能理解他的良苦用心。

把俗世生活过成诗

□桑飞月

小区门口常有老人来卖菜。萝卜缨子南瓜头，小小青蒜地瓜梗……都是他们从这座城市的缝隙里种出来的旧相好。作为一个新江南人，对这些菜，我通常只是看看，并不太会吃。不是嫌弃，是不知道怎么吃。

一天出门时，我终于看到了一种我会吃的菜：香菜。其新鲜肥嫩、青翠欲滴的模样，让我在心里打起了小算盘：嗯，回头我要买上一把，配青蒜辣椒油，做成酸辣汁，蘸饺子吃。于是，我决定先去超市买饺子。

回来后，卖菜的大爷却告诉我，他卖的不是香菜，是芹菜。顿时，以资深主妇自居的我有点儿蒙：怎么会是芹菜呢？我驰骋菜场那么多年，也没见过这么细小孱弱的芹菜。唉，这大爷也真是，把芹菜种成这副模样还敢拿出来卖。“这可怎么吃啊？”我们家吃芹菜，通常只吃茎，可眼前这茎，头发丝一般。

“做汤呀。碧涧一杯羹，夜韭无人剪。”大爷漫不经心地吟道，我却大吃一惊。都说卖菜的大爷大妈不可小觑，这下我算见识到了。与此同时明白了这芹菜为啥这么细，大爷种的哪里是菜，分明是情怀，是诗意，是醉翁之意不在酒啊。

“碧涧一杯羹，夜韭无人剪。”这是南宋词人高观国的句子。众所周知，春天的韭菜鲜香无比，是上等菜肴。但是，如若有一杯碧涧羹，那春夜雨露浸润过的嫩韭，也就没人稀罕了。高观国还说，“野意重殷勤，持以君王献”——他还想把这美味献给君王呢，由此可见，这碧涧羹是多么美味。

碧涧羹究竟是道什么羹呢？其实，它就是芹菜羹。

南宋词人林洪在《山家清供》中专门讲过这道菜的做法。荻芹取根，赤芹取叶与茎。二三月里，做羹时采来，洗净，开水焯一下取出，用醋、芝麻、盐，与茴香一起浸渍，可用来做酸菜，也可用来做羹。羹味清爽馨香，一口下去，让人感觉来到了碧绿的山涧，所以称它为碧涧羹。

“碧涧羹”一词，最早出自杜甫。他在《陪郑广文游何将军山林十首》中写道：“鲜鲫银丝脍，香芹碧涧羹。”直接给水芹羹打了个好广告。从此，诗人们写诗，也干脆用碧涧羹来称呼芹菜羹了。除了高观国，明朝诗人高启也曾写道：“饭煮忆青泥，羹炊思碧涧。”

如今，芹菜是一种常见蔬菜，似乎没什么特别，如若非要找出点儿特别的话，那就是有人觉得它味怪而不愿意吃，譬如我家小朋友。但在古代，它被认为是一种极好的食材。《吕氏春秋》中说：“菜之美者 云梦之芹。”意思是，云梦出产的芹菜，是蔬菜中的美味。这不禁令人想起了那句老话：多食滋味少，少食滋味好。

看在大爷吟诗的分儿上，这天，我从他那里买了一把青芹。回家后，洗净切碎，焯水做羹。手头没有茴香和芝麻，那就打个蛋花。出锅后，我用白瓷小碗分盛了，郑重地请大家品尝：“古籍中流传下来的千年美食：碧涧羹。”女儿听罢，拿起调羹舀了一勺：“啊！真好喝。”然后就单喝那羹，很快，半碗下肚。“用什么做的，这么好喝？”“芹菜。”我说这两个字时，心里有些忐忑，因为这是女儿从来不吃的蔬菜，以为她会反感。结果没有，她像没听到一样，还在盛。“我也想把菜吃出诗的味道来。”她说。我听后笑了：“那你要多读书呀。”

文人靠文气养心，家常便饭通常也能吃出山河之味，仿佛他们的锅底藏着诗。身为现代人的我们，物质更富足了，但吃饭也只是吃饭，有时还会吃个浮华。说到这儿，心中不免有些感慨，什么时候，我也能把芹菜羹吃成碧涧羹，把俗世生活过成诗呢？

走向佳处

□舒国治

能够走路，是世上最美之事。何处皆能去得，何样景致皆能明晰见得。当心中有些微烦闷、腹中有少许块垒，放步去走，只消一二十分钟，便能渐渐抛去。

若再走下去，愈走便愈接近另一个境地，心中烦闷渐除，美景亦一一奔入眼帘。

若能自平地走到高山，自年轻走到年老，自东方走到西方，那是何等的福分！

低头想事而走，岂不可惜？再重要的事，亦不应过度思虑，至少别在走路时闷着头去想。

走路便该观看风景：路人的奔忙，巷子的曲折，阳台上晒的衣，墙头垂的花；风刮掉某人的帽子，吹着它在地上滚跑；两辆车面对面，突然“吱”的一声刹住，全是走路时的风景。更别说山上耸立的奇峰、雨后的野瀑、山腰斜出的虬树等原本恒存于各地的绝景。

人生得两腿，不仅是为了从甲地赶往乙地，更是为了途中的风景。

途中风景之佳与不佳，道出了人命运的好与不好。好比张三一辈子皆看得好景，而李四一辈子皆在恶景中度过。

人之境遇的确如此。你欲看得好风景，便要有选择道路的自由，便该在当下迈开步来走，走往欲去的佳处，走往欲去的美地。如不知何方为佳美，便说什么也要去寻出、问出、空想出，而后走向它。

寂静之声

□苗　炜

有些小说，你一读开头就会安静下来，比如《外出偷马》。作者一开始先描述，有一只山雀在撞击窗户，然后说他现在住的小屋位于挪威最东边，有一条河流进湖里，他从河里抓过几条鱼，有一条狗陪着他，早上起来他听收音机，听英国广播公司的节目。作者写道：“当我听新闻的时候，那种感觉跟以往不一样了。它不再像从前那样影响我对世界的看法，这或许是因为新闻出了问题，或许是因为主播出了问题，又或许是因为信息过剩。”那些新闻都是国际新闻，跟挪威没什么关系。其实，最好的生活状态就是这样，在一个小国，住在森林边，本地平安无事，没什么新闻。

还有一部小说——《克里弗》，作者是英国作家蒂姆·帕克斯，书名就是主人公的名字。主人公是一名记者、纪录片制片人。忽然有一天，他决定放弃工作，离开家，跑到阿尔卑斯山上，到意大利的南蒂罗尔去歇歇。他干吗去呢？他想找到寂静。可到了山上，他还是能听到风声，外界的确安静了，可他脑海中各种思绪喋喋不休。其实当我们无法安静下来的时候，噪声不一定来自外界，很大一部分噪声是在我们的脑海中产生的——躁动不安的思绪，自言自语，这些东西构成了我们的意识。

寂静和声音常常是相对的，但有些声音会让你觉得安静。1920年的一天，法国音乐家萨蒂和他的一位画家朋友在巴黎的一家饭馆吃饭，两个人想亲切交谈一番，可餐厅里有一支管弦乐队驻场表演。这顿午饭他们吃到半截，就被吵闹的音乐搅散了。过了些天，萨蒂给这位画家朋友写信：“我认为需要创造一种功能性音乐，它可以是背景声的一部分，但又不会太引人注意；它悦耳动听，可以给噪声这把匕首装上一个鞘，但又不会突出自己，还能调节尴尬的沉默气氛。”萨蒂说干就干，很快就写了一首曲子，旋律动听，不断变奏，不断重复。这首曲子在剧院中场休息时演奏，萨蒂称之为“音乐壁纸”。他发现，音乐会让剧场里的人变得安静，说话的人少了，大家都听得到音乐，但又不是在听音乐，这正是他要达到的效果。

20世纪20年代，纽约是世界上最喧闹的城市，当时就有人研究噪声对工作的影响：打字员在嘈杂的环境下工作会多出7%的错误，每天会多消耗19%的卡路里。但城市里的噪声是消除不了的，人们会跟着城市噪声加快生活节奏，然后才能渐渐忍受噪声。现在，许多城市都比当年的纽约吵闹。噪声简直就是城市发展的奏鸣曲。雾霾和大气污染是我们能看到的现代生活的标记，噪声是我们能听到的现代生活的隐喻。生活在这样的环境下，我们总会有逃离的欲望。

1869年，一位美国的自然学者去约塞米蒂国家公园游玩了一番，他看到很优美的自然景色，也看到了很多游客。在日记中，这位学者写道，游客们来到公园，就知道抓鱼嬉戏，他们面对大自然为什么不能“虔诚地静默”？为什么不能倾听一下鸟鸣风声？如果这位学者到今天的旅游胜地转转，他可能更受不了川流不息的人群，还有人群发出的噪声。我们对他人发出的噪声更为敏感，我们能够关掉自己发出的声音，比如将手机调成静音，但我们没法掌控别人的声音“开关”，这种无法掌控的感觉，让我们更焦虑、更烦躁。

你聆听过黄昏时的寂静，感受过风雨过后的那种寂静吗？夜晚的乡村小路的寂静，聚会时忽然的沉寂，还有关上门独守空屋时的安静，如果你仔细听，这些时刻都非常美。寂静散发出一种魅力，要我们去感受。很多时候，我们享受不了寂静，我们要对付各式各样的噪声，我们生活的现实世界和我们的内心世界可能都嘈杂了一点儿。所以，有时候我们会说，我们要静下心来读一会儿书，或者，读一本书让我们安静下来。

一位心理学家写了一篇文章——《每一个自我都太聒噪了》。文章中说，人们应该关注安静自我的培养，这不是完全沉默的自我，而是让那个不耐烦的自我安静下来。安静自我包含四个要素：疏离意识、包容性人格、观点选择以及成长式思维。这四个要素相互交织，也是阅读者需要的品质，既关注书中内容，又能审慎地自我看待、包容地对待他人。因为读书是为了帮助我们打开眼界，不是为了印证已有的成见。要有同情心和共情能力，在读小说的时候最需要共情能力，这样才能对人性产生更深刻的理解。

美国有个录音师叫戈登·汉普顿，他有一个项目叫“一平方英寸的寂静”。他找到华盛顿州奥林匹克国家公园里的一块石头，要记录并维护这块石头周围的寂静。他将这个故事写成一本书——《一平方英寸的寂静》。书中说：“寂静并不是指某样事物不存在，而是指万物都存在的情况。它就像时间一样，不受干扰地存在着，我们只要敞开胸怀就能感受到。寂静滋养我们的本质、人类的本质，让我们明白自己是谁。等我们的心灵变得更乐于接纳事物，耳朵变得更加敏锐后，我们不只更善于聆听大自然的声音，也更容易倾听彼此的心声。寂静就能够像炭火的余烬一般传播。”我们能享受安静的生活吗？我们的自我能更安静一点儿吗？读书能让我们安静；反过来，如果我们有一个安静的自我，阅读也会变得更容易一些，我们会更有耐心，做什么事都会更从容一些。这是一种很好的生活状态。

哲学家与牡蛎

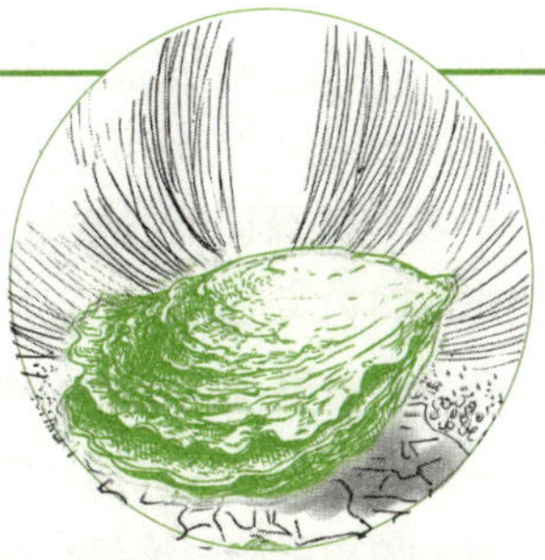

□ ［美］詹姆斯·瑟伯

一个阳光明媚的早晨，一位哲学家正在海边散步，他在尝试对自己的渺小与无意义进行哲理性的解释。就在这时，他碰到了一只张开壳躺在沙滩上晒太阳的牡蛎。

“它才不会怀疑一切、无事自扰呢，”哲学家沉思默想，“它没有手指去死抠细节、入木三分。它从不会说出这样的傻话：‘我的脚正在杀死我。’它是眼不见为净，耳不听为静，没电视可看，没傻话可说，没纽扣可解开，没毛发可脱落，没牙齿可掉下。”哲学家对牡蛎羡慕得长叹一声。“它还生产璀璨华丽的珍珠，要么价值连城，要么是无价之宝，”哲学家说，“说来真是滑稽，这竟然是它体内病态的结果，解剖学意义上的无规则、不定性的变态。”说着哲学家又长叹一声，诗兴大发：“我可曾／发烧的眉宇上戴着一圈珍珠／从谵妄中醒来？我可曾／家宅成圣所／一如藏金的拱顶／壮丽而稳固？”

就在这时，一只海鸥尖叫着，突然从空中俯冲下来，爪子攫住这只牡蛎，扶摇直上重返高空，然后让它掉落在一块湿漉漉的巨岩上，撞脱它的壳，撞烂它的肉。里面哪有璀璨无价的珍珠？只因为，这只已故的牡蛎生前非常健康，而且，不曾有一只牡蛎从其珍珠中得到过好处。

手艺的江湖

□明前茶

大雨初歇，我拎着要修的鞋子出门了，到地儿才发现老鞋匠的摊位上空空荡荡，只能失望地往回走。忽见20米开外，一个修自行车的师傅正在翻转自行车，准备把漏气的轮胎卸下来。我便问他："我的鞋子开胶了，急寻老鞋匠来修，你知道老鞋匠什么时候出摊吗？"

修车师傅打量着我手里的鞋，断然说道："你这双鞋，他弄不来。老鞋匠原来在钢厂工作，手劲儿过人，修鞋多半是挤完502胶，像捏饺子皮似的，用力把脱胶的鞋帮捏拢。你这鞋帮子将来还得开裂，想永不开胶，得缝一圈麻线……"听这意思，他才是民间的修鞋高人。

反正我也不赶时间，索性坐下来等他修完车，再帮我修鞋。只见他准备了半盆水，将自行车轮胎一段段搁在搪瓷盆里找漏点，找到漏点后，将小片胶皮在喷着蓝火的电枪上烤软了，再严严实实地补在漏点上。接着，他用电动磨轮在补漏点附近小心锉磨，就像给美人遮瑕一样，让轮胎平滑匀整，看不出任何补漏痕迹。

这条街的清洁工显然是他的老朋友，这会儿正坐在一把太师椅上，边吹着小凉风喝着茶，边笑话他："你看你，配钥匙30年了，活儿越做越杂。当年你也是一条任性好汉，只管配钥匙、开锁，其他时间就只顾用收录机放音乐、练舞。哪怕那些被锁在门外的人急着回家，你都不肯跑步去开锁。现在，你倒是越来越勤恳，修上车，又修上鞋，居然还换起了锅底。咱们国家的环保事业，要是没有你，得少多少光彩。"修车师傅笑着回应说："你不也一直在与时俱进吗？你看，30年前你刚洗脚进城，只要搞个小车斗、一把大扫帚，就可以在环卫所安身立命。后来，你得会用大功率的吸尘器，把冬青树篱里的落叶全部吸出来。再后来，你得学开那种边吸尘边喷水的自动清洁车。如今，扫大街也必须先把垃圾分类搞清楚，才能上岗吧。"

话还没说完，老鞋匠带着大茶瓶子，晃晃悠悠地来了。修车师傅主动打招呼说："不好意思啊，抢了你的生意。你还没吃午饭吧，我那保温瓶里有饺子，你弟妹包的，先吃了再蹲守生意吧。"

修车师傅的修鞋功夫果然到家，我穿了缝牢的鞋，感觉他的手艺高超，就陆续把家里的鞋子带去修。修车师傅的脾气并不好，我在等待修鞋的过程中，经常会看到他训斥来修鞋、修车的人。他会抛出一团白棉线，对来修车的人说："快去打盆水，把你的车子擦亮了，我再帮你修。看看你，车子从来不保养，都脏成什么样了。我小时候，一辆二八大杠凤凰自行车，享受的是家人待遇。现在的年轻人，总觉得鞋子是鞋子，车是车。要知道，你这么薄情，对象儿也不会跟你多久。"

那些来修车的人倒也不恼，蹲坐在小马扎上，擦起自己的车子来。也许，让人低头的不仅是修车师傅那张饱经风霜的脸，还有什么都难不倒他的扎实手艺。如今来修自行车的人，都骑着数千元的碳钢山地车、竞速自行车，还有可以在半空中拨转车头、脱手斗技的小轮车，对，就是在奥运会上可以争金夺银的小轮车。修车师傅修好了他们的特技小轮车，小伙子们还会在附近的高坡和台阶上来一段表演。修车师傅也津津有味地欣赏起来，还拿起手机追拍视频。

修车师傅在这里摆摊30年了，这个日新月异的世界仿佛是他的对手，一直在领跑，绝不肯让他待在舒适圈里。一开始，他只会开锁配钥匙，后来，城市居民家里纷纷换上了指纹锁和密码锁，配钥匙的活就少了，这迫使他开始学起修车。刚上手时他只会修自行车，后来出现各种共享单车，需要修理的普通自行车少了，这又迫使他去学习修理各种竞技自行车、电动车和摩托车。他那结结实实的肱二头肌就是这样练出来的。我看到，他做了一个四轮小躺板，将摩托车用千斤顶顶起后，可以仰面躺在小躺板上，脚跟点地，出溜到摩托车底下，仰头查找问题。我看到，这些年瞬息万变的社会潮流，如对手一样提拎着他，逼他进步，最终让他支棱起所有的精气神。

城市的版图越来越大，有些人上班连骑电动车也吃力了，只能改坐地铁。他终于开始学修鞋了。从前，修鞋子也简单，无非鞋子开胶了，要上点胶，用力捏拢；或者，鞋跟磨歪了，钉个鞋跟。如今修鞋了的活计可复杂了，光是鞋跟就有木质的、水晶的、金属的、牛筋的，修法都不一样。而鞋面也五花八门，除了各种皮革，也出现了丝绒、织锦、牛仔布、粗花呢的鞋面，有的鞋面上绣满了各种各样的水晶钉珠与丝缎花纹，被姑娘不小心剐坏了一小块儿，就得找织补匠。修车师傅立刻坐上小马扎，手绘地图，让急着修鞋的人去某银行24小时自助点门口，找那个长年蹲守的织补大嫂。

修车师傅说：“她在咱们这座城市的活儿数第一，手头光是攒的丝线就有上百种，放心吧，她肯定能把你这鞋修好。”我笑着插言：“哪天您也学会织补手艺，就像脱口秀演员既会唱跳，又会弹吉他，还会演小品和说相声一样，您就能把这一带的活儿包下来。”师傅大笑着回应说：“没了对手，这日子多没意思啊。这就好比令狐冲不见了东方不败，乔峰不见了游坦之，张无忌不见了玄冥二老，那还有啥意思？”

修车师傅有这个胸襟，我完全相信。我亲眼见这修车师傅的工具柜里，放着一摞金庸的书，这些书都被翻得起了毛边儿。因此，武侠的江湖是一个什么样的互为掣肘又互为激励的形态，手艺的江湖又该是一个怎样的百花齐放、各美其美的状态，他心里可明白得很呢。我自从认识他，亲眼看到他把自己忙不过来的生意，让给旁边的老修鞋匠，也经常听到他的修车铺在黄昏时分播放贝多芬的音乐。他买了两个便宜的音响，放在修车铺的左右，有时放的是《英雄交响曲》，有时是《田园交响曲》，有时又是《月光奏鸣曲》。在我眼里，他就是一位在繁华市井中过着田园生活的平凡英雄，无论生活如何波澜起伏，他都不怵，有一种兵来将挡、水来土掩的英雄气概。他从未被这世界层出不穷的变化击倒，反而越挫越勇，十八般手艺傍身。

每当我被生活中的变化逼到墙角，每当我气馁之时，他那双被皱纹包围的明亮眼睛就跳出来注视我，给我无尽的勉励。

胸中元自有丘壑

□李雪涛

苏轼的画作《老木蟠风霜》，让黄庭坚感慨万千：之所以能画出盘曲遒劲、饱经风霜的老树，是因为苏轼胸中本来就有深山大壑。

“胸中元自有丘壑，故作老木蟠风霜”，这样的枯木只能出自老辣、娴熟的苏子之手。

张潮以读书为例，认为一个人能从书中得到的，是由其人生阅历决定的：“少年读书，如隙中窥月；中年读书，如庭中望月；老年读书，如台上玩月。皆以阅历之浅深，为所得之浅深耳。”

吕桂在给寄禅的《嚼梅吟》的跋中曰：“人生读万卷书，走万里路，而后著为文章歌咏，乃有可观。”

黑格尔说，同一句话老人说出来就比一个孩童说出来，富有更多的含义，道理也在于此。

你最寂寞，点亮灯火

口李伟长

1942年，作家海明威给朋友写了这样一封信：“你读过柏瑞尔·马卡姆的《夜航西飞》吗？她写得很好，精彩至极，让我愧为作家。我感觉自己只是个处理词语的木匠，将工作所得拼装到一起，有时略有所成。”这个朋友叫麦克斯威尔·珀金斯，堪称美国文学史上最伟大的编辑之一。

1

关于这本书的由来，我多次想象过这样一个场景：

1940年的某个下午，秋风正起，有些许凉意。在纽约某个街角的一家咖啡馆里，一位身材修长瘦削的美丽女士，与一个看上去风流倜傥的男子，一起喝着咖啡，也可能抽着香烟。他们毫不掩饰对彼此的欣赏，聊及往事和他们共同的爱好——飞行时，相谈甚欢，互诉衷肠。

女士向他讲述过去的故事，那些传奇的经历，兴之所至不免手舞足蹈，时而发出美妙的笑声。也许是优美的语言，也许是她传奇的经历，也许就是她这个人，总之有什么东西，瞬间感染了这个男子，他听得简直入了迷。在听完她的述说后，他轻轻地说出了这样一句话：“亲爱的，你该写写这些事，你知道吗？你应该写。”感谢这句话，要是没有这句话，柏瑞尔也许就只是说说而已。他的鼓励让她很受用，要知道，她面前的这个法国男人可不一般。他不仅是一个优秀的飞行员，还是知名作家，写过《南方邮航》《夜航》等作品，最重要的，他还是蜚声全球的《小王子》的作者。没错，他就是安托万·德·圣埃克苏佩里。一个偶像般的男人的鼓励，其能量有多大，在她之后的写作中完全展示了出来。

她很幸运，能得到“小王子之父”的激励。她的幸运不只来自命运，在飞行——这个以男人为主的行当，作为一个女飞行员，她干得也相当不错。

这位美丽的女士叫柏瑞尔·马卡姆，后来她果真写了一本书，书名叫作《夜航西飞》。

《夜航西飞》出版于1942年，因为柏瑞尔的女飞行员身份，初版书一时颇受关注，奈何“时运不济”，战后的美国民众忙于迎接新世界，对探索非洲的兴趣不大，初版书并没有得到追捧。直到40多年后的1983年，此书再版，海明威的话语被用作宣传。等到《夜航西飞》终于成为畅销书榜冠军时，柏瑞尔已经去世，她再也用不上那些版税了。

2

从经历看，柏瑞尔毕生只钟情于两件事——驾驶飞机和训练赛马。她将前半生交给了天空，后半生交给了马背。她18岁便成为非洲首位持有赛马训练师执照的女性。1931年，她成为非洲第一位职业女飞行员，这一年她28岁。1936年9月，她从英国出发，驾驶飞机一路向西，成为全世界第一位独自由东向西飞越大西洋的飞行员。在非洲的20余年，她驾驶着飞机冲上蓝天，翱翔于非洲上空。这段简历式描写稍显枯燥，实在难以体现柏瑞尔的传奇。她说：“我能预料到的是，只要我有一架飞机，只要天空还在，我就会继续飞下去。”

1950年，她回到肯尼亚，重操赛马训练师的职业，此时她快50岁了。直到1986年逝世为止的30多年间，她将后半生所有的心思都放在驯马上。柏瑞尔在书中无比深情地说道：“我生命中所有的记忆片段，都与马有关，属于我的马，属于我父亲的马或是我认识的某匹马。”显然，这是一个极富传奇色彩的女人。从天空到马背，空间不同，但是热情未改。

同很多传记不同，柏瑞尔没在书中讲述她的私事。她从不提她的母亲，不提过去的三段婚姻和那些婚姻里的男人，甚至连儿子都没有得到她笔墨的眷顾，但有一个人她始终心怀崇敬和仰慕地予以书写——她的父亲，一个高大威猛却无比绅士的男人，热爱生活，热爱驯马。极富雄性气质的父亲让柏瑞尔在一生中都对那些有冒险精神的男子充满欣赏。她花了一辈子去寻找一个具有父亲那般品质的男人，却未能如愿。一个父亲做得太好，对女儿来说未必是好事。

3

真正开始写书时，柏瑞尔才发现，仅有枯燥的飞行经历是难以成书的，读者不会对你介绍如何驾驶飞机并成功飞过大西洋的书感兴趣，尽管热爱飞行的漂亮女性总让人充满想象。

为了让此书显得更加有趣，柏瑞尔选择了通过飞行展现非洲的野性之美，那份古老而神秘的野性力量，以及一个漂亮的女飞行员飞在天空的孤独。之所以数次提到她很漂亮，首先这是事实。其次，当一个漂亮的女人做具有雄性气质的工作时，会让人感觉更加性感，使人越发着迷。

柏瑞尔这样形容非洲：“神秘的非洲，狂野的非洲。它是炼狱，也是摄影师的天堂。它是狩猎者的圣殿，也是遁世者的乌托邦。它是你心中的愿望，禁得起所有的诠释。它是死亡世界最后的一丝残余，也是闪亮生命的摇篮。”对柏瑞尔而言，非洲是她的一个家，她四岁来到东非，少年时光着脚和纳迪人一起捕捉野猪，自认为是一个乡下人。因为有了家的概念，所以她很淡定，不见丝毫激动，她就像一个管家一般描述这个家，她一个人的非洲。

在已有的关于非洲的著作中，有的很黑暗，有的光明，但唯有柏瑞尔把非洲当作自己的家在写，亲切温柔，呈现一种家的静默：“有一种寂静随林间的清晨一同降临，它有别于一座安睡的城市的寂静。有暴风雨前的静默以及暴风雨后的静默，这二者也不尽相同。有虚无之静默，惊惧之静默，疑惑之静默。有一种静默可以从没有生命的物体中散发出来，比如，从一把刚被使用过的椅子，或者从一架琴键积灰的钢琴，甚至从任何一件曾满足人们需求的物品之中，不管是为取乐还是为工作。这样的静默会说话。它的嗓音或许忧郁，却并非总是如此，因为椅子可能是一个欢笑的孩子留下的，钢琴的最后几个音符曾经喧闹而欢快。无关氛围与场合，事物的本质将在随之而来的静默中延伸。它是一阵无声的回响。”

这是柏瑞尔的非洲。尽管透过飞机视窗，看见的非洲辽阔无比，却也有一种淡淡的孤独感，不是柏瑞尔孤独，她很享受一个人翱翔在天上的感觉，只是我们读者会想象，她穿越黑暗，操握飞机操纵杆时的心绪是否会和她握住赛马缰绳时一般自由！穿越过天空的女人，俯瞰过广袤非洲平原的女人，她的心灵空间有多大，我们无法想象。通过这本书，或许能体悟一二。她的飞天经历，让我想起海子的诗句：“你最寂寞，点亮灯火。”

诗意

□高自发

苏州郡的王宾隐居在西山。太子少师姚广孝和王宾是昔日好友，到山里来找他，对他说：“寂寂空山，何堪久住？”王宾答：“多情花鸟，不肯放人。”二人的对话，就像一首诗。

境由心生。姚广孝心不在此地，所见自然只有一座空山；王宾志在青山，触目皆关情。明明是自己舍不得离开，却说得如此诗情画意。

很多时候，我们之所以觉得生活好像一杯白开水，可能就是缺了“多情花鸟，不肯放人”的浪漫吧。

与羊为伍

□王　族

刘慎鄂虽然是一位植物学家，但人们仍一贯把他当作一位行者看待。1931年刘慎鄂从北京出发，穿过大沙漠，进入昆仑山进行科学考察。进入大山之后，音讯全无。人们都以为他在某场大风雪和某个寒夜中化成了一座冰雕。没想到一两年后，他竟奇迹般地在印度出现，令世人惊叹不已。

在这条“天路”上行走，一日可遇“四季”。高山反应有时候就像恶魔的双手一样，紧紧揪着你的神经，让你头痛欲裂，痛不欲生。翻越海拔五六千米的达坂和空气不怎么流通的昆仑山时，每个人几乎都会在心里发誓，此生再也不上昆仑山一步，哪怕别人每天给自己一万元的报酬。在这样的情况下，没有任何保障依靠的刘慎鄂，要凭着一双脚翻越雪山峡谷，设身处地地想想他遭遇的具体情况，不由得让人心里发紧。

我想刘慎鄂肯定也反悔过，甚至在那种郁闷孤独的气氛中绝望过，因为在那样高海拔的地方，没有一丝生命的迹象，没有一个可以给你安慰的东西。有的只是凄冷的雪山和深褐色的山岩，多看几眼，就感觉一个人正在死去，而且有血正在汩汩流淌。刘慎鄂作为植物学家，肯定比别人更明白雪山是“永冻层”，高原是“生命禁区”的可怕。与如此可怕的自然环境相对立的，是自己弱小的生命。几乎每往前迈一步，都有一种要被吞噬的感觉。但刘慎鄂一直走了过去。

我想，与他最终取得成功相关的，肯定不止我所能想到的这些情况。他遭遇的苦难，可能比这复杂得多，艰辛得多。

刘慎鄂走进昆仑山不久，就迷失了方向。于是，他买了一群羊，一边放羊，一边走，以自己的羊充饥，不可思议地穿过了高原无人区。

我想刘慎鄂是深谙游牧文化的，所以，在绝望之中，他马上就想到游牧民族常用的边牧羊边生活的方式。他那样做，不仅减轻了体力上的重负，而且从顽强不息，总是在路上发出咩咩欢叫的羊身上得到了安慰。

那群羊同样因为被他选择而肩负特殊的使命。生命总会在某种方式中更为沉重、更为轻盈，是它们，与刘慎鄂一起在昆仑山上创造了不可能中的可能，完成了一次不可思议的行走。

我一直在想，苦难很容易被传播和铭记，而个人经受的艰辛劫难，只要他不开口，就永远消解了。刘慎鄂说到底是一位学者，变成一个牧人，是在偶然之中被环境所迫。但一个人的闪光点往往是转瞬即逝的，尤其是在行动之中。所以，当他独自陷入不可想象的困境之中，能马上拿起牧羊的鞭子，驱赶着能够解决“温饱”问题的羊群，一直走到印度。这种人和大自然之间的适应和顺从，带有很强烈的悲剧色彩。因此，人们都宁愿把他划入行者的行列。

据说，当刘慎鄂走出无人区的时候，那群羊还剩几只。他将它们送给当地牧民，没想到没走多远，那几只羊咩咩大叫着，追了上来，他抱着它们的头，泪水忍不住冲涌而下。至此，生命再次向我们展现出它的某些重要的东西。

2 破局精进，在自我启发中成长

喝　风

□大　解

一天早晨，河湾村上空来了一只鹰。这只鹰一直悬浮在村庄上空，既不飞走，也不落下来，仿佛死在了天空中。

最早发现这只鹰的，是王老头家的一只公鸡。这只公鸡觉得在鸡舍里打鸣有些憋屈，见天已经大亮，干脆出来，在院子里转转，说不定还能遇到什么好吃的虫子。正当这只公鸡在地上寻找虫子时，忽然抬头看见天空中悬浮着一只鹰。这只公鸡发现鹰后并没有恐慌，而是慢悠悠地走到王老头身边，用打鸣的方式告诉了王老头。

王老头抬头一看，一只鹰，死死地粘在天上，仿佛是贴在天空中的一张剪纸。公鸡没有慌，王老头慌了，去找长老，说，天上来了一只鹰，停在那里不动，不知是怎么回事，会不会死在了天空中，或者是一只鹰的灵魂？

长老毕竟是岁数很大的人，经历的事情多，仔细看过后当场断言，这是一只真正的鹰，不是鹰的灵魂，它没有死，它是在喝风。

王老头说，喝风？

长老说，鹰喝风的时候会停在天上一动不动。长老又说，它一定是在寻找什么。

这只鹰，确实是在寻找什么。

1

事情还得从铁蛋说起。三年前的一天，铁蛋去北山上采药，在青龙河西岸的一面悬崖上，发现了一个鸟窝，里面有两颗鸟蛋。他发现这两颗鸟蛋比普通的鸟蛋大很多，而且颜色很深，不知是什么鸟。按照平时的习惯，铁蛋会把鸟蛋掏走，回家煮了吃，但是这次他忽然想到一个坏主意，用鸡蛋换走了一颗鸟蛋。一切都很顺利，铁蛋完成了他的恶作剧。他并不知道，他换取鸟蛋的这个巢穴，是一个鹰窝。当老鹰觅食回来时，发现窝里的两颗蛋，其中一颗变成了白色，而且大小不一样。老鹰虽然有些疑心，但是鸡蛋毕竟也是蛋，还是得到了老鹰的容留。

没过多久，经过孵化，老鹰巢穴里的两只小鸟出壳了，一只是灰褐色，一只是乳白色。这两个毛茸茸的小家伙，其中一个是鸡的孩子。而铁蛋换走那颗鹰蛋后，并没有拿回自己家里，而是偷偷将它放进了邻居王老头家的鸡窝里。

说来也巧，正赶上王老头家的老母鸡抱窝，发现鸡窝里多了一颗颜色和大小都不一样的蛋，也没有多想，就继续孵化。结果，新出壳的小鸡中，有一只是鹰的儿子。

鹰的儿子，虽然在母鸡的抚养下长大，但仍然是一只鹰。而一只小鸡，在鹰的巢穴里长大，却依然是一只鸡。老鹰虽然怀疑自己生错了孩子，但出于母爱和天性还是把它哺育长大。没想到这只小鸡刚学鸣叫的时候，不是发出鹰的声音，而是无师自通，伸长脖子在老鹰面前打鸣。铁蛋干的坏事太多了，偷换鹰蛋的恶作剧，很快他就忘了。鹰却不同，它一共下了两颗蛋，无论经历什么，都不会分心，它的心里只有孩子，哪怕其中一个孩子是只公鸡。

公鸡毕竟是公鸡，即使在老鹰的抚养下，飞翔的能力也非常低下，无论如何刻苦训练，也飞不高、飞不远。而同窝兄弟已经在蓝天上翱翔了，这个天生就不善飞翔的鸡的后代，让老鹰越来越失望，最后干脆放弃了对它的培养，任由它去。于是，这只老鹰抚养的公鸡，在血缘的引导下，神不知鬼不觉地走到了河湾村，找到了它的亲生妈妈，并且留在了妈妈的身边。几年后，它成了王老头家里鸡群的掌门人。

老鹰抚养的公鸡回到了自己母亲的身边，而母鸡抚养大的小鹰，却不知飞到了何处。它是在一天早晨飞走的。那天，小鸡们在老母鸡的教导下，一起在地上练习刨土，学习如何从土里发现草籽和昆虫。小鸡们学得都很认真，唯独那只小鹰在远离小鸡的地方，练习扑打翅膀。小鹰已经练习了好多天，它曾经飞到过树上，也曾经在天上停留过一会儿。那天，它试着试着就飞到了空中，而且越飞越高，飞出了河湾村，不一会儿就越过了北山，向更远的北方飞去，之后再也没有回来。

2

王老头说，是我家的公鸡最先发现的。

长老仰望空中，重复说，也许它在寻找什么。

确实，这只鹰停留在空中，一定有它的用意。鹰不是普通的鸟。

这只鹰，就是从王老头家的鸡群里飞走的那只。如今，它已经在天空中遇到了亲生父母，并且在远离父母的悬崖上建立了属于自己的巢穴，找到了配偶，建立了家庭。现在它已经是一个丈夫，是一只独立、健壮、能征服天空的雄鹰。它这次回到河湾村上空，是想看看出生的地方，回忆一下它的幼年和成长历程。毕竟，它是在人的家里长大的鹰，是老母鸡的养子，是小鸡的兄弟。在鹰类中，它是唯一寄养在人的家里的孩子，它并没有因为自己的身世而埋怨人类，甚至有些庆幸，感觉出生在充满温馨的鸡的家里，是一种奇特的经历，是值得庆幸的事情。它想报答一下老母鸡的养育之恩，也想看看自己童年的小鸡兄弟姐妹们。但是它又怕惊吓了它们，因为它如今已经是一只猛禽。

这只鹰在空中停留了很久，后来河湾村的人都看到了。人们仰望着，感到惊奇，只有一个人从人群中偷偷溜走了，这个人就是铁蛋。铁蛋看到这只鹰后，脸一下就红了，随后回到了自己的家里。而王老头家的那只大公鸡，由于是在鹰的巢穴里出生和长大的，看到天上的雄鹰，回想起自己的童年，突然挺起胸脯，迈起了大步。毕竟它是在鹰窝出生的鸡，受到过鹰的教导和培训，也飞过。如今，雄鹰在天上翱翔，激起了它飞翔的欲望。这只公鸡，在长老和王老头的面前，振开翅膀，一冲而起，直接向天空飞去。人们不知道这只公鸡的出生经历，也不知道它什么时候学会了飞翔，它飞到了高空，到了鹰的高度，甚至能在空中盘旋。

在天上与鹰会合的时候，这只公鸡发出了鸣叫，是那种悠长的鸡鸣，其中夹杂着一丝鹰唳的凛冽和凄凉。

人的大地

□［法］圣埃克絮佩里

我们对自身的了解，来自大地的，比来自书本的多。因为大地桀骜不驯。人在跟障碍较量时，才会发现自己的价值。但是，为了克服障碍，人需要一个工具——一个木刨，或一把铁犁。农民在劳动中，逐渐窥探到自然界的一些奥秘，他们挖掘到的真理是无处不在的。同样的，飞机这个航空运输工具，也使人接触到这些古老的问题。

在茫茫夜海上，每一盏灯火都显示了一个心灵的奇迹。在这户人家，有人在阅读，有人在思索，有人在娓娓谈心。在另一户人家，有人在探索宇宙，有人在殚精竭虑地计算仙女座的星云。原野上绵延不断地闪烁着这些暗淡欲灭的灯火。还有最隐秘的，那是诗人的灯火、教师的灯火、木工师傅的灯火。但是，在这些有生命的灯火之间，又有多少扇关闭的窗户，多少个沉睡的人……我应该努力返航，设法跟其中几盏灯火产生联系——这些灯火，绵延向远方，星星点点，散落在原野上。

藏起来的知识，才会吊足你的胃口

采　铜

尝得到却看不见的知识

看似普通的黄焖鸡米饭为何会红遍大江南北呢？吃过以后我似乎找到了答案：鲜。

这鲜味到底从何而来？原来，黄焖鸡米饭的品牌方会把包装好的酱汁分发配送，加盟的店家只要拆开酱汁包，再跟鸡块等倒在一起炖煮，就能把一碗足够鲜香的黄焖鸡端上桌来。而这种神秘的酱汁，就是鲜味的关键。

那么，酱汁到底是怎么做出来的呢？这恐怕和可口可乐的配方一样，是千古之谜了。因为有了这个秘密，所以一碗寻常的黄焖鸡米饭变得不再寻常。它包含两种知识：一种是放在明面上的知识，比如，老姜和香菇，我们肉眼就能看到；另一种是潜于暗处的知识，也可称为隐藏知识，比如，神秘酱汁的配方，我们看不见也吃不出。

隐藏知识在商业世界非常重要，它可以让你在一段较长的时间里占据市场优势。所以，与其说这些黄焖鸡米饭的加盟商赚的是酱汁的钱，不如说赚的是知识的钱，知识以酱汁的实体形式被售卖，卖出了成千上万份的拷贝。

神秘酱汁的背后，也许是某位大厨几十年经验的总结，也许是无数次烹调实验之后得到的最佳配比，甚至有可能来自具有悠远历史的“祖传秘方”。

这种隐藏知识跟专利中的知识还不太一样。专利是公开的，任何人都可以在互联网上检索并查看专利文件。所以有些公司干脆不申请专利，完全将其置于暗处。

早在19世纪30年代，就有绝顶聪明的人物想清楚了这一点。伦敦的年轻发明家亨利·贝塞麦得知用来装饰画作的金粉售价高昂，每一磅（约合453克）能卖到5英镑多。他便买了一罐拿回家检验，发现这些金粉并不含黄金成分，全部是铜。以铜为材料，经由特定的工艺，做成极细微的颗粒后，就能形成类似金粉的视觉观感。这些“金粉”在欧洲的油画、壁画、建筑装饰中应用广泛，销量很好。

那么，为什么铜做的“金粉”也能卖很贵呢？原因是全世界只有德国纽伦堡会制作金粉，且制作方法从不为外人所知。

于是，贝塞麦去大英博物馆寻找书籍，终于找到了生产铜质“金粉”的方法，但是全手工制作，烦琐费时。他断定这就是纽伦堡工匠生产“金粉”的方法，于是不禁想，能否用机器来生产？经过了几个月的尝试，贝塞麦以蒸汽机为动力，改造现有的金属加工设备，终于找到了用流水线生产“金粉”的方法。

更令人赞叹的是接下来的操作。贝塞麦想尽了办法来保守这套方法的秘密，包括没有申请专利；不购买成套的金属加工设备；生产车间只有一个入口，没有窗户，防止偷窥；整个流水线尽量自动化运行，把使用人数降到最少，减少泄密的可能性……

按照这套方式，贝塞麦的“金粉”制造工艺保密了40年。也正是得益于这40年的守口如瓶，贝塞麦成了欧洲用头脑致富的典范。

你也可以创造隐藏知识

贝塞麦的“金粉”生产方法是价值极高的知识，而这些知识，并没有写在触手可及的书本上。

斯坦福大学教授沃尔特·文森蒂认为，知识可以分成两类：一类叫描述性知识，一类叫规定性知识。描述性知识指的是描述事物本来面目的知识，比如物理和化学知识描述了物质的内在属性。而规定性知识指的是要实现某种规定或者标准所需要的知识，比如要想做出特别好吃的剁椒鱼头，应该有一些特别的技法或者用料上的讲究。

把一件事情做好，只靠描述性知识是不够的。你掌握了相当多的物理和化学知识，就能做出上等的剁椒鱼头吗？我猜是不能的。而对经验丰富的厨师来说，他就知道怎样做。

那么一个大厨的头脑中，到底有着什么样的知识呢？简单来说，大厨拥有一个非常复杂的知识体系。比如，他一定得懂食材；得懂刀，知道什么样的刀适合切割什么样的食材；还要懂得热力学，知道不同的锅传热特点不同，适合烹制什么样的食物；当然，他最好还具有相当的美学素养，懂得塑造食物的视觉美感，用第一印象征服挑剔的食客。当你把所有这些厨师所需要的知识、技能罗列出来，你会发现它们就像一棵树一样伸展开来，既繁且广。

在这些枝枝蔓蔓中，既有理论知识，也有来自各个实践领域无数次的试错和经验总结，还有来自发明家和设计师的极富创意的巧思。换句话说，这些知识的模块中，有些是描述性知识，有些是规定性知识，有些是显性知识，有些是隐藏知识，只有兼收并蓄、配合使用，才能堪当大用。

显性知识的学习，虽然难易不同，毕竟有迹可循；而隐藏知识，与其说是学习，不如说要去探索、去创造。你有没有想过，你也可以创造自己的隐藏知识呢？

有一次我去朋友开的餐馆吃饭，朋友送上来一杯橙红色的鲜榨果汁。我一喝觉得味道不错，朋友故作神秘地问我：“你猜猜，这杯果汁里有什么？”我一愣，想了想说：“我喝出了苹果的甜味，还有比较浓烈的胡萝卜的味道，这不就是常见的苹果胡萝卜汁吗？”朋友微微一笑说：“还差了一点，你有没有发现我的这杯苹果胡萝卜汁和你以前喝的不太一样？”“嗯，确实是好喝了很多……你还加了什么？”朋友终于露了底：“我还加了点百香果汁，不多不少，就三滴，这样一来整杯果汁的香气就吊出来了。”

朋友的这杯果汁里，苹果和胡萝卜是可见的，而仅有三滴的百香果汁是隐藏的。但恰恰是这隐藏的三滴百香果汁，让这杯普通的苹果胡萝卜汁变得与众不同了。好像也不是很难吧？当你开始琢磨怎样做好一件事的时候，也许属于你的隐藏知识就开始萌芽了。

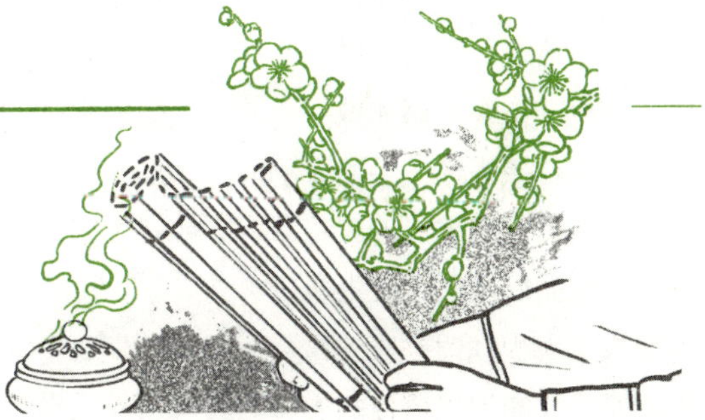

艺术的作用

□丰子恺

我们的身体被束缚于现实，匍匐在地上。

然而我们在艺术的生活中，可以暂时放下我们的一切压迫与负担，解除我们平日处世的苦心，而做真的自己，认识自己奔放的生命。

我们可以瞥见“无限”的姿态，可以体验人生的崇高、不朽，从而发现生的意义与价值。

艺术教育，就是教人以这种艺术生活的。

知识、道德，在人世间固然必要，然倘若缺乏这种艺术的生活，纯粹的知识与道德就全是枯燥的法则。

这法则愈加繁多，人生愈加狭隘。

所谓艺术的生活，就是把创作艺术、鉴赏艺术的态度应用在人生中，即教人在日常生活中看出艺术的情味来。

倘能因艺术的修养，而得到梦见这美丽世界的眼睛，我们所见的世界，就处处美丽，我们的生活就处处滋润了。

指纹状的菌落

□毕淑敏

那时我是一名年轻的实习医生。在做外科手术的时候，我最害怕的是当一切消毒工作都已完成，我戴上手套，穿上手术衣，开始在病人身上动刀“操练”的时候，突然从我身后递来一只透明的培养皿。护士长会不苟言笑地指示道：“你留一个培养吧。”这是一句医学术语，用通俗的话说就是：“用你已经消完毒的手指，在培养基上抹一下。”

然后护士长把密闭的培养皿送到检验科，在暖箱里孵化培养。等若干时日，观察培养皿有无菌落生长，以检查你在给病人做手术前是否彻底对你的手指进行消毒。如果你的手消毒不彻底，那你就会在做手术时把细菌带进病人的腹腔、胸腔或者颅脑，引起感染，甚至会危及病人的生命。

我很讨厌这种抽查，万一被查出我的手指带菌，那多没面子！于是我消毒的时候格外认真。外科医生的刷手过程十分严格：先要用硬毛刷子蘸着肥皂水一丝不苟地从手刷到腋下，直到皮肤红到发痛，再用清水反复冲洗，恨不能将你的胳膊收拾得像一节搓掉了皮、马上准备凉拌的生藕。然后将双臂浸泡在浓度为75%的酒精桶里，度过难熬的5分钟。最烦人的是，将胳膊从酒精桶里取出后，为了保持消过毒的无菌状态，不能用任何布巾或者纸擦拭湿漉漉的皮肤，只能在空气中等待皮肤渐渐晾干。平日我们打针的时候只涂一点儿酒精，皮肤就感到辛凉无比，这是因为酒精在挥发的时候带走了体表的热量，这是一个强大的物理降温过程。而这个时候我们的上肢大面积裸露着，假若在冬天，不一会儿就会冻得牙齿打鼓一般叩个不停。

更严格的是，在整个过程中，双臂都要像受刑一般举于胸前，无论多么累，都不能垂下手臂，而且严禁用手指接触任何异物。简言之，消毒过程一旦开始，你的手就不再只是你的手了，它们成了有独立使命的无菌工具。

我有一个同学，非常漂亮，她的手很美，鸡蛋白一般柔嫩。但在毛刷日复一日的残酷“抚摸”下，很快变得粗糙无光。由于酒精有强烈的脱脂作用，她的手臂像枯树干一样，失去了少女特有的润泽。“单看上肢，我就像一个老太太。”她愤愤地说。

以后的日子里，她洗手的时候开始偷工减料。比如该刷三遍，她却只刷一遍就草草了事。只要没人看见，她就把白皙的胳膊从酒精桶里解放出来，独自欣赏……有一天，我们正高擎着双臂，像俘虏投降一样站着，等着自己的臂膀风干，她突然说：“我的耳朵后边有点儿痒。”

这本来是一件小事，但对当时的我们来说，是一件很难办的事。消过毒的手已被管制，我们俩就像被卸去双臂的木偶，无法接触自己的皮肤。按照惯例，只有呼唤护士代为搔痒。因手术尚未开始，护士还在别处忙，眼前一时无人。她说自己痒得不行，忍不了。我说：“要不咱们俩脑袋抵着脑袋互相蹭蹭？”她说：“我又不是额头痒，而是耳朵后面的凹处痒，哪里抵得着？”她美丽的面孔在大口罩后面难受得扭曲了。可能是因为刺痒难熬，突然，她用消过毒的手在自己耳朵后面抓了一把。

我惊愕得说不出话来，几乎不敢相信自己的眼睛。正在这时，护士长走了进来，向我和同学伸出两个细菌培养皿。其实事情到这个份儿上，还是可以挽救的。同学可以坦诚地向护士长说明情况：自己的手已经被污染，不能接受检验。然后重复烦琐的洗手过程，她依旧可以正常参加手术。但她什么也没有说，只是哆哆嗦嗦地探出手指，在培养基上按了一下……那天要做的是一个开腹手术，整个过程我都恍惚不安，好像自己参与了某种阴谋。

病人术后并发了严重的感染，刀口溃烂腐败，高烧不止，医护人员开始紧张地抢救和治疗。经过化验，发现致病菌强大而独特。“它是从哪里来的呢？”老医生不止一次对着病历自言自语。过了几天，手术者的细菌培养结果出来了，我同学抹过的培养基上呈现出茂密的细菌丛，留下指纹状的菌落阴影，这正是导致病人感染的原因。

那一刻，我同学流下了一串串眼泪。由于她的过失，病人承受了无妄之灾。她的手在搔痒的时候沾染了细菌，又在手术过程中污染了病人的腹腔，给病人酿成巨大的痛苦。

病人的生命总算挽救回来了，但这件事我牢牢地记在心里，不敢忘怀。

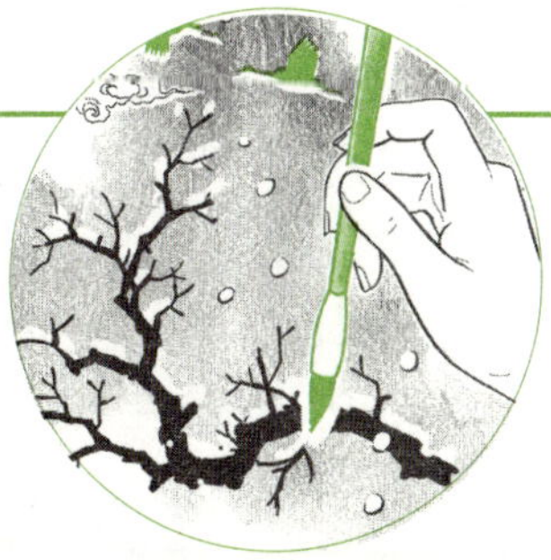

眼睛不是只能画成眼睛

□张二冬

一个人置身山野的时候，尤其是那种荒无人烟的山里，会有种不适感，会觉得周边的一切，那些山水、动植物才是主角，而自己则像个客居者。只有停下来，开辟出一块土地，居住下来后，才慢慢变成这个环境的一部分。

但这只是说，这个环境接纳了你，在这个空间里，你的房子和那个鸟窝，并没有什么区别。这个时候的人，所思所想，是有天地的：风有呼吸，闪电如笔；头顶的星空和脚下的蚂蚁，都蕴含同一种秩序。所以人能创造出八卦、文字，可以将身体和宇宙连接在一起。

但如果是一群人，共同开辟出一块土地，比如建一个城市，那作为个人，和这些山水、动植物的关系就很弱了，他的世界观会被限制在与人有关的社会关系里。人的认知，不断影响、限制着他的想象力。就像一个孩子，如果从小就看动画片，那他画画的时候，就会把眼睛画成眼睛，而不会去想，眼睛为什么不能画成树枝或鸟的双翅呢？

我见过不少人，有才华的很多，有灵气的也不少。但还是给人一种仍在人间躬耕的感觉。怎么说呢？就像养鸡场的鸡思考的都是鸡场环境和养鸡生态，再才识过人，也只是在鸡场层面。很少见到有哪只超凡脱尘，能跳出鸡场，飞到枝头、白云间，像鸟一样，跳上鸡场之外的星空、草原。

于是我就明白了，不是古人不聪明，而是格局不同。或者说，不是我们不聪明了，而是我们的格局变小了。

老人叶圣陶

□马未都

那年月被人带去朋友家串门是很有面子的事情，有一天表哥跟我说，带你去叶三午家玩玩，我欣然随之前往。

叶三午是表哥的同事，因工伤而驼背严重，走起路来像个老年人。他见我面就随口叫我未都，和一家人一样。

三午属马，祖父叶圣陶、父亲叶至善都属马，叶三午是长子长孙，祖孙三代甲午、戊午、壬午均相隔廿四年，叶圣陶老人给长孙起名“三午”，似俗实雅。

在三午的家里聊天，时不时地会来客人，我都不认识，因为来人都比我大。多年后，看一些回忆他的文章说，来人多是名流，可惜我都不认识。

三午对科技产品很感兴趣，他有老式留声机，那时讲究听唱片；还有照相机，我记得他的老式相机是德国产的。莱卡与蔡司这些词，我年轻的时候是听到就涌起一股神秘感。

我至少去过叶家三次，都未能见到叶圣陶老人，只是老听三午说爷爷如何如何。他房间的墙上挂着一副爷爷写的篆书字对——“观钓颇逾垂钓趣，种花何问看花谁”。当时我认不全，尤其“垂”字，篆书字形奇特。我是问了三午才知道的。三午说，这是爷爷写的，爷爷最爱写这字对。我那时理解这字对的内容有些吃力，懵懵懂懂，深层之意弄不明白。很多年后在一场拍卖会预展上看见叶老同样内容的一副字对，上面有关于此对的说明，叶老写道：“此为一九三九年所作《浣溪沙》中语，时余全家居四川乐山城外草舍，篱内二弓地略栽花木，篱外不远临小溪，偶有垂钓者，溪声静夜可闻。”

为了弄懂叶老释语中的“二弓地”，我还去查了字典。弓为丈量土地的器具，形状似弓，两端距离五尺。那么二弓地就是十尺，想来叶老在四川的草舍素朴，院落窄仄，可风景独好，触景生情的叶老才写下这富于哲理的名句。这话每过十年再读，感受都有所不同：少时读之，旁观亦麻木；壮年读之，介入找感觉；中年读之，寻味有触动；今天读之，方知何为追求何为放弃。

表哥可能看出来我想见见叶老，遂对三午说，哪天让未都见见爷爷。三午的西屋常常满座，各路“神仙”，喜文学、喜音乐、喜杂七杂八的，都是悄悄来悄悄走，少去惊动爷爷。爷爷住的北屋，在我眼中高山仰止，有一圈耀眼的光环。爷爷的文章收进课本，凡写进课本的文章在我眼中都是范文，高不可及。三午马上说，想见爷爷就今天，一会儿爷爷醒了就去。

我听了这话多少有些紧张。没等多久，三午就说，爷爷醒了，一会儿就在院子里和爷爷打个招呼。我和表哥随叶三午走进院子时，叶圣陶老人正坐在树荫下的藤椅上，笑容可掬。我随三午叫了声“爷爷”，就再没敢说什么。三午热情地将我与表哥的关系给爷爷介绍了一下，我想爷爷一定没听进去，但他仍频频点头，伸手拉住我。

我那时太年轻，自认为还是孩子，看爷爷完全是个传说中的老人。年轻时“老人”这一概念是神圣的，虽然与爷爷手拉着手，但仍感觉与爷爷隔着万水千山。爷爷太高大了，他再亲切和蔼也还是高大，他问了什么我都忘了，当然也想不起我说了什么。

去三午家是我最喜欢的事情，原因是总有意想不到的收获。那时人对文学的追求与向往是今天的年轻人所不能理解的，今天的孩子们可能是文学营养过剩了，反倒失去了对文学的兴趣。排队买书的景象再也看不见了，即便有人扎堆买书，也可能是追星一族的作为。而我们年轻时对书的喜爱只有“如饥似渴”才能形容。三午家永远有书，其中有些在当年算是很难找到的书。

有一次在三午家，我看见一本巴尔扎克的《高老头》，灰色硬皮封面，装帧朴素。我打开一看，扉页上有翻译家傅雷先生用毛笔写给叶圣陶老人的字样：圣陶先生教正。那是我第一次知道傅雷先生，这一深刻印象让我后来在出版社工作时斥资买齐了十五卷的《傅雷译文集》，至今还高高地搁在书房书柜的最上层。

看见《高老头》，我心中痒痒，没敢开口，表哥看出了我的心思，就替我向三午借。那年月，书都是借来借去的，不像今天书买了也常常不读。三午大方地将《高老头》借给了表哥，说：“未都也读读，不着急还。”

巴尔扎克的所有作品中，《高老头》最让我刻骨铭心，因为这本珍贵的傅雷先生签名送给叶圣陶老人的书让我给弄丢了。严格地说是我的朋友弄丢的，当时的情况是朋友死乞白赖地非要先睹为快，我一时面薄，让他先读，可谁知他将书夹在自行车后架上丢了，找了很久也没找到。

这件事儿让我内疚自责了很长时间，无法面对表哥与三午。从那之后，我才明白为什么古人常爱定下规矩：书概不出借。

丢书的事和三午说时我吞吞吐吐，三午却没埋怨我一句，反倒安慰我。他岔开话题缓解气氛，从大抽屉里取出一件弘一法师写的斗方，四个大字写得不食人间烟火：如梦如幻。三午说，这是李叔同专门写给爷爷的，出自《金刚经》，他们很要好。“如梦如幻”在我年轻的多梦时节，有一种醉人的氤氲之气，自下而升，轻松透骨。这让我对爷爷充满神圣的敬意。

从那以后我再去叶家，不知为什么总希望见到叶老，有时从窗户上偷窥，偶尔看见他独坐于藤椅上发呆，老人发呆非常可爱，显得深沉宁静。叶圣陶老人比我年长一个甲子，慈眉善目，神态祥和，符合传说中的神仙相貌；每当夕阳西下，余晖满天之时，爷爷如雕像般静坐于丁香树下，让我深深感到修炼的力量。一位中国近代史上的知名学者，没有什么现成的词语可以描绘他，只有一个神圣的称谓最符合他的身份：老人。

老人叶圣陶在我的生命旅途中是一道灿烂的风景，一闪即过。但这道风景像一幅定格的照片永远摆在了我心中的案头，什么时候看它一眼，都有所收获，如同读陶渊明的《归去来兮辞》。

超　拔

□陈仲义

诗人周梦蝶留下两个细节，很有意思。

周梦蝶吃饭极慢，朋友忍不住问其缘由。答曰：“不这样，就领略不出一粒米和另一粒不同的味道。”

大病初愈后，周梦蝶获得了朋友捐助的一笔钱，结果这笔钱被人盗走。可是他盘腿微笑，不以为意。

超拔到那样，实在不一般。前者显示心细如针的艺术禀性，后者则表明人格修炼已近不食人间烟火。

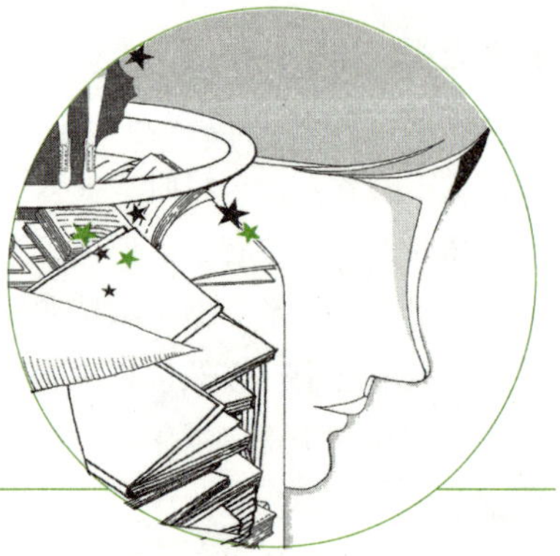

纸上王国

□邓安庆

有一天，爸妈从外地回来暂住。大房子里一下子热闹起来，妈妈在灶房切菜煮饭，爸爸在后厢房堆麦草垛，楼上楼下灯火通明。妈妈叫我去村里买瓶酱油。走了一里地，提着酱油回家，大房子复归沉寂，灶房的柴火熄灭了，后厢房的门敞着，楼上楼下，夜色倾泻而出，我转遍房间的角角落落，叫着爸爸妈妈，他们却仿佛根本没有回来过。我不知自己是在现实中还是在梦中，明明不久之前妈妈还在叫我，怎么她突然就不存在了？我跑出屋子，去村庄里寻找他们。等我沮丧地再回来时，妈妈站在灶房的门口，问我买瓶酱油怎么磨蹭这么长时间。爸爸在阳台上修烟囱，叫我上去帮忙。刹那间，我有一种强烈的不真实感，仿佛刚才那段静寂的空白根本没有发生过。

我一直无缘得问他们去了哪里，我只是反躬自问那天究竟是不是我出现了错觉，他们是不是一不小心进入了我的纸上王国。

在我九岁的时候，爸妈决定离开村庄，因为我还要读书，所以只能在大房子里留守。刹那间，亲人四处飘散，炉火不温，棉被不暖，清晨再也不会有妈妈在床畔端着一碗热气腾腾的蛋汤等我起床喝。我一时不知如何自处。我孤身坐在阳台上，看着村庄渐渐沉睡，黑瓦铺排的屋顶沉没在渐渐涨起的雾气中。繁密的星星，浮现在江雾蒸腾的田野上空。这时候，我常凝视着阳台斑驳的墙壁：雨水滑过的残痕，墙泥盘旋的纹理，裂缝的脉络，无数的线、团、块组成无数的图案，有马，有牛，有熟人的面孔，有歪扭的字……无穷的影像纷至沓来。我怀疑夜夜在大房子里徘徊的那个透明物，就躲在这墙壁里面。

乡村的夜晚最是安静，田野被汹涌的江风碾过，尖厉的啸声直刺进人的心里。大房子放下白天凝滞的姿态，每一处都活动起来。糊着油纸的窗一吸一鼓，整扇窗子便像有无数张嘴似的，“叭叭”地吐着闷气。灯苗跳闪，摇曳着整个房间里鬼魅似的阴凉。楼上老鼠细碎的奔逐声纷沓沓滚动着，灶房房门凄厉的呻吟声吱呀呀张合着，锅盖砸地的巨大声响咣当当震跳着，这些可辨识的声音奔涌不息、浩浩荡荡，侵袭着耳朵，啃噬着心灵。而最可怕的是那些没有声音的时刻，我蜷缩在床上，放下蚊帐，裹紧被子，过分的安静反而让我睡不着。我已经把房门锁得紧紧的，又把窗户关得死死的，一切都封好，可我还是睡不着。窸窸窣窣的脚步声，从空旷的阳台下来，轻轻地磨蹭着，到了另一间房子又出来，转过身往这边移过来，近了，近了……我赶紧睁开眼睛，仔细听，却什么声音都没听见。

一个黄昏，我偷偷地扒在伯伯家的灶窗上，看到他们一家老小围在一起吃饭，明亮的灯光下蒸腾着饭菜的热气。我悄悄跳下来，转身回到自己的大房子里，不说一句话。那种被抛弃、被排挤的感觉如此强烈。我记得有一次跟爸妈怄气，跑到一条巷子里躲了起来。不大一会儿，就听见爸爸的召唤声，我故意不理，然而心里是踏实的。因为找不到我，爸爸是不会回家的。现在，我在夜晚走遍村庄的每条巷子，狗吠声此起彼伏，还有鸡棚里骚动的声响，但是不会再有人来寻我了……我只有回到我的大房子里。

大房子里有我的宝藏。我从东厢房翻到西厢房，从楼下翻到楼上，没有目的地寻觅。沉重的木箱、酸臭的菜坛子、结实的石墩，每一件器物上都留有我的手温。终于有一天，我找到几本哥哥用过的地理书，很快被吸引。我尤其爱看那些花花绿绿的地图。方寸之间，仿佛囊括天下万物，这是何等的气魄！细如发、密如网的江河，黑白相间的铁路线，圈状点状的城镇……一些奇特的符号在我的脑海中构筑起宏大的江山。我记起六岁的时候坐着火车到广州去，不变的是窗子，变幻无穷的是窗外的风景。行走在巨大的空间中，我的心灵也随之无限地张开，让时间酣畅地流淌。

流淌的还有我的想象。我已不满足于只是看看书上的地图，我还要迫不及待地建造出自己的纸上王国。无声的春雨将息，门前的泥路上多出几个小水潭，我给每个水潭取名字，并把它们挖通。在我眼里，这分明是几个大湖，被挖通的水道便是运河，而泥土里的细沙，是湖边聚集的居民；更激动人心的是江滩、海滩：曲折的是江岸、海岸，伸出来的是半岛，缩进去的是海湾；扇形的泥面是冲积平原，凸起的山坡是山脉，凹下的是山谷、盆地；泥土发黄的地方盛产金矿，铺满石子的地方戈壁连天。这一切都可以画在一张大白纸上。用蓝色的圆珠笔勾勒出这个王国的轮廓，用黑色的铅笔铺排出一座座山脉，用红色的钢笔描绘出庞杂的河流……河流交叉处的平原上必有城市，城市之间必有铁路公路，路与路的交叉必定会形成交通枢纽；有山的地方必有矿产，有矿产的地方必有城市和铁路……白纸上铺满各种符号。

一个王国就这样展现在我的眼前：绵延千里的山峦，富庶无比的平原，苍茫无垠的沙漠，繁华梦幻的都会，忙碌拥挤的铁路……我闻到大江磅礴的水腥味，听到幽幽的山谷里清脆的鸟啼声，触摸到小溪边柔腻的水草。

现在，我不再害怕夜晚。我将煤油灯点亮，白纸铺开，笔尖削好，一切就等着我去尽情地挥洒。现在我不单要画地形，还要为这个王国编织历史。在我的历史中，开始出现某个具体的人、某个具体的地方。每当晚上闭上眼睛时，我就会想：那个人现在在干什么呢？那个地方我需要添加一些什么东西呢？而我的大房子就是这个王国的宫殿，我宛如国王一般，拿着我的地图，巡视着我的宫殿。我想象王国中的人物生活在这间大房子墙壁上纷杂的线条色块里、绿苔浮漾的水缸里、裂成两块的镜片里。白天他们躲着，到了晚上他们在大房子里走动呼吸，在沉睡的村庄上空飞舞，在无限的宇宙中来去自如。他们只属于我一个人。

偶有亲人拿起我的作业本，发现上面是稀奇古怪的符号，但他们不懂这是我想象中王国的文字。我着迷地发明各种符号，分配给王国不同的地区。我用各种布头和针线，缝制我想象中的人物，为他们编织故事。邻家的大伯怀疑我生病了，他常看到我拿着布头做成的小人儿在阳台上自言自语。他不知道那不是普通的布头，而是伟大的人物，正在进行决定世界命运的交谈。只有大房子是懂我的。从屋瓦的缝隙中漏下条状的阳光，那是我想象中王国的金色大路；而从后厢房的麦草堆散发出的气味，是我想象中王国的田野之风……

每当回想起那天爸妈莫名消失的空白片段，我就有一种莫名的亢奋。我已经和我的大房子建造了我的纸上王国，只有我最亲的人才能进入。我想象着在那个空白点上，我和我的爸妈脱离现实的肉身外壳，进入大房子中唯我知道的神秘通道，在那里，我带领着我的爸妈在我的纸上王国巡游，从沙漠到大海，从热带雨林到温带高原，从绵绵山脉到浩浩江河。他们将会喜欢我和大房子共同建造的想象王国，从此再也不用一次又一次从我身边离开。

心　胸

□李　旸

开元年间，吐蕃使者想要《春秋》等书。因《春秋》等书中记载了一些用兵韬略，有人就认为不该把这些书送给吐蕃。裴光庭却认为，书中不仅有权术谋略，还有忠信礼义，应当借送书的契机让他们受到教化和陶冶。玄宗很认同，便将这些书送给了吐蕃。文化的传播能够增进彼此的理解与包容，开放与自信才是文明进步的最大推动力。

你的病，听个故事就好了

□孙若茜

苏珊·埃尔德金和她的两位朋友是“书目治疗师”，一份将虚构作品和生活建立联系的职业。

2008年，他们三人在伦敦“人生学校”开设了所谓书目治疗服务。既然是治疗，就会有问诊，这三位书目治疗师通常会花45分钟让他们的“病人”，或者“客户”谈谈他们的阅读状况和品位，以及生活里发生了什么。之后，治疗师会开出一张包含大概六本书的“处方”。

曾经有一个纽约的女人找到苏珊·埃尔德金，她觉得自己的婚姻变了味道，没了爱意。埃尔德金给她开的是伊丽莎白·冯·亚宁的《迷人的四月》。这本书讲的是四个女人由于各种原因导致情感关系出现问题，然后一起前往意大利城堡的有趣故事。在那里，她们发现可以做一些和之前不同的事情让爱意重新回到生活中。几个星期后，女人告诉埃尔德金，她和丈夫重新坠入了爱河。

埃尔德金的另外一位客户患有某种轻微的焦虑症，于是，她向其推荐了道迪·史密斯的《我的秘密城堡》、H.E.贝茨的《五月的花朵》、赫尔多尔·拉克斯内斯的《冰川之下》。这几本书中都发生了一些令人为难的事，但结局是美好的，同时，主人公身边的人总能给其带来欢乐。这位客户反馈说，这些声音仿佛真的来自她的内心，她身上的负担减轻了。埃尔德金说，有时候，决定你是否有压力的并不是发生在你身上的事情，而是你对待它的态度。

有的人因为遭遇丧亲之痛，父母、伴侣身患重病，或者正在经历某种生活的重大变故，需要努力调整适应前去咨询，有的只是想找到一本可以和女儿共同阅读的书以便理解彼此，毕竟对孩子而言，书是打开某些艰难话题的明智选择。当然，还有很多人找书目治疗师，纯粹是因为爱书、爱阅读，希望能和另一个书虫聊聊，发现更多之前不知道的非著名作家。就埃尔德金的经验，阅读疗法对那些感到不知所措、精疲力竭、紧张焦虑的人来说是非常有帮助的，它也适合那些陷入某种桎梏出不来的人。

远在古希腊，人们就笃信书籍具有治愈效果。据说，底比斯城的一座古图书馆遗迹的门上就刻着“灵魂治愈之所”。但直到1916年，才有了“阅读疗法”这个词，由美国牧师塞缪尔·麦克霍德·克罗瑟斯在《大西洋月刊》上发表文章提到，文章赞颂了除《圣经》以外其他书籍的治愈力量。在那之后的一段时间里，“阅读疗法”这个词的使用都围绕着童书和心理自助类书籍。

埃尔德金三人对自己使用的“阅读治疗法”的定义当然有别于此，他们的所谓治疗和心理咨询有着共通之处，却显然有极大的不同。这三位书目治疗师开出的“处方”全部是文学作品。这一点在他们后来出版的两本书里显而易见，一本是《小说药丸》，另一本是《故事药丸》，前者写给成人，后者针对孩子。目录里列出了所有你能想到或遭遇的“病症”。比如，你担心被“剩”，不想当父亲，害怕衰老，或者困在一段糟糕的感情当中，你的孩子爱丢东西，不愿意做作业，不得不练习乐器或者交不到朋友；又比如，你扁桃体发炎，遭遇流感，或是不幸撞到脚趾。很难想象，所有问题都可以靠读本小说或者听个故事来解决。

书目治疗师认为，没有什么问题是在合适的时机读一本合适的书所不能解决的。他们说，文学作品可以有很多种治愈方式——有时改变你的视野，有时帮你逃跑，有时让你觉得你并不是一个人。有时作品的节奏韵律会像音乐一样，作用于你的大脑，让你清醒或者让你平静。故事是人类文明的一部分——我们通过故事去理解我们的世界，去跨年龄传递智慧，去分享我们的人性。

苏珊·埃尔德金说，文学是被低估的资源，它可以有力地影响、改变一个人的灵魂。

小心碎片化时代的学习“陷阱”

□赵　莎

我们通常觉得轻松就能学明白的知识更容易记忆，但事实恰恰相反，学习过程比较困难，记忆的效果会更好，需要用的时候，知识也更容易提取；而那些轻松学完的知识，往往会很轻易地被忘掉，再用的时候怎么也想不起来。这种现象被描述为“必要难度理论”。

这一理论有两个基础概念，一个是“储存力”，可以理解为记忆时长；另一个是“提取力”，可以理解为在需要时提取这段记忆的容易度。储存力和提取力呈负相关：储存力容易，不容易进入长时间记忆系统，提取困难；储存力难，容易进入长时间记忆，提取方便。

举个例子，我们在学习的时候看视频教程，每个视频只有一两分钟。操作是很容易的，看一遍就能记住，但是如果离开一会儿再回来看，有的细节就回忆不起来了。此时就要增加一定难度，如记笔记、回想一遍，更好的方法是实操一遍。

这个理论对我们的启发是，碎片化时代，学习变得越来越容易，在学习的过程中，知识看似变得更容易学了，实际上，学习的获得感仅仅存在于学习的过程中。这些知识在大脑里保存的时间并不长，因此很难被提取。

根据必要难度理论，我们会发现，学习知识不仅是看或者听，要想办法提高学习难度，可以多听几遍、多看几遍，但是最好的办法是激发你的多个感官来学习。启动的感官越多，知识留在大脑中的印象越深刻。“心到、口到、眼到、耳到、手到”的学习方式，可以让大脑在回忆知识的时候有多条线索帮助，不容易遗忘。

我们的学习方式可以分为视、听、说、想、写、画。视和听很容易理解，说、想、写、画却是有结果的学习方式：说出来，语言就是结果；思考，答案就是结果；写作，写出的内容就是结果；画图，可视化的逻辑结构图或者视觉笔记就是结果。

把一篇文章变成一张结构逻辑图，一定是有深刻理解才能画出来的，这加大了学习的必要难度。而画一张逻辑结构图的过程中，我们需要用眼睛看，用大脑思考，用心感受，用手画。在画的过程中，如果你站在读者的角度去构思这张图，那么你其实是在用图说话，通过图来表达知识，所以又达到了说的目的，启动了多个感官。

年赚 300 多亿元，这条河是如何改变世界的

□毛洪涛

1

世界上最靠谱的道理，往往蕴含在最朴素的话语中，比如“要想富，先修路”。路，不一定是实打实的土路，一条“通道”也能算路。

早在3800多年前，埃及人就率先领悟了这句话里隐含的道理。那时，埃及法老辛努赛尔特三世提出，要利用尼罗河，修建一条“法老运河”，把红海和地中海贯通。运河如期竣工，但那个年代没有大量的贸易，也就没有资金和动力维护这条随时可能被黄沙吞噬的运河，久而久之，这条运河被废弃。直到19世纪，这块地方再次被盯上。

法国外交官兼工程师费迪南·德·雷赛布提出，应该开凿一条运河连通红海和地中海。此前两三百年里，法国吃够了环球贸易和殖民的红利，唯独一点难以接受：英国崛起之后，法国船队前往东方总会遇上英国殖民地，而且这条航线的必经之地好望角有一个别名“风暴角”，但凡船队运气不好遇上风暴，往往九死一生。

在这种背景下，国际苏伊士运河股份有限公司成立了，初始资金来自法国私人财团和奥斯曼帝国下辖的埃及政府，但出力最多的还是埃及人。为了用更低的成本开凿运河，国际苏伊士运河公司从埃及各地“雇佣”奴隶劳工220多万人，靠最原始的锄头、铁锹，一点一点把运河“抠”了出来。要知道，埃及当时总人口只有500万。

10年后，也就是1869年11月17日，这条埃及人用尸骨和血汗“抠”出来的运河终于全线贯通。从欧洲到亚洲再也不必通过好望角，航程缩短了将近10000千米。

然而，当时的埃及财政状况极差，根本没有能力和法国一起出资，维护这条脆弱的运河。为了偿还外债，时任埃及总督伊斯梅尔帕夏决定把埃及持有的国际苏伊士运河公司股份悉数出售。英国第一个站出来，抢先买下这些股份，转眼间英国就成了这条运河最大的单一股东。不仅如此，尝到苏伊士运河的甜头后，英国很快派兵占领了埃及全境。

苏伊士运河原本是一条建在埃及领土上，由埃及人亲自开凿成功的运河，却从通航开始就不曾完全掌控在埃及人手中。

2

苏伊士运河的开通，震惊了西方世界。刚一开通，苏伊士运河就给英国和法国带来了不菲收益，既有政治上的威慑力，还有经济上的真金白银。没人在意埃及人失去了什么，他们只想到，如果世界上多几条苏伊士运河，他们将会得到什么。

雷赛布主持苏伊士运河开凿成功后，名利双收，有人鼓动他复制一次苏伊士运河的成功，于是，他又盯上了远在美洲的巴拿马地峡，巴拿马洋际运河环球公司应运而生。但雷赛布低估了美洲的气候和地形差异造成的工程难度，正式动工8年后，巴拿马洋际运河环球公司宣布破产。运河没能开凿成功，雷赛布被控挪用公款，险些入狱。

不过，没开凿成功的运河，是亟待拯救的不良资产，在有心人的手里，巴拿马运河一定能“变废为宝”。美国，就是那个正在悄悄崛起的有心人。

1902年，美国以4000万美元买下了巴拿马运河上的设备和已有的工程进度，并于1914年将其开凿成功，经由巴拿马运河，美国对拉丁美洲的影响力达到顶峰。从1903年到1939年，巴拿马一直作为美国的保护国存在。

强国得到一条运河，进而控制整个弱国，苏伊士运河和巴拿马运河的命运何其相似。

1956年7月26日，埃及政府宣布将苏伊士运河国有化。以色列、英国、法国先后入侵埃及，试图重新夺回苏伊士运河的控制权。时任美国总统艾森豪威尔公开放话，要大量出售英镑债券打击英国金融体系，苏联也表态支持埃及，最终三国入侵者才不得不退出埃及。

借由大国博弈，埃及拿回了本国的运河控制权。消息传到巴拿马，很多巴拿马人也认为应该拿回巴拿马运河的管理权，一场又一场抗议出现在巴拿马的大街小巷。但直到1999年12月31日，美国才正式将巴拿马运河移交给巴拿马。

3

表面看，苏伊士运河仍然是世界上最繁忙的航道之一，事实上，一系列货轮搁浅事故的发生，已显露出这条航道乃至全球供应链潜在的问题。

比如2021年3月巨型货轮“长赐号”便搁浅在了苏伊士运河，几乎把整条运河“拦腰截断”。“长赐号”之所以能把苏伊士运河“拦腰截断”，是因为它长达400米，最多能装20388个标准集装箱。而在1996年以前，全球最大的货船只能装载7000多个集装箱。货轮不断变长、变大，不是因为全球货运量的扩大，而是因为各大运河、港口都在不断涨价，为了摊薄落在每个集装箱上的成本，货轮只能越造越大。

而苏伊士运河的通行费不断上涨，除了随大流，更大程度来自埃及政府的授意。埃及外汇有三大来源，侨汇、旅游和苏伊士运河。侨汇常年保持稳定，但近年来旅客大量减少，维持外汇的压力都转嫁到了苏伊士运河管理局头上，于是通行费只能越来越高。尤其是2015年，埃及通过提案，要扩建苏伊士运河，并在沿岸建立国际工业园区和物流中心，打造“苏伊士运河经济特区”。但投资从哪里来？除了向埃及民众兜售债券集资，更多的钱还得从一艘一艘经过苏伊士运河的货轮中来。

150多年前，埃及人付出无数血汗，用最原始的工具为后代“抠”出了一条黄金水道，直至今日，埃及人仍受惠于此。然而，运河终究只是通道，航运繁盛与否还得依赖环球贸易。

有人说，扩建苏伊士运河“并非仅仅为了当下，而是为了下一个百年”。也许从长远来看，维护苏伊士运河依旧是一门稳赚不赔的生意，但对当下税收、就业、债务、外汇、投资都面临极大压力的埃及来说，打造一个强有力的造血器官，比维护好这条输血通道更加急迫。

毕竟苏伊士运河百年荣辱史告诉我们，国力强盛比什么都重要。

跑赢时代的人，多是坚持长期价值的人

牛皮明明

1

冯骥才在《俗世奇人》中讲过去手艺人的活法：有绝活儿的，吃荤、亮堂，站在大街中央；没能耐的，吃素、发蔫儿，靠边儿站着。

过去是农业社会，协作模式是小范围的自给自足。所以，哪怕只是一个砖瓦匠、面点师、牙医或者剃头师傅，只要他手艺好，在他的地盘上就是不可被轻易取代的，很受人尊重，也活得很好。就像《俗世奇人》中讲的天津“刷子李”，他有一门刷墙的手艺——一身黑衣黑裤，一桶白浆，刷过去的墙面如雪白屏障，而从头到脚，他不沾一星粉点儿。就凭这手绝活儿，徒弟敬他如敬神，觉得他有“神圣不可侵犯的威严”。

和“刷子李”一样的，还有江西的李师傅。他9岁学竹编，是家族手艺的第五代传人。复刀轻钩，用力猛拉，“啪”的一声，竹子顺势破开。再将竹子片成竹篾，穿插交织，双手翻飞，一只细密精致的竹篮就诞生了。往河里一荡，竹篮打水，居然滴水不漏，绝了！

只是，这样的手艺再绝，谁会专程去一个偏僻的山村看呢？可当李师傅架起手机，把他的手工制作过程传上短视频平台后，没想到，他竟吸引了上百万年轻人的关注。对年轻人来说，那些以前只能在书里看到的民间高手，真的出现在眼前，关于民间生活的视野突然被打开。

有意思的是，李师傅偶尔还在视频里戏仿电影的桥段。比如，一个女孩儿背着编织袋，说要去打工，李师傅问：“不去行不行啦？”女孩儿反问：“不去，你养我啊？”李师傅说：“行，你等一下。”转身就去砍竹子，做出一个精致的竹编手提箱。年轻人看到这个手艺人版的《喜剧之王》片段，立马会心一笑。

自从接触短视频后，李师傅的竹编变得更加时尚，既给孩子编“佩奇”，也给年轻人编二维码。通过短视频平台，他一个月能卖出价值5万元的竹编产品。在此之前，因为竹编不挣钱，他前后收过30多个徒弟，都因为收入问题改了行。现在他最大的心愿，就是让那些徒弟们都回来，把这门手艺传下去。

2

老话讲，学好一门手艺，这辈子不愁吃穿。之前，中国几乎全民都是手艺人。随便一个农夫，都会筑篱笆、编藤椅、做箢器；随便一个农妇，都会修棕床、绣花、做鞋子。

比如做鞋，之前走哪儿都能见到农村老太太坐在门口纳鞋底，很多家庭一家人一辈子没穿过买的鞋。今天，这种手艺已经变得小众，老北京手工布鞋在网上是特色商品。另外一些传统的手艺，如锔瓷、微雕、刺绣等，也都在这几十年里逐渐式微。

工业革命带来了产品的量产，却未能让手艺人的灵气延续。一千年前的簪子，镂金绣彩，用放大镜看纹路，能数清梅花凋落的花瓣。手艺人的缺席，其实就是审美的缺席。

在贵州凯里，有个叫雪儿的生于1997年的苗族姑娘。她12岁的时候跟着奶芳奶奶来到银匠铺，看普通的银块在老师傅手里变成花鸟蝴蝶，看细的银丝变成苗族姑娘们美丽的头饰、耳环。看久了，也养刁了眼睛。大学毕业后，雪儿不顾家人反对，来到银匠店当学徒，立志当一个手艺人。可疫情期间，人流锐减，她师父的店铺面临倒闭的危险。这时候，雪儿试着把师父的小店开到了短视频平台上，没想到一场直播就卖了5万元产品，是平时日销售额的10倍。相同的地点、相同的手艺，只是用了不同的手段，这个老银匠铺起死回生。

原来在时代中缺席或上场，有时候只隔着一道屏幕。

3

今天，移动互联网的发展让在民间沉寂多年的手艺人文化出现了复苏之势。所谓手艺人的文化，是一种坚持长期价值的文化。

明清时的好木匠叫“木秀才”，做木工如做学问，要斟酌、考究，慢工出细活儿，所以一把椅子做俩月，一张床要造半年，无不精雕细琢。过去的主顾也认这种文化，一把椅子打算坐它个三五代人，一张床也打算睡它个五百年。

之前我在网上关注过一个叫陈凯的手艺人，他是修复、制作铠甲的。他害怕甲胄文化在中国断代，成立过一个铠甲工作室。他的这门手艺在今天已相当小众，最大的商业价值，也就是给一些古装剧剧组制作道具。后来，我在短视频平台再次看见了陈凯，他穿着一身铠甲。下面的评论很热闹，点赞最多的评论是“这不是过年贴的门神武将嘛”。陈凯在那儿一本正经地解释：“铠甲已经从中国人的生活、生产当中退出去了，但它还存在于我们的民族记忆里。门神自古以来就是将军造型，我也希望通过这样的视频，唤醒大家对传统甲胄的记忆。”

没事儿的时候，我就看陈凯的直播，看他穿着重达七八十斤的铠甲，在那儿充满激情地聊甲胄知识，发现他也渐渐积累了十几万人的关注。

不得不说，手艺人的产业天生适合视频和直播。在短视频的传播中，手艺人既能受到更多关注，也能扩大客源，保障生活，还是像《俗世奇人》中说的那样，“有绝活的，吃荤、亮堂，站在大街中央”。

纪录片《我在故宫修文物》中说“技艺都容不得欺骗，技艺里没有捷径”，庆幸的是，在技艺之外，手艺人的文化传播终于有了“捷径”。

“妈妈都可以”

□王宇昆

1

年底带爸妈去杭州旅行了一次，连吃了几顿本地杭帮菜之后，妈妈突然问我可不可以带她去吃比萨。向来在选餐厅上摸不清爸妈喜好的我，在听到他们有指定想要吃的东西后，忽然觉得很开心。

开心的原因不是我不用费尽心思猜测她喜欢什么了，而是忽然察觉到了妈妈身上的一种变化，那就是她开始跟我清晰地表达自己想要什么、喜欢什么。

冬日的西湖虽然萧瑟，但别有一番美感。我和她踱步在断桥边，聊起这件不起眼的事。我对她说我很开心她可以直白地告诉我她的想法。她笑笑问我为什么会想到这个。我沉思了一会儿，看着她的眼睛说：“因为我想要成为你亲密无间的亲人，成为可以分享你所有喜怒哀乐的朋友。”这句话的背后，掩藏着一个我一直觉得愧疚的故事。

独自在上海工作的我，在夏天偶然一次跟我爸通电话时，得知妈妈的肠胃病犯了，去医院做了手术还住了一阵子院。但这件事她执意瞒着我，不让爸爸告诉我。缘由是她不想让独自在外漂泊的我担心。知道这件事情后，我立刻打电话过去说要请假回去看望她。她在电话里严词拒绝我，说这样会影响工作，不想浪费我宝贵的时间。那通电话挂断后，我难过了很久很久，有一种莫名的缺失感在心头萦绕，又有些无能为力，不知道自己该如何补救心中的那份愧疚。

电话里妈妈说了一句话：“妈妈都可以，最重要的是你照顾好自己，过好你的生活。妈妈不喜欢你把时间浪费在这上面，我知道你爱我就足够了。”这句话听她说过无数遍，满含父母对子女厚重的爱，但同时让我想起了很多往事，那些岁月流逝中遗漏下来、被我忽略或是被我注意到的细微回音。

2

妈妈说过很多她不喜欢的东西。她不喜欢我拿着仅有的零花钱，在放学的时候去买小卖部里五毛钱一袋的辣条；她不喜欢我趁她上班的时候，偷偷打开电视机一边看一边写作业；她不喜欢手指头被水泡太久，变得干瘪的感觉。但这些事情也不会凭空消失。就比如，小时候我还是会偷摸去买零食，找各种机会藏在她看不到的地方；会耍小聪明拿湿毛巾在她下班之前，敷在电视机滚烫的屁股上。

如果说年少的“淘气”有一个简明扼要的概念，那么可能就是一切与“妈妈喜欢”相反的东西。

妈妈从少女到成为“妈妈”，也是在做着一件相反的事情。那些曾经的数不清的她不喜欢的事情，像无数颗石子被丢入一片名为“孩子”的大海，顷刻间被海浪吞噬，不留痕迹。很多个瞬间，我突然意识到，对妈妈而言，她的“相反”不是从不喜欢变成了喜欢，而是因为“妈妈”的包容和忍耐，让所有的“不喜欢”让步给了“妈妈”这个角色。

相比不喜欢的东西，妈妈似乎很少说她喜欢的事物。

“是喜欢辣的食物多一些，还是更喜欢麻的味道？不过，麻辣口味的伴手礼在我们店卖得最好。”“妈妈平常喷花木香多一些，还是海洋香多一些呢？”“鲜亮的颜色很适合这个年纪的人，不过挑衣服的话还是要看个人，之前有个阿姨说自己只买黑白灰三种颜色的衣服……”很多个场景，在旅行礼品店、香水店、商场被问及这些问题的时候，我突然意

识到我并不知道所谓的正确答案。我想要打电话给远方的妈妈确认，但又不想让她猜到在给她准备礼物。我以为问题的答案会是明确的“是”与“否”，但妈妈往往会用相同的答案解答一切。“都可以，你买的我都喜欢！”

“妈妈都可以”可以成为一个答案吗？好像能，但好像又不能。妈妈或许是因为“我买的”而喜欢这件东西，可我更想要的，是她因为这件东西符合她的喜好而喜欢这件东西。

3

回家发现之前我去重庆旅行时买给妈妈的麻辣牛肉干并没有开封，而是原封不动地被保存在那里。妈妈说是想等我回家过年，和她一起吃；无花果味道的香水虽然闻起来让人心情愉悦，但喷了几下之后，她就不停地打喷嚏；妈妈说那件卡其色的外套太隆重了，她要等参加婚礼这种重要的活动再骄傲地穿出去。

当看到那饱含心意的礼物几乎保持原样地陈列在那里时，我有些不开心。妈妈说不是因为自己不喜欢，而是因为舍不得用。

“有什么舍不得的，老这样的话，我下次就不买礼物给你了。”说出这句气话后，我意识到“妈妈都可以”这个答案好像也没有那么神奇，我无法判断妈妈是否真的喜欢，这些心意反而更像是自我感动。但事实真的是这样吗？

看见药盒子里各种各样的胃药之后，我才明白，妈妈年中查出来的胃病让她不能吃任何辛辣的食物。妈妈对气味非常敏感，所以家里的洗衣液从来都是没有任何香味的。偶然一次帮她解决手机软件密码找回的问题，我才留意到她购物车里的衣服都是帮我和爸爸挑选的，而她自己已经很多年没有添置新的衣服了。

原来，“妈妈都可以”这个答案背后其实不是“她没有什么特别的喜好”，而是我没有真正去了解她，去解读那么多年来她悄然间隐藏的“喜欢”。

妈妈其实有很多很多喜欢的东西。她喜欢我考试成绩进步、作文被全班传阅时我骄傲的小表情；她喜欢忙活完一整天家务，躺在床上刷一集电视连续剧；她喜欢尝试不同颜色的染发膏，为了找出哪一款可以更持久地遮盖住她越来越多的白头发……

当我欣喜地发现其实她有这么多“喜欢”时，一些酸楚却爬上心头，原来这些“喜欢”都围绕着我，都和成为“妈妈”这个角色有关。

我总在想，从少女时代成长为“妈妈”，是否就意味着要让所有的自我意识都让位于孩子和家庭？当我长大，发现原来我不曾努力认识她、了解她的时候，她一直都理解着我的所有，即使时代变迁，她逐渐跟不上年轻人的成长速度，也从未放弃想要更好地了解我。

我希望她可以告诉我，虽然不怎么吃海鲜，但很想放肆痛快地吃一次小龙虾；我希望她可以带着嫌弃说我买给她的新衣服并不好看，那件带花纹的会更合适；我希望她可以撂挑子不做家务，让我带着她来一场说走就走的旅行。

其实，“妈妈都可以”从来都不是一个答案，这句话背后潜藏的爱意不能只是爱意，而应该催促着我们去找到更多她的“喜欢”，去发现因为“妈妈”这个角色而被抛弃、被拘禁、被遗忘的，那些真正属于她的“喜欢”。

孤独之妙

□丁小村

1

嵇康在洛阳街头打铁。

1700多年后，有一种铁器就叫洛阳铲，不知道嵇康跟这件铁器有没有关系。我常常会想一个问题：嵇康打铁，到底打了些什么？

我猜他肯定不会打刀剑，不会打农具，八成会反复打造一把小铲子，这玩意儿更像一个玩具——就像重返幼儿时代，孩子们喜欢用它在时光的沙滩上挖呀挖，自得其乐。

打铁这活儿，适合孤独的人干。

小时候我经过铁匠铺，总会看半天：通常是一对师徒，你一锤我一锤，在铁砧上敲打着通红的铁块，他们赤裸的上身湿漉漉的，闪烁着汗珠子的光泽。

让我深感意外的是，这对奋力敲打的师徒，几乎从不说话——他们默默地锤打着铁块，直到把它变成一把锄头，或者一只锅铲。

2

李白狂傲，敢说：“古来圣贤皆寂寞，惟有饮者留其名。”

李白怎么度过孤独的时光？他看山：“众鸟高飞尽，孤云独去闲。相看两不厌，只有敬亭山。”

你们爱飞多高飞多高，我跟山做朋友总可以吧？你们不喜欢我，我也不喜欢你们——对一个孤独的人来说，不能打铁，那就看山。

3

看山这事儿还有一个人爱干，辛弃疾。

“我见青山多妩媚，料青山见我应如是……不恨古人吾不见，恨古人不见吾狂耳。知我者，二三子。”每次读辛弃疾的诗句，我只有一个疑问：那“知我”的“二三子”是谁？我想其中一定有李白。这两个人有很多共同的爱好：都喜欢仗剑，都喜欢远游，爱喝酒，爱写诗；除此之外，他们都狂傲而孤独。

别人享尽荣华富贵，他们享尽孤独寂寞。别人夜宴欢饮，他们独对青山。别人成群高飞，他们欣然独往……就在孤独中，他们得到了某种自由。

4

伟大的智者如博尔赫斯，他已经看淡繁华，看透虚浮。

博尔赫斯生前是国家图书馆馆长——这大概是世界上最不需要繁华热闹的官职。

博尔赫斯心里几乎装了一整座图书馆。每次读他的文字，我都会感慨，人世间怎么会有这样的人！他博学睿智，脑子里不但装下了世界的往昔，还创造出属于自己的奇妙的小说和诗歌世界。

当然并非他的脑子特别复杂，而是他习惯了这种安静的生活，把孤独变成人生的财富。与朋友谈到博尔赫斯时，他说：“当看到他和猫在一起的照片时，我觉得他内心孤独而温柔。”一位老人和一只猫。一个人和一座图书馆。一位作家和孤独。

我想起一个打铁的人：他把孤独锻造成人生的玩具。

拉大锯

□焦　波

我第一次拉大锯是在12岁时，爹说他比我还早一年。

那是一个假期的早晨，爹给一段最好锯的梧桐木放上墨线，让我跟他一起锯。我从小见别人锯得轻轻松松、欢欢快快，但我第一次把大锯端在手中，不知怎么拉下第一锯。爹在大锯另一头告诉我，两肩放平，两手端平锯梁，往怀中平拉就是。锯是带齿的，只要移动，自然就越拉越深。爹轻松地拉过去，轮到我拉过来时，不是锯条弹起来落不到墨线上，就是锯齿被卡住拉不动。

爹说："锯条弹起来，是用力小了；锯齿卡住拉不动，是用力大了。应该两手放松，不要死死攥住锯把，这样，心也会放松，锯条才能轻松地拉过来，送过去。"

我照着他说的方法试了几下，还行，锯条开始进入木头了。梧桐木木质软，好拉，但锯条也容易走墨。锯条偏右了，我就狠狠抬左臂，右臂使劲往下压，想把锯条折回来走正墨，但越用劲，越不行，锯条离墨越远。爹在另一头知道我拉走墨了，就跟我调换位置，告诉我不要心急，不要用力太大，要把锯抬起，轻飘飘地往正墨上靠，这样锯条便走正道了。另外，初拉大锯，要目不斜视，才看得准，拉得准。我按爹说的去做，虽说拉得好了一些，但还是"飞龙走蛇"，锯条弯来弯去。这天，把两厘米厚的板子，拉得厚薄不平。

第二天再拉，我不紧张了，锯也拉好了。那时我个子矮，大人站在地上，我得站在矮凳上。到了十六七岁，我才能和爹站着平拉。但遇到长木头，两个人都须站到长凳上。我喜欢拉更长的木头，如果在两米以上，凳子就要搭得很高，站在上边，虽晃晃悠悠有些不稳，但居高临下地看四周，很神气。后来，我不但学会了拉一抽锯，还学会了拉三抽锯。三抽锯就是拉过一段长的，再带两段小的，锯条的声响便由一抽锯的"嚓、嚓"变为"嚓、嚓嚓"，十分欢快。爹给拉三抽锯起了个挺有诗意的名字，叫"凤凰三点头"。爹说："名字虽好听，拉起来也欢快，出活却少，不如一抽锯，一下是一下，送拉的锯条长，出活多。"

拉大锯，拉个一天半天还耐得住劲，若拉的时间长了，就觉得音调乏味了。记得上初中时有一个暑假，我拉了20天大锯，便想打退堂鼓。

爹看我不高兴，就对我说："学木匠要先拉三年大锯，你知道为啥？不是说拉三年才能学会，是三年中让你悟两个理：一是懂得两个人配合才能完成一件事，不论干啥事，都要讲合作；二是磨磨性子，干事不图虚，要脚踏实地、一心一意。这两个理悟通了，你干啥都能干好。"

真没想到，在平平常常的拉大锯上，爹还讲出了这么多的道理。

当然，那时我还不完全懂。等我走上社会，经过了许许多多的坎坷以后，回过头再回味爹的话，才理解了其中的含义。

搞摄影，干事业，还有做人，我何尝不是像拉大锯那样，目不斜视，照着墨线，一锯一锯地"拉"呢？

有魔力的信

□［美］罗杰·迪安

记得那天是我11岁的生日，我从杰克·萨瑞孤儿院跑了出去，在那条熟悉的小路上走着。天渐渐黑了，冷风吹疼了我的脸，我一整天没有吃过东西了，我知道如果我回去，肯定又会挨打。他们常常欺负体弱多病的我，将我排斥在外。我不知不觉走到了中央公园，坐到了黑暗中的一条长椅上。

“你好，小伙子。”突然，从我身后传来一个声音。我顿时被吓到了，回头看见一位老人正站在我的身后。

“你看起来很冷。来，把这条披肩披上。”她轻轻地将她的披肩取下披在了我的身上，我立刻觉得温暖起来。

“现在还冷吗？”

“好多了，谢谢。”

“你还需要别的帮助吗？”

“我想要一些食物。”

“好的。现在，你把这封信拿去给店主看。”

我看着她的手，并没有在上面发现任何东西。

“您的手上没有东西啊。”我感到奇怪。

“我知道，来，从我的手上把这封信拿过去。”我缓缓地伸出手，像是拿走了什么东西一样从她手中拿走了那封信。

“现在合上你的手握住这封信。”我看了看她，然后握紧拳头，像是握住了那封不存在的信。

“把它送给一位店主。”

“我该怎么对他们说呢?

“不用，你不需要说什么，孩子。”

“我该去哪一家商店呢？”

“这没有关系。”她微笑着说道。

我转过身，开始向离我三个街区远的商店走去。当到达那个商店的时候，我看见一位妇女站在柜台前，我敲了一下门，然后走了进去。

“有什么需要吗？”她问我。我犹豫着，不知道该说些什么。我慢慢张开手伸到她的面前，我注视着她的脸，想着她会不会以为我是一个疯子。

“这是给我的吗？”

“是的。”我快速低下了头。

她好像凝望了我好一会儿，然后伸出手触摸了一下我的手。接着，她立即转过身，我忽然感觉到了恐惧，以为她会报警。我抬起脚准备向门外走去，忽然听到了她的叫声。我回过头看见她正端着一个纸盘。

“罗杰，这是给你的。”

“你怎么知道我的名字？”我感到疑惑。

“它写在那封信上。”

“但是……没有信啊，我没有看见信。”

她对我笑了笑，然后暗示我将盘子里的食物吃完。我没有再问，顷刻间，我将盘子里的食物一扫而光。

“现在，你该回去了。”

当我回到那里的时候，那位老人正坐在长椅上。她问我：“你吃过东西了吗？”

“是的，很好吃。”我急忙回答。

她问我：“以后，你会帮助那些感到寒冷、孤独无依、受到伤害的人吗？”

“会的，我愿意成为他们的朋友。”

她站了起来，轻轻吻了吻我的额头，很快便消失在黑暗中。许多年后我才知道，那位老人是孤儿院的琼丽斯嬷嬷最好的朋友，她知道我最爱魔术。此后，我也履行了我的诺言，而且我让我带有魔力的爱更能走入那些脆弱、孤独、迷失的人的精神深处，温暖他们的心。

可以做这样的人

□李松慰

成长到了某个阶段，是知道自己想做什么，不想做什么，喜欢什么，讨厌什么的。下一个阶段，就是看到自己“也可以做什么”。人越大，变化的余地越大。别急着拿锯子把自己一分为二。我不想做这样的人，我看不起那样的人，就是把自己一锯两半。因为说不定，你偶尔也需要做那样的人。

比方说，有人坚决不吃生肉，不喝生水，这是健康的习惯，值得好好遵守。但如果落难到原始森林，面对不干净的水，坐等饿死渴死，那就是跟自己过不去。所以，就算说不可以喝生水，也不要太上纲上线。最好再加一句，急的时候也说不定。

人具有太多的可能性。你满意于现在的自己，也是出于适应现在的环境。环境一变，选择就随着变，无所谓好或糟。十年前这样是好的，十年后那样更好；这个语境里的正确，换一个语境说不定就成了谬论。抛开环境变化，抽象地定义一半是善的，一半是恶的；一半是美的，一半是丑的；一半是你想成为的，一半是你坚决排斥的……你就封锁了自己一半的变化空间。

精神治疗大师米纽庆指导他的学生做治疗，常常推动他们采用他们自以为“不可能”的工作方式：温和的人学会跟来访者吼叫，严肃的人学会开玩笑，讲话多的人要保持沉默，只讲道理的人偶尔也要跟人胡搅蛮缠。

你说胡搅蛮缠也是好的吗？当然不好了。按照大多数人的判断，不如讲道理好。但大多数人的判断就可以限制你吗？

问题根本不在好与不好，在于“只能”两个字。一旦你觉得自己只能如何，你就在限制自己，就会在某些时刻，比别人少一些求生工具。我们需要更多的工具，适应不同的环境。

你在态度上允许不一样的“可能”，这就是成长。成长就是不断拓宽，让自己具备更多的可能性。可能性是好东西，不要拒绝它。

你一直很有个性，如果你喜欢这一点，就先保留。同时你还可以从“流水线上制造的人”身上学点东西。在《喜剧之王》里，跑龙套的演员太有个性就会抢戏，从而拖累整个团队；反倒是像流水线一样毫无技巧的基础表演，是另一种敬业。

你心胸宽广，就保留。同时你还可以从那些“浑身带刺的人”身上学点东西。你在和多数人交往时，大度带来善意的回报，但也有人会得寸进尺，让你吃亏。遇上后面那种人，你说不定就要让自己看起来不好惹。

你从不放松对自己的要求，勤恳工作，需要保留。你也可以从那些厌烦和懒散的情绪里学点东西。你做的一些工作没那么带劲，你只是出于惯性不敢拒绝。说不定你需要放弃一些完美主义，才能专注于更有价值的工作。

你看到的越多，成长的空间才会越大。

所以在想清楚之前，多留一些可能性不碍事。你想怎么做都好，但不要急着说“不想”。我不想做这样的人，也不想做那样的人……最后剩下“我只能成为某一种人”。无论这种人多么好，一加上“只能”两个字，已经在无形中束缚了自己。

每当你想到“我不想做这样的人”，不妨换一个句式，叫“我还不理解这样的行为”。我不理解，这是我的局限。我会学着理解，去调查、发现、成长、学习。那些我还不理解的行为，说不定就有我还未打开的可能性。

妈妈遗留的餐巾纸

□苗　炜

比利时有一个作家叫莉迪亚·弗莱姆，她写过一本书——《我如何清空父母的家》。

在父母相继去世之后，莉迪亚开始清理父母的家：哪些东西该扔掉，哪些东西该送人，哪些东西该自己保留。

她说，父母家中有一种神圣不可侵犯的氛围，生命的彩虹还在每一件物品上闪烁，主人留下的痕迹还在屋子的角落里微微颤动。

她拿起一件东西又放下，再拿起另一件东西，迟迟不能做决定。

物品不只是物品，上面有人的印记。

物品可以让我们的存在延续下去。

那些用了很久的东西是有忠诚度的，其背后的故事、含义，和使用过它们、爱过它们的人的生命史，都混在了一起。

物品和人形成了某种很难拆散的整体。

莉迪亚从父母家里找出当年母亲生她时住院的账单，第一次得知，妈妈住的病房号码是466。

她找到了母亲喂她喝奶用的奶瓶，找到了很多陈年的账本和信件，还找到了外祖母和曾外祖母做的针线活儿。

这是一种时间跨度上的保存，妈妈保存了她的妈妈、她妈妈的妈妈留下的针线活儿，也保存了自己女儿出生时用过的奶瓶。

莉迪亚把一些旧家具、旧衣服送给了朋友，她在父母家中发现了当年父母之间的情书，还发现了几十张餐巾纸，它们来自世界各地，有的是餐厅的，有的是咖啡馆的。

每张餐巾纸上都有妈妈的字迹：1983年3月2日，闲谈馆，奥尔良；1983年6月18日，布鲁日，抒情酒馆；1981年11月15日，哥本哈根，斯堪的纳维亚旅馆……

餐巾纸本来是很容易被丢掉的东西，但莉迪亚的妈妈去各地旅行时，在那些咖啡馆和餐厅里拿了两张餐巾纸，写下时间、地点，就把自己生命的印记放在这些不起眼的东西上了，这其实是一种空间上的占有。

一个人的生命感受不只来自时间上的传承，也来自空间上的凝视。

她当然很容易就可以把这些旧餐巾纸扔掉，但那些地方是妈妈去过的地方，妈妈在那里喝了一杯咖啡，吃了一块很美味的蛋糕，吃了一顿晚饭。

她可能在旅行中感到平静和快乐，她的生命感受通过这几张餐巾纸传递给了女儿。

安　放

□林　深

换季时，发觉满满当当的衣橱里，竟然已无几件中意的衣服。这让人百思不得其解：去年此时，究竟是如何穿衣戴帽的，怎么毫无印象？其实，荒芜的并不是衣橱，而是心头所好。旧的没能历久弥新，并非是因为衣衫破敝陈旧，而是对当初新衣的乍见之欢已渐行渐远。

人有很多类似细得不得了的感觉，他们并不明确自己缺什么，只是隐隐觉得属于自己的东西哪里不好。烦恼，也不是因为真的缺了什么，而是对已然拥有的对象不知如何妥善安放。时间一久，发觉安放的能力远比获取的能力更为有用。

托尔斯泰小说中的数学故事

□蔡天新

俄国大文豪列夫·托尔斯泰是一位数学爱好者，喜欢将数学问题融入文学创作。他写过一篇题为《一个人需要多少土地》的小说，在文中巧妙地运用数学知识，对贪婪的主人公进行了绝妙的讽刺。读到最后，还能感受到一丝悲剧的味道。

小说的主人公名叫帕霍姆，他遇到一个奇特的卖地者：不论是谁，只要交1000卢布，就可以在草原上，从日出走到太阳落山，只要在天黑之前回到起点，他走过的路线所围起来的土地就都属于他。但如果没回到起点，那么他一点儿土地也得不到，1000卢布就打了水漂。

帕霍姆交了1000卢布后，天一亮就开始大步行走。他先沿着一条直线走了10俄里（1俄里约等于1.0668公里），然后垂直左转，又走了相当一段距离，再次垂直左转，走了两俄里。这时他发现天色已经不早了，于是向着起点狂奔，跑了15俄里之后，他终于赶在日落时分回到了起点。帕霍姆双腿一软，栽倒在地，口吐鲜血，一命呜呼了。

这篇小说实际上出了一道并不难的几何题：帕霍姆走过的路线构成了一个上底为2、下底为10、斜腰为15（单位均为俄里）的直角梯形，这个梯形的周长是多少？面积又是多大？学过勾股定理的读者应该会计算梯形的高和面积。如果帕霍姆活着，他就可以得到约81.3平方公里的土地！这就是贪婪者的下场。

有趣的是，如果我们计算一下这个直角梯形的周长，就会得到39.7俄里的结果，约为42公里，这与马拉松长跑的距离大致相等！公元前490年，古希腊士兵菲迪皮茨在他们战胜波斯帝国的军队以后，从马拉松跑回雅典传捷报，结果才喊了一声“我们胜利了”，就倒地而亡，帕霍姆也是在跑完这样一段距离后累死的。

看来托尔斯泰不仅构思巧妙，数学修养也不赖。如果帕霍姆不跑直角梯形，而是采取别的什么路线，应该可以少走很多路而得到同样大小的土地。答案是圆。类似的问题有，用什么形状的容器可以容纳尽可能多的液体或气体？答案是，球。还有，如果帕霍姆当初走的路线是一个圆，那么圈住13万亩土地只需要走33公里左右，他可能不会被累死。

生趣与生机

□朱光潜

人须有生趣才能有生机。

生趣是在生活中所领略的快乐，生机是生活发扬所需要的力量。

诸葛武侯所谓“非宁静无以致远”，就包含生趣和生机两个要素，宁静才能有丰富的生趣和生机，而没有充分休息做优游涵泳的功夫的人绝难宁静。世间有许多过于苦的人，满身尘劳，满腔杂念，时时刻刻都为环境的需要所驱遣，如机械一般轮转不息，自己做不得自己的主宰，呆板枯燥，没有一点生人之趣。这种人是环境压迫的牺牲者，没有力量抬起头来驾驭环境或征服环境，在事业和学问上都难有大成就。

初入职场，灵活运用“学生气”

□李　戈

“学生气”是很多人步入职场的“第一道坎”。其实，它并不是一个完全意义上的贬义词。与其说是“学生气”，倒不如说是一种“学生思维”，这种思维也有很多闪光之处，灵活运用，可以成为职场发展的加分项。

你有“学生气”吗

什么是学生气呢？换句话说就是不太成熟。职场中有哪些似曾相识的“学生气”场景？

1.以为学历就是能力

学历是很多刚毕业的学生迈入职场的一把钥匙。他们以为大门背后的一切都可以用所学的专业知识来应对，但职场是综合性空间，还需要一定的相处沟通、办事效率等外加条件。

2.总站在自我情绪中央

校园生活中，同学们做任何事情都是以自我情绪为主导。但职场中，总是站在自我情绪中央，往往会影响自身工作能力的发挥。并且，我们有时需要为了集体目标而与队友打配合，所以更需要控制自己的情绪。

3.不分场合的天真直率

刚入职场的新人，往往会觉得同事就是换了场所的同学，尤其是与自己关系比较好的同事更是无话不说。但言多必失，或在公司环境下依旧与亲朋“煲电话粥”，或沟通爱用浮夸的表情包和符号，都会令领导和同事觉得你不成熟，欠缺基本的职场沟通礼仪。

4.怯懦回避领导工作

刚刚步入职场，也许我们的思维还停留在布置作业、完成作业的惯性之中。大部分人都习惯了老师和家长拿着鞭子督促、手把手教学的成长方式，不会有主动沟通的想法和主动推进的欲望。只有主动甩开拐杖的那一刻，才是真正成长的开始。

5.自尊心大过一切

面对批评，趋利避害，是人的本能，无可厚非。但如果长期以这样的方式对待工作，必然会放慢成长的脚步。职场比拼的并不是片刻尊严的高低，领导也并非有意要压谁一头，正确看待自己的错误，你才能获得进步的空间。

灵活运用“学生气”的闪光点

“学生气”有时很难改掉，这时不妨灵活运用。用一种“好学生”的思维来开展工作，会有很多闪光之处。

1.把学历变成学习力

不管做什么事情都要求做到最好，这是一种典型的“学生气”思维。如果把这种严格要求自己的态度放在工作中，会有很大的好处。

作为新人必须清楚，在事业起步阶段，就算能力出众，也可能会被老员工们丰富的经验打败。所以，唯有不断踏实地学习，付出更多的努力，才有可能获得超越他人的机会，让领导和同事觉得你的学历和能力是一种正向匹配。

2.培养职场“钝感力”

面对领导的批评、同事的质疑、客户的要求，我们或多或少会有挫败感。这时，你需要自我调节，发挥学生时代厚脸皮的“钝感力”，迟钝一点，让自己变得粗糙一点，才能承受各种锻炼和压力。

懂得虚心听取他人的意见，如果自己做得不足，就去改进，力争做到能力范围内的最优。那时，领导和同事也会记住你的高光时刻，正所谓“你默默努力的结果，最坏不过是大器晚成”。

3.用“一题多解”破除情绪障碍

当一个项目交由你来负责，就不要等别人把这道大题分解成若干小题。无论上网搜索，还是请教同事，都要事先了解此类项目怎么定案、有哪些开展方法，你可以尝试制定几种方案，然后拿着这些方案去找领导讨论。在做了大量前期工作后，让领导做选择题，会让领导觉得你考虑问题周全，方案被采纳的概率也会提高。

4.系统的配合性解题思维

很多人觉得，学校里学习的知识，到了工作场合用不上。实际上，这种观点过于片面。学校培养的是一种思维模式。当接到某个大型项目或者任务时，你需要先制作一个细化任务表，再一项一项地按照时间节点完成。遇到超纲的任务，你要学会暂停“好学生”思维，放下自己的“清高”，向经验丰富的同事取经，团队作战，保证任务圆满完成。

5.没有心机，让人更易接近

随着年龄的增长，我们慢慢明白了一个道理，那就是成年人的世界里，嘴上说的和心里想的是两回事，这也让很多职场人在工作一天之后，身心俱疲。但是这一点，对“学生气”十足的人，未必是件坏事，要避免口无遮拦和不合时宜的直率天真，同时不影响你与领导、同事坦诚相待。有心机会带来一定的好处，但也可能失去一些机会。如果处处都耍心机，那你失去的将是整个朋友圈甚至社交圈。

6.学会职场“破冰”

在新生入学阶段，老师们都会组织大家参加集体活动，互相介绍，熟悉彼此；在工作中也是一样，无论遇到领导还是同事，礼貌性地打声招呼，其实跟在学校遇到老师和同学一样。同事间保持一份感情，开展起工作来也更加方便。

当然，在与领导和同事的相处中，也要掌握一定的“分寸感”，尊重他人隐私，这样才能让彼此的工作更清晰顺利。另外，职场的成熟可以通过穿着来体现，着装避免邋遢、随意，职业化的穿着会让他人对你形成良好的第一印象，使你们有进一步接触的可能。

7.树立“班干”式沟通思维

你在他人心中形成的印象，一方面是通过穿着，另一方面是通过言谈。在职场中，沟通尤为重要。我们要树立“班干”式沟通思维，主动沟通，及时反映情况。面临一项工作，你要制定明确的方案，在推进过程中做到及时汇报，听取上级领导的意见，传递下一步的工作方向，形成沟通闭环，最终获得良好的结果。

进入社会意味着成熟和成长，这种成熟和成长在某种意义上是与校园状态诀别，甚至反向而驰。实际上，我们身上那种挥之不去的“学生气”也有很多值得欣赏的地方，没有绝对的好与坏，只要恰当运用，都会产生好的结果。在职场中，任何高手都是智力因素和非智力因素的“双剑合璧”。只要把握好“度”，你一定会成为职场新达人。

在云端写诗，在泥里生活

□罗振宇

日本作家中岛敦有一句话，说：“大多数人是怎么过这一生的呢？因为害怕自己并非明珠而不敢刻苦琢磨，又因为有几分相信自己是明珠，而不能与普通的瓦砾为伍。”

你看，把自己耽误了的最重要的原因，就是犹豫。我见过厉害的人，都有一个特质，就是莫名其妙地坚信自己一定能把某件事干成，虽然细究起来，他并没有什么理由。

那怎么判断一个人是不是坚信自己的目标呢？看两点就行了。第一，他是不是有一个多年来一直在说的理想。第二，他是不是一直在做一些脚踏实地的事儿，也就是干着脏活、苦活、累活来实现这个理想。

所谓在云端写诗，在泥里生活，这才是一个真正的理想主义者的样子。

永恒的坐标

□罗振宇

苏轼是一个具有超越意识的人。

你看他的词，“大江东去”“一樽还酹江月”“明月几时有”中蕴含丰富的意象，这些意象往往指向两个字——“不朽”。

复旦大学教授朱刚称苏轼为“中国人的灵魂工程师”。我觉得苏轼更像一个编码者，把大自然中那些不朽的物象编织进中国文化的语言密码之中。

这位古代优秀的诗人，通过诗文，把永恒的物象，同我们有限的生命和各种感受瞬间连接起来。

先看一首诗：

参横斗转欲三更，苦雨终风也解晴。云散月明谁点缀？天容海色本澄清。空余鲁叟乘桴意，粗识轩辕奏乐声。九死南荒吾不恨，兹游奇绝冠平生。

这首诗名气不大，但是对苏轼很重要。为什么？因为那个场景很重要。这是他于元符三年（1100年）六月二十日夜里渡海北归的时候，在船上写的。

如果换作我，好不容易捡回一条命，能够北归了，心情是怎样的呢？应该狂喜吧？

但是，在苏轼的一生中，你都看不到这样的狂喜，为什么？因为坐标不一样。

我们来想象一下，将近一千年前的一个夜晚，年过六旬的苏轼乘一艘船，渡过黑压压的琼州海峡，身后是贬谪之地，前面是故乡。

但是，他眼里看到的是什么呢？是天上的星斗云月、天容海色，是鲁叟孔子、轩辕黄帝。你说有什么意思吗？没有。在这么大的尺度和坐标下，无论欢喜还是悲伤，都没有那么重要。

所以他也不恨。拉长人生的坐标尺度，悲喜就自如了。理想如月，它不是用来触摸的，而是让航海者借其光航行。

在苏轼的世界里，“月”是一个非常重要的意象。其实，在中华文化里，“月”还代表着非常玄妙的情感。

天上的那个月亮，我不知道它是什么。反正它在那里，亘古不变。

每一条江河，每一口古井，每一只酒杯，都能映照到那一轮月亮。我们的忧愁、欢喜，一抬头就能寄托在它那里。月亮是一种隐喻：寓意超越的、恒常的事物，和一切日常的、个性的情境，彼此缠在一起，难分难解。

如果你正遇到人生意义缺失的困扰，那么，苏轼用自己的生命行迹，给你开了一味药：只要你抬头望月，感受到永恒的力量，再困难的眼前事都可以迈过去。

苏东坡用调校焦距的方式，为每一个中国人找到了人生意义的坐标。

中华文明是一个巨大的意义系统。以苏轼为代表，中华文明把那种远距离的、客观的、永恒的、壮阔的，远远超越我们生命的物象，用诗、用词、用文、用圣人之言，编织进我们的意义系统。我们中国人看月亮跟外国人看月亮当然不一样。我们每到中秋节会思乡，我们思乡的愁绪是吃一个月饼就能缓解的，但外国人无法体会这种意境。这个意义系统是几千年积累、编织出来的，在特定的物候、特定的所在、特定的情境、特定的心绪下，我们中国人都有解决方案。

谁也不能保证我们存在股市里的钱明天不跌，我们所在公司的老板明天不跑路，但是有一件东西我们保证得了，那就是任何困境和困顿，我们的祖先都通过文字，通过这种物象之网的编织，给我们构建了意义的解决方案。所以，传统文化中的那些精华，才是我们中国人真正的财富。

跨界人生

□青　丝

《纽约时报》前两年的一篇专栏带红了一个词“斜杠人生”，意指一个人具有多重身份，不满足于固定的职业。有资格贴上这个标签的人，无不沾沾自喜。比如鲍勃·迪伦，可以写成“创作歌手、诗人、艺术家、诺贝尔文学奖获得者”。其实我认为把“斜杠”说成跨界，会更好理解，可避免被误以为是“斜着抬杠”。像20世纪八九十年代的明星，很多是演而优则歌，或歌而优则演，影视歌三栖，同时进军商业领域，是无所不通的跨界全才。

对具有卓越创造力的天才，跨界是一种最先锋的自我展示方式。

达·芬奇大概是人类历史上跨界最广也最成功的“斜杠青年”，不仅画出了《蒙娜丽莎》《最后的晚餐》这样的传世巨作，他还玩雕塑雕刻，搞机械设计，担任军事工程师，甚至在16世纪就设计出具有现代理念的冲水厕所，还精通数学、密码学、人体生物学、物理学、天文学。他留下来的《哈默手稿》原稿，至今有幸读过的不超过五人，已被比尔·盖茨以天价珍藏。人只要有足够的天赋，就不存在必须专注才能完成的优先事项。

相比之下，普通人跨界则可能是想要满足对意义的追求。

不久前，一个在夜市代客贴膜的小摊老板，因为老婆生孩子，来不及收摊就匆忙赶去医院。代为看摊的城管见有顾客上门，便小试牛刀，过了一把跨界的瘾，贴了一晚上手机膜，做成好几笔生意。

加拿大哲学家查尔斯·泰勒说，人若是处在一个封闭的系统内，为了寻求意义，会引导激发自己的潜力，于内在框架里寻求超越。有人是用爱情，有人是用音乐，有人仰望星空，以跨界的方式实现自我。

当今生活节奏加快，社会门槛提高，也促使人们去丰富自己的人生经验，跨界带来的不同体验，可提升自身的生命价值和职业成就感。

我有一个做律师的熟人，有一回陪朋友去看房，旁边的看房者见她身穿职业套装，拎着公文包，误认为她是楼盘销售人员，过来向她咨询。她坦然受之，最后成功推销出去一套房，赚了一小笔佣金。对那些性格开朗、愿意尝试新鲜事物的人，跨界探索也意味着更容易得到回报。

但有时候，跨界并不需要宏大的理由。

我曾看到有人说，她与家人一起去逛超市，家人到停车场停车，她走到门口等候。百无聊赖中，她看到门口旁边的小桌上放了一把测温枪，就好奇地拿起来给自己测了一下体温。这时正好有顾客进来，见她手里拿着测温枪，便很配合地主动伸手让她测温。她也照测不误，一连测了十几个人，直到真正的测温员出来才停止——即使事出偶然，当事人仍然觉得这是自己跨界经历的一部分。也许以后她的简历上会加这样一条：测温员。

父亲归来那一天

□明前茶

我小时候，父亲归来的那一天，就如彗星降临一样不可思议。父亲是天文望远镜工程师，20世纪八九十年代，中国科学院下属的国家级天文台中，许多用于观测星系的望远镜是他设计的。组装好的望远镜，被小心翼翼地运往各地的天文台安装完毕，还需要父亲前往调试，以确保望远镜的运行达到设计标准。通常，他一出差就在一个月左右。

为了避免城市的灯光干扰，各地天文台都建在市郊的高山上。父亲去调试望远镜，业余时间会跟当地天文台的工作人员一起种蔬菜，用以改善生活。那年头儿，人们都讲奉献精神，调试好精密度极高的望远镜，就能开启天文台的观测圆顶室，观察浩瀚星空，研究宇宙的奥秘。这是让人无比欣喜的事情，所以父亲对出差毫无怨言，我们全家也毫无怨言。我和母亲都发现，当父亲出差归来时，那个木讷、谨慎，甚至有点儿刻板和忧郁的工程师会忽然变得浪漫起来。

我记得，父亲到陕西天文台调试望远镜，工作结束时正值临潼的石榴丰收，他带回了六个硕大的石榴。那是物流极不发达的年代，我们这些江南小孩，从来没有见过那么大的石榴。父亲按照临潼小贩教他的方法，在石榴顶找到一个下刀处，在外皮轻划一圈，用力掰开。里面的石榴籽紧紧抱团，晶莹剔透，红润发亮。我们用勺子挖着石榴籽，细细品尝，它的甜是多维的、立体的、丰富的，有些许醇厚甜蜜，还有些许酸爽。我终于明白古诗中为何说：“榴枝婀娜榴实繁，榴膜轻明榴子鲜。”繁密的石榴籽，是被怎样的土地孕育着，才有如此滋味？那时候，我就立誓要到北方去，看一看与南方红壤完全不一样的土地。父亲说，只有生长在排水性良好的沙质土壤中，石榴树才能结出如此硕大的果实。

父亲还去过新疆天文台调试望远镜，当时绿皮火车要走56小时。在漫长的旅程中，父亲带足了榨菜、方便面，还有自己做的紫菜饭卷。等他归来时，居然带了一个大纸箱，难道父亲带回了新疆的冬不拉？打开纸箱，全家人都笑了，父亲居然带的是新疆的棉花，它们是生长在棉枝上的一朵一朵的棉花哦。

父亲说，调试完望远镜，他去城里办事，搭乘老乡的拖拉机，路过浩瀚无边的棉田，被一望无际的丰收场景震撼，他便用口袋里的清凉油，向棉农换了几枝棉花。棉农困惑地问他：“要做一副棉手套，或者一顶厚棉帽，这点棉花不够，要不要多送你一点？”父亲笑着说：“够了，千万别把棉花从棉枝上扯下来，我要让两个女儿看一看，真正的棉花是什么样子。”记得那天，我们把家中腌萝卜干的空坛子反复刷洗，接着，这干燥的棉枝被父亲插入坛中，成了家中别致的装饰品。掉落的小棉枝，父亲让我从中扯出棉花来，摸摸里面的棉籽儿。他说：“在新疆，许多地方有这样的棉花。那里的棉花质量很好，做一床棉胎，用20年都不会扁塌。”

父亲还去过云南天文台。那次他去调试望远镜，我正上高三。母亲觉得在这个节骨眼儿上，家里的顶梁柱不应该再出长差。但是，父亲说，云南天文台的这架望远镜，对研究星系的形成和变化有着特殊意义，只有把它装成了，人们对宇宙大尺度结构的研究才能更进一步，所以，他必须去。父亲承诺，等他归来时，会带给我们惊喜。

父亲去了40天，回来时带着从花卉市场批发的一箱子白玫瑰花。我们都吃了一惊——这是他人生中第一次给母亲买花。家里没有花瓶，母亲不仅动用了没来得及扔掉的白醋瓶、腌腊八蒜的坛子，还抱着余下的玫瑰，送给邻居。令人疑惑的是，在一大捆白玫瑰花的上面，父亲还放了一把蔫掉的硕大花苞，也是洁白的。看上去已经枯萎的花，为什么还要带回来？父亲说：“你们不懂，这就是成语‘昙花一现’中的昙花呀！昙花是仙人掌科植物，在夜间开花，两三个小时后，这些花朵就枯萎了，必须从花枝上掰下来，否则下一轮花朵就没有力量盛放。”昆明人喜欢用昙花做甜汤，父亲买了八朵昙花，想让我们尝一尝昙花汤的味道。

他将昙花的花萼轻轻去掉，把那些柔弱无骨的花瓣用清水反复冲洗，待将莲子等配料熬够40分钟后，在起锅前加入昙花的花瓣。昙花的花瓣，口感又滑又嫩，带着云贵高原上的清香。父亲的背包里，还装着昙花的小苗。花农对他说：“昙花很好养，只是栽种后需要三四年才会开花。你要耐心等待。”

这次昆明之行，给父亲带来喜悦的，不仅是望远镜调试成功，还有他归来时，我的高考成绩已经出炉。高过一本线41分的成绩，令他十分满意。他送了我一份礼物作为奖励，那是一架迷你天文望远镜，镜片是父亲跟着云南天文台的磨镜师傅学习并磨制的。满月时，用这架小望远镜可以清清楚楚地看到月亮上的环形山，看到清辉四溢的月亮上，有山地，有凹坑，也有被宇宙风暴吹袭后形成的暗影。

父亲归来那天所带回来的，是外面那个浩瀚无垠的世界。他曾经说，女孩子成长中最要紧的事，就是不局限于眼前的鸡毛蒜皮、些微得失，要看到地球上的千山万水、春华秋实，看到在宇宙星际之间，自己是一粒多么幸运的尘埃。如果你的视野之内都是乌云，那肯定是因为你站得不够高，眺望得还不够远。归来的那天，作为父亲，他想给予我的教益，就是如何跳出个人的狭窄视野，去看待这个世界的别致角度，小到一个石榴、一枝棉花，大到一架望远镜。他做到了。

倾听，是听自己

郭小郭

倾听是一件美妙的事。

在图书馆期刊报纸阅览室，一个普通的午后，窗明几净，书架林立，桌椅整齐，读者分散，安静的大空间里连人走路的声音都听不到，偶尔有翻报纸翻书页的“沙沙”声传来，清脆到悦耳的程度。在这儿，倾听纸张，倾听文字，倾听心声，好像天真无邪的孩子躺在棉花地里仰望澄碧的天空，时间缓慢如白色凝胶，停滞了一般，不动声色。

在接近傍晚的公园，麻雀群飞，树叶微动，草花默立，人声隐隐，没有尖厉，没有突然，只有柔柔的和谐，你走你的路，听见“啪啪啪”的脚步声，是自己的、真实的、有力的，与他人不同。想想心事，看看风景，或者，就是一门心思地走，走到全身微微出汗。这时候，能钻进耳朵“游玩”一番的是热爱已久的风声，是虫儿满足的抒情和小河流水的笑声。

在繁华的十字路口，不要慌乱。杂乱的声音从四面八方传来，似潮水，但在抵达你的耳朵之前，心会将它们过滤，只剩下干净、朦胧、烟火气。流动的风景里花花绿绿的树、长长短短的影，你不去看，侧耳倾听，听出人生奔走中几多酸甜苦辣。

入夜时分，灯火阑珊，身居高楼，凭窗遥望，感觉与月亮近了，实则还是那么远。一个人静静地听着，听见楼下有人走过，听见猫风一般溜走，听见风又在摇动树木……星星和月亮是不说话的，但你盯得久了，就像听见什么似的，你听着听着，感觉自己是一个诗人。

倾听，归根到底，是听自己。

纪昌学射

□五 月

纪昌学射，是《列子·汤问》中的寓言故事。其中有两个桥段，很值得我们深思。

纪昌学射于飞卫。飞卫一开始没教他射箭要领，而是让他练习看东西不眨眼，视小如大。纪昌用牛尾毛拴住一只虱子，挂于南窗，远远地看着它。他就这样目不转睛地盯虱子，盯了好几年。直到有一天，他眼中的虱子有山丘那么大了，然后他用自制的弓箭向它射去，结果箭正中虱子中心，而牛尾巴毛却没有断。这时，纪昌跟飞卫报告，飞卫说：你学成了！

这告诉我们：任何技艺，要达到炉火纯青，必得有恒心，下苦功夫。所谓“台上三分钟，台下十年功”，诸多看上去很“凡尔赛”又号称“零失败”的做菜、写作、书法等秘籍，并不是你看上三两分钟的视频，就掌握得了的。你要想在某个领域有所突破，必须在其间深耕，且将之做到极致。

那么，技艺达到极致的状态是什么样的呢？无我。若是绘画创作，每一笔都如有神助，画成之后，连自己都恍然惊叹；若是音乐创作，每个音符都如天籁，曲成之后，让人感觉牵情动意……无我的创作状态，似乎有一种神秘力量在支配着自己，让你不由得去那么做。这个时候的人，完全沉浸在技艺施展的自由境界之中，已没有任何名利得失的观念。

纪昌学射的结尾，就体现了这种状态。纪昌学成之后，想要当天下第一射手，便欲除掉飞卫。两人相遇，开始将箭屡屡射向对方；但是每一次，两箭都在空中相撞坠地。最后，飞卫的箭没了，纪昌还剩一支。纪昌毫不留情地将其射向飞卫。飞卫情急之下，拿一根棘刺将箭挡下了。两人相拥而泣，认为父子，发誓不再于人前显此射术。

从想当天下第一射手，到不想让人知道此术，这便是纪昌从想扬名的“有我”状态到“无我”状态的转变。这时的他，才算真正学成了。

每一刻都是唯一

□［法］玛格丽特·尤瑟纳尔

“我行将就木，”他艰难地说，“我对自己与花朵、昆虫和星辰相伴的命运无所抱怨。在一切都如梦幻般流逝的这个世界上，长生不老非我所愿。万物、生灵与人心终有一死，我并不为此感到惋惜。万物终将消亡固然是一种不幸，然而它们的美，一部分亦正在于此。

“令我无法释怀的，乃万事万物无不独一无二。从前，我确信自己从生命中的每时每刻都获取了一些无法复现的启示，这构成了我隐秘的欢愉中最明了的乐趣。如今，我在垂死之际却为此羞愧不已，我如同一个享有特权的人，独自观赏了一场盛典，而这场盛典再也不会重演。”

3 厉害的人，看事儿往往很特别

天边的海明威猫

□剑　钧

走出慕名已久的海明威故居大门，我心中陡然生出一种文学的神圣感。望了眼蓝天，头顶飘过一朵白云。我望着云朵出神，总感觉那云团有点特别，再仔细看，不由生出几分惊叹：哦，多像一只可爱的小白猫啊！远远望去，那云团仿佛小猫蜷曲着胖乎乎的身子，在以湛蓝色为背景的天幕上格外抢眼，真像“雪球”！难道是幻觉？我揉了揉眼睛，再看，还是很像。

我恍然想起刚在海明威起居室卧榻上见到的那只猫，不同的是那是只黑猫，蜷曲着身子，像是一团毛茸茸的黑绣球被主人遗忘在白白的雕花床单上。它对我这个东方客人的到来，视若无睹，眯缝着眼睛，悠然养神。

那是一张美式的黑棕色木雕床，胡桃木材质，做工很精美。床头上方挂一幅油画，画面中有五只小花猫，四只懒散地卧在主人家门口，还有一只立在窗前眺望，像是祈望远逝的主人归来。

我望着天边那朵像猫的云，好想问一句天国的海明威，大作家何以那么喜欢猫？以至在临终遗嘱中，对爱猫还做了无微不至的善后：“猫是这所庭院的主人，它们可以享有这里的一切，可以随意地嬉戏，可以在床上休息寻欢，可以在书房里沉思未来！”

看来，后来人是严格遵照了主人的遗愿，我在院里看到一群活蹦乱跳的猫，有四十几只之多。猫们在舍室里无忧无虑地生活，有进出的自由，否则那只大黑猫就不会大咧咧地躺在大床上悠然自得了。

宅院是由船舶建筑师阿萨·提夫特在1851年建造的。他做梦都没想到，这看似普通的庭院会因一个人的名字而蜚声世界。1931年，海明威和他的第二任太太波林来这里生活。虽说八年之后，海明威去了一水之隔的古巴定居，但直到1961年去世前，还常来小住。

我在海明威的写作间里凝视，那台皇家牌打字机旁还立着一只小花猫，若不是眼睛在转动，我还真把它当成标本了。想必当年写作时，海明威的爱猫也是陪伴左右的。据说海明威有个习惯是站着写作，而且单脚站立，似乎有几分像那只立着的猫。面对好奇记者的提问，他坦言这样写作更快。我想，站立比坐着写作更累，自会惜墨如金，就像古人用竹简著述，刻着费劲，就不像今人用电脑写作，击键如飞，在文中废话连篇了。

猫带给海明威欢乐与喜悦，也带给海明威灵感与冲动。海明威的爱心与柔情，也被作品呈现出来。我想起，海明威在巴黎写的小说《雨中的猫》，在那里，海明威和第一任太太共度了五年清贫但幸福的时光。

海明威对猫的喜欢是一种莫名的喜欢，不需要理由。海明威的第一只爱猫是只白茸茸的“六趾猫”，那是在一次出海中，救捞船长送他的礼物。常在海上漂泊的海员大都喜欢六趾猫，坚信这种猫会带给航海好运气。海明威爱海，当地人称他“老海”。除去写作，他几乎每天都出海捕鱼，对那只猫自是格外宠爱，还给它取了个好听的名字“雪球”（snow ball）。

听说海明威故居里的每一只六趾猫都是雪球的后代，后人统称它们为“海明威猫”。我在故居的墙上还看到了他的两个儿子与“雪球”的合影，那个怀抱“雪球”的小男孩是他的小儿子，那只猫蜷缩在他怀里的样子，和天边那朵猫云像极了。

我又想起那张照片，莫非那朵像“雪球”的猫云寻找主人去了？带去的可是“海明威猫”们的思念？我耳边恍然响起海明威留给世界的最后一句话：“晚安，我的小猫咪。”多么温馨而柔情的话语，很难想象出自这样的硬汉文豪之口。

我印象中的海明威是写《老人与海》的大作家，是书中那个穷困潦倒，但意志坚强的老渔夫。然而硬汉海明威和柔情海明威融合在一起，才是真正的海明威。硬汉海明威在非洲打过大野兽，在墨西哥捕过大青枪鱼，在阿尔卑斯山滑过雪，在欧洲战场做过战地记者。柔情海明威则把他的爱心和温柔给了那种娇小又优雅的动物。

交通工具的奴隶

□蒋　勋

我在巴黎读书时，兼职担任当地的导游。当时的欧洲旅行团经常安排一个月游玩18个国家，你可以算出来，每个国家平均待不到两天。

他们连下车的机会都很少，我讲左边的风景，他们就看左边；我讲右边的，他们就看右边。我从后视镜里看到这些来自故乡的人时，心里生出一种同情，我真的很想仔细地为他们介绍巴黎，可时间实在是太短促了。

到埃菲尔铁塔前，我在车上尽量说明相关历史，到达后让大家下车拍一张照片，五分钟后就上来，他们就冲下去再冲上来。

进到卢浮宫，那里收藏有几十万件艺术品，可是我们只能看三件，就是达·芬奇的《蒙娜丽莎》以及古希腊的《胜利女神像》《米洛斯的维纳斯》。这三件艺术品摆放的位置距离很远，所以你就看到一个团体在卢浮宫里面小跑，到目标物之一赶紧拍一张照片，接着说：“走！再看下一个！”

忽然，我觉得这样的旅行、这样的速度感、这样一种所谓对美的“贪婪”……对不起！我用了“贪婪”这个词，因为我觉得好像来不及看更多东西的时候，其实有点像填鸭的方式，什么都没有消化。

我们当然要感谢交通工具，帮助我们更丰富地认识这个世界，可是不要忘记，不要变成交通工具的奴隶！

画什么更值钱

□岑　嵘

英国经济学家唐·汤普森曾经担任伦敦政治经济学院客座教授，午休时，他常去不远处的苏富比拍卖行逛，并由此对艺术品经济学产生了兴趣。

汤普森发现，在现代艺术领域，受欢迎的画作是有一些基本规律可循的。比如就人物肖像而言，漂亮迷人的女性和儿童的肖像就要比老妇和丑男的值钱，快乐的人物肖像比忧愁寡妇的卖得好。安迪·沃霍尔的《橘色的玛丽莲》的行情，是同尺寸的《理查德·尼克松》的20倍（想想有谁愿意在客厅里挂着尼克松的肖像，而不是美女梦露）。

颜色方面，明亮的颜色优于黯淡的色彩，从最好卖的颜色到最难卖的颜色，依次为红、白、蓝、黄、绿、黑。不过对个体而言也有不同，比如对沃霍尔来说，绿色的排名会在前面，因为那是美元纸钞的颜色。

横幅的画比直幅的画卖得好，圆形和椭圆形的作品尤其不受欢迎。

在静物画方面，花卉优于水果，玫瑰花效果最好，菊花和鲁冰花效果最差，盛开的鲜花优于枯萎的花朵。

水能增加画的价值，但只是在风平浪静的情况下，比如莫奈的《睡莲》。波涛汹涌则会减分，沉船的行情更糟，描绘海难则是禁忌。

动物画方面也有价格序列。纯种狗比杂种狗效果好，巴哥犬比牧羊犬效果好，赛马比拉货车的马效果好。对鸟类来说，鸟越值钱，画也越值钱，比如松鸡的价格是绿头鸭的三倍。同时，画家应该画动物的正面，而不是背面。

风景画不如肖像画。如果在风景画的重点位置加上马和人物，价格能翻番，有工业痕迹的风景画则容易贬值。

《美国艺术家》杂志上一篇由理查德·哈里森撰写的论文也表达了类似观点：那些传递积极情绪或光明景象的绘画对市场有很大的吸引力。积极乐观的主题，如风景、船只、鸟类、海滩和花卉等，是最有可能被购买的。他还强调，不同的地区，适用的色调和主题是不同的，例如在佛罗里达，山景和雪景是要避免的。

为什么艺术品会产生这样的价值差别呢？

这是由于“启动效应”。即当我们看到一些图形或者词语时，会无意识地关注一些主题。作品内容是昂贵的或让人愉快的事物，会引发人们“值钱”的联想，因此我们会赋予这些绘画更高的价值。

美国乔治·梅森大学的经济学家泰勒·考文分析说，之所以产生这些价格差异，是因为“自我”因素在起作用。

艺术品除了具有美学价值，还能扮演一定的社会角色，我们喜爱艺术品，是因为它弥补了我们的自我形象和我们与他人之间的关系。我们对艺术品的喜爱，往往取决于我们的情绪状况，而且对艺术品的喜爱，有助于满足我们对建立积极自我形象的要求。

由此，对大众而言，更“美”的、更鲜艳的，情绪更积极的画作会更容易受到追捧，因为它们能折射我们的自我形象。

奖励的隐形成本

□［美］丹尼尔·平克

一部美国文坛经久不衰的作品，给我们上了有关人类积极性的重要一课。

马克·吐温在其著作《汤姆·索亚历险记》里写道：

汤姆接到一项无聊的任务，把波莉姨妈75平方米的栅栏刷成白色。这项工作一点不能让他兴奋，“生活对他来说太乏味了，活着仅是一种负担”。就在汤姆灰心绝望的时候，一条“聪明绝伦，妙不可言”的妙计涌上心头。当他的朋友本漫步到他面前准备嘲笑他的时候，汤姆做出了很疑惑的表情。他说，把颜料涂到栅栏上不是苦差事。它是一种特权，是一种内在激励方式。这活儿看起来很诱人。当本问他能不能让自己刷几下的时候，汤姆拒绝了。直到后来本以自己的苹果作为交换，汤姆才给了他刷栅栏的机会。

很快，其他男孩也来了，他们都掉进了汤姆的圈套，好几个男孩都刷了栅栏，而且最后这都算作汤姆的功劳。

从这个有趣的情节里，马克·吐温提炼出一条有关积极性的重要原则：“所谓工作就是一个人被迫要干的事情，至于玩就是一个人没有义务要干的事情。”马克·吐温还写道：“在夏季，英国有钱的绅士每天会驾着四轮马车沿着同样的路线走上30至50千米，他们为这种特权花了很多钱。可是如果因此付钱给他们，那就把这桩事情变成了工作，他们就撒手不干了。”

换言之，奖励有时候很奇怪，它就像对人的行为施了魔法：把有意思的工作变成苦工，把游戏变成工作。它通过减少内在激励因素，让成绩、创造性甚至善行像多米诺骨牌一样接连倾倒，我们称这一现象为“汤姆·索亚效应”。

需要说明的是，不一定是奖励本身破坏了人们的兴趣。当人们不期待奖励的时候，奖励对他们的内在积极性没什么影响。只有有条件的奖励——如果你做这个，那我就给你那个，会产生负面效果。为什么呢？因为这种“如果—那么”型的奖励要求人们放弃他们的一部分自主权。如果绅士驾着马车不是为了开心，而是为了钱，他们就不再能完全掌控自己的生活了。这就像装着他们积极性的篮子裂了一条缝，他们每项活动的乐趣都被抽尽了。

如果为了鼓励孩子学习数学，每写完一页作业就给他一些钱作为奖励，那么短期内他会更勤奋，但是从长期来看，他会失去对数学的兴趣。

沉沦有三种样式

□陈嘉映

沉沦有三种基本样式：闲谈、猎奇、两可。

在沉沦中，言说变成了闲扯，分不出什么是原始创造，什么是鹦鹉学舌。

在沉沦中，芸芸众生贪新骛奇，刚看过一样新奇的东西，马上就去寻找另一样代表新潮的东西；人们似乎对什么都关心，却并不专注于任何事情。

沉沦的第三种样式是两可。芸芸众生耽于闲扯——这也是可能的，那也是可能的，却并不投入坚定的行动之中。

倾心投入实际行动的人，有败有成，芸芸众生却又说：我不是早就说了，这事做不成，或者反过来，这有何难？我不是早就想到该这样去做的？

发掘语言的魅力

□［美］李·科克雷尔

妈妈以前常对我们兄弟俩说：“不要乱说话！”显然，妈妈的意思是叫我们不要说脏话。不过，进入职场后我发现，妈妈的话有着更深的含义。脏话并不局限于骂人的话语。在某些情况下，滔滔不绝也会让人生厌。

美国著名的领导力专家弗朗西斯·赫塞尔本曾提出这样的问题：“你听别人说过‘我想当谁谁谁的部下，简直想疯了’这样的话吗？”她的意思是说，“部下”这个词有低人一等之意，没有人会把低人一等作为自己的梦想。所以，提及直接下属时，为什么不能换一个更鼓舞人心的称谓呢？所幸，很多高管都意识到了这个问题，改用“商业伙伴”来称呼他们的员工，这种词语让员工觉得自己受到了足够的尊重。另外，我特别受不了“我的员工在客户服务上取得了可喜可贺的成果”中“我的员工”这个说法。如果不是国王，也不是王后，那我劝你还是尽量不要用这种说法。虽然你有权在下属的工资条上签字，有权解雇下属，但下属并不是你的附属品。用这种贬低他人身份的称谓来称呼他们，员工肯定会心生不满，不知不觉中就会把心里积的怨气撒到客户身上。

能说明语言在商界的重要性的例子还有很多。以上两个例子只不过是冰山一角。语言既能使人泄气，也能为人鼓劲儿。既有破坏性，也有安抚性。既能引发战争，也能带来和平。《我有一个梦想》一文虽不长，却为我们勾画了一片天地。语言文字既能在我们的大脑中描绘出盛景，也能造成颓势。记忆最为深刻的话语，往往是那些最能撼动心灵的。

欠妥的语言就像病毒，会在不知不觉中侵蚀企业文化。如果贬损的、诋毁的或丧气的用语在企业中流行，那么，不仅员工的热情会冷却，客服质量也会触底。如此一来，客户便会一个个弃你而去。

20世纪80年代，我有一次在百慕大乘坐美国东方航空公司的航班时，听到一位空姐对另一位空姐说：“野兽们来啦！”她所说的“野兽”，指的是乘客。1991年，东方航空公司便倒闭了。很显然，“野兽们”纷纷选择了别的航空公司。对此，我一点儿也不觉得意外。对待客户时所使用的语言，往往蕴含重大的意义。正因如此，很多企业才把客户尊称为“贵宾”。如果把那些使用产品和服务的人称为贵宾，那么，你的员工（或者说商业伙伴）也一定会给客户贵宾的礼遇。

无论是与客户交谈，还是谈论客户，言语中都应该表达出尊敬和关爱之情，把每位客户都当作世界上最重要的人。要注意，日常生活中的一些措辞，还是尽量不要在客户面前用。譬如，“伙计，想吃点什么”这句话完全可以用在子女身上，在“超级碗”比赛时用来询问朋友，也无可厚非。但如果服务生在一家高级餐厅对客人说出这样的话，就有些欠妥了。“伙计”这个词太过随便，甚至会让有些客人觉得这是在搞歧视。

我的妻子特别讨厌别人说“有个叫普丽西拉·科克雷尔的来找过你”。“有个”这个词让她觉得不舒服，觉得就像在说“洗碗池里有一只蜘蛛”或者“阁楼上有一只老鼠”。而“普丽西拉·科克雷尔来找过您了”，这句话听上去就让人觉得舒服多了。

那些激情四射而又信心满满的措辞，在客服中能带来意想不到的效果。“绝对的”“一定的”“没问题”“当然了”——这些措辞都很好，远比“可能吧”大气。

此外，我还有一些建议：“我该怎样帮您呢”比“要我为您做点儿什么”好用；“让我带您去看看商品”比“在那儿”有用多了；“这是我的荣幸”比“没关系”或“不客气”听上去更真诚；不要说“这不归我管”，而要说“请允许我找位更专业的人士帮助您”。

能够提升客户信赖度的语言一定是积极的、文雅的、充满恭敬的。语言是具有魔力的。以至诚之心去发掘语言的魅力吧！

燕青最是自在人

□憨　佗

燕青是梁山二把手卢俊义的心腹，他本是卢俊义的家奴，宋江仰慕卢俊义在江湖上声名远扬，千方百计将卢俊义请上梁山。卢俊义地位虽高，但处境微妙，追随他的只有一个燕青。燕青也因此左右不靠，身份尴尬。

就是这种处境，燕青却应对自如。首先，在何去何从上，燕青从没想过改换门庭，投靠他人。

忠贞不贰是燕青的本色，也是江湖大义，别人都敬重他三分。燕青不改初心，因此自在。

上梁山以后，燕青既没有束手束脚，只为卢俊义办事；也没有自以为是，在大树底下乘凉。他和任何人都能合作，配合无间。

燕青虽出身卑微，但从不妄自菲薄。柴进与燕青曾一起入京城，柴进想混入宫中，燕青全力配合运作，机敏过人，给柴进留下了深刻印象。

后来，柴进“入方腊贼巢，去做细作”，点名要燕青一人陪同。柴进说，燕青“晓得诸路乡谈，更兼见机而作”，后来，两人果然骗过了方腊等人。

李逵是宋江的心腹，在梁山是人见人躲的二愣子，却对燕青服服帖帖，《水浒传》第七十三回，李逵要大闹东京，路上遇到有人假冒宋江强抢民女，李逵错怪宋江，差点犯下大错，于是负荆请罪，并请捉拿假宋江。这次又是燕青陪同前往，为其出谋划策。李逵处处急躁，燕青处处补缺。李逵对燕青心服口服。

燕青自由潇洒、多才多艺。他不只摔跤天下第一，还擅弩箭，箭箭不空。一身好花绣羡煞人，“更兼吹的、弹的、唱的、舞的，拆白道字，顶真续麻，无有不能，无有不会”。因为这些才能，有些特殊任务非他莫属。宋江对燕青格外看重，带他到东京李师师家，燕青成功搭线，促成招安。

小说最后，燕青劝卢俊义隐退，卢俊义不肯，燕青便一人带着财物和免罪文书离开，从此不知所终。

燕青小处心思机巧，大事头脑清醒。上厅堂，说话做事有分寸，无惧权贵，见过大世面；下市井，如鱼龙入水，辨人识相，机智敏捷。如此进退自如，梁山上唯此一人。

燕青本是奴仆，却真正做了自己命运的主人，活得自在；卢俊义出身尊贵，在江湖上却处处受制于人，最后不得善终——值得世人好好玩味。

我能行

□［美］卡尔·克里斯托夫

小时候，我认为父亲是世界上最小气的人。我敢肯定他根本不想让我拥有那辆梦寐以求的自行车。

在许多事情上，父亲和我的看法不一致。我们又怎么可能一致呢？我是个10岁的孩子，最大的幸福就是想出办法来让自己少工作一些，好有时间去我家附近的黄石公园狂玩一阵。而父亲是个任劳任怨的人。

在我梦寐以求的自行车出现在附近那家商店之前，父亲和我已经在柴房里就我兜售报纸的方式理论过几次了。我只有多卖报，手里的钱才会多起来。于是，我不断努力提高我的销售份额。我的办法是：在推销时，竭力唤起别人的同情心。比如，夏季的一天，我在黄石操场高声喊着：“卖报，有谁愿意从我这个苦命的长着斗鸡眼的孤儿手里买份报纸？”恰巧那时，父亲从一个朋友的帐篷里出来。他把我押回家，我们进了柴房，他把给我的报酬从四分之一削减到八分之一。

两星期后，我的收入又下降了。我的朋友杰姆进门时，我正和家人吃饭。他把一堆硬币放在桌上，并要我给他报酬。我难为情地给了他。我用一小部分钱骗他替我卖报纸，这样，我就有空去养殖场看鱼玩。父亲立即看穿了我的“把戏”，然后，在柴房里，父亲铁青着脸说：“儿子，你应该知道，杰姆是我老板的儿子。”我的收入就缩减到了十六分之一。

说来惭愧，没过多久，情况变得更糟了。因为父亲注意到我时不时地吃蛋卷冰激凌，而这应该是我缩减的收入所不能承受的。后来，他发现我收集别人丢弃的报纸，剪下标题，寄给出版商，作为报纸没卖出的证明。然后，出版商补偿了我。因为这个，父亲把我的收入削减到了三十二分之一。很快，我差不多是分文不进了。

身无分文并没让我很苦恼，直到有一天，当我在附近那家商店闲逛时，一辆红色的自行车闯入我的眼帘，就再也从我的眼前挥之不去了。我觉得它是世界上最漂亮的车。我走到正在修理汽车的父亲身边，说明了情况。我站在那儿，看着地面，开始用靴尖刮地。

“爸爸，今年你和妈妈不必送我圣诞节礼物了。今后20年也不用送了。”“儿子，我知道你很喜欢那辆自行车。可是，咱们买不起啊！”“我会把钱还你的，加倍还！”“儿子，你在工作，你可以存钱买它啊！”“可是爸爸，你总是要拿走一部分去买衣服。”“杰克，关于那一点，我们早已谈妥了。你知道，我们都应该尽自己的力。如果你一个月少看两场电影，少吃三个蛋卷冰激凌，少吃两袋玉米花。如果你不去买弹子玩……这个夏天，你就能存3美元了。”“可爸爸，买自行车需要20美元。照那样的速度，还没买到车我就老了。”父亲忍不住笑了：“孩子，我可不这样想。”

这么严肃的事，他居然会笑，我简直气坏了。我转过身，背对着他。突然，一个奇怪的念头在我脑海里一闪，也许我真的能做一些我以为不能的事。我开始不辞辛苦地工作、攒钱。我拼命地卖报，不看电影，不买玉米花、冰激凌。我一分一分地攒，努力不去想离20美元还有多遥远。然后，一件意想不到的事发生了。乔飞先生——父亲的一个朋友——一位公园管理员叫我到他那儿去。“杰克，”他说，“这段时间，我需要一个送信员，报酬是6星期13美元。你要这份工作吗？”

我要不要？简直是求之不得呢！父亲说，因为报酬高，我只需要交一半给家里就行。夏天结束时，我已攒了11美元。但紧接着我回到了学校，一分钱也挣不到了。最后，圣诞节期间，我通过帮助运送松树、云杉给银行、商店以及那些不想自己砍树的人家，挣到了两美元。

还差7美元。这时，我的一个朋友病了，要我替他工作，送报。我一星期挣1美元，清晨4点起床，叠报纸，在凛冽的寒风中走5英里。天气刚好转一些，我的朋友又回来工作。这时我有19美元了。

只差1美元了，我认为已经竭尽所能。所以，我走到父亲面前：“爸爸，求你给我1美元吧！”但我很快意识到，求他就像求太阳从西方升起一样。父亲说：“你是在要求施舍，杰克！”

沮丧至极，我闲逛到那家商店，想去看一眼我心爱的自行车。可我到那儿时，车却没在橱窗里。“天哪！”我想，它已经被卖出去了。我冲进店里，看见店主正推着我的车往后面的储藏室走。“先生，”我哭叫道，“这自行车，你没有卖它，对吧？”

“没有，没有卖。它放在橱窗里已经很久了，没人买它。我只是想把它放在墙边，把价格降为18美元。”“别让任何别的人买这车，我要买。等我一会儿！”“别担心，”店主喘着气，微笑着说，“它是你的。”

我跑上街道，离家还有一排房屋时，就开始喊叫：“妈妈，把钱拿出来，把19美元拿出来！”我一路小跑，又叫了一声：“快一点，妈妈！把钱拿出来！”我飞也似的回到商店，把钱放在了柜台上。

几分钟后，我出了商店。我骑着车，向我看见的每一个人挥手，叫嚷：“喂！快看我的新车！“我自己买的！”

到了家，我跑进院子里，差点儿撞倒了父亲。“爸爸，看我的新车！它是最棒的！它跑起来就像风一样快。噢，谢谢你！爸爸，谢谢你！”“不用谢我，儿子。你不必感谢我，我什么也没做。”“可是我是那么幸福、快乐！”“你感觉幸福是因为你应该得到这种幸福。”

喜悦之中，我的眼前模糊了。但在一瞬间，我认真地看了一眼父亲，我看出他也很快乐，甚至有些为我骄傲。我看到了他眼中的爱意，那种对儿子长大成人的爱。这么多年来，那满是爱意的目光一直留在我心中。这些年来，我悟出了父亲所给予我的最大快乐，那就是让我明白——我能行！

最美的陪伴

□［英］埃利亚斯·卡内蒂

有一些陪伴我们二十年的书，从未被阅读过，我们却总是带着它们走南闯北，哪怕行李箱的空间很小，也要把它们仔细地装好。

偶尔，我们把它们从行李中拿出来，随手翻一翻，读完一句后就又将它们小心地放回去。

又过了二十年，有那么一瞬间，似乎某种强大的力量逼迫我们必须一口气将它读完。只有在这一瞬间，我们才明白之前带着它跋山涉水的意义。这本书必须陪伴我们一路披星戴月、风尘仆仆，如今它终于到达目的地，揭开自己的面纱。这一刻，它照亮了之前那二十年的光阴和那段默默陪伴的岁月。

如果没有这跨越几十年的沉默，它在开口的那一刻就不会如此有力，而有谁敢断定，这本书里的东西始终一成不变？

如果有一天，这个世界没了我们

□李　察

野狼进入法国高雪维尔滑雪场逡巡，海豚重回意大利撒丁岛港口嬉戏，猴子成群结队占据了泰国华富里府街头……当人们被新冠肺炎疫情困在家中，野生动物似乎开始悄悄“收复失地”。与此同时，河道变得前所未有地清澈，空气中二氧化氮的含量明显减少，城市的夜空多了许多肉眼可见的星星……人类不过减少了出行而已，这个世界已经有所不同。那么，如果我们彻底离开呢？

10多年前，当艾伦·韦斯曼完成《没有我们的世界》一书时，他一定没想到，他笔下那完全基于假设的未来这么快就已微露峥嵘。他在书中设想了一个人类集体消亡的明天。“假设有一种人类特有的什么病毒，进化比人类的免疫能力发展更为迅猛，令我们遭受了灭顶之灾，而其他生物却毫发无损”，又或者是其他什么原因，总之，“一切都原地不动，独独少了我们人类”，那么世界将会怎样？换言之，如果有朝一日骤然离去，我们会在身后留下什么？

有些东西意外地脆弱，消逝的速度快得惊人。比如我们的城市。没有人维护，半小时，地下水系统失灵，城市地铁被淹；3天，全城一片汪洋；不过数年，各种管道设备开裂，石化厂、发电厂、核电站爆炸，有毒物质外泄，四处尽是火海；20年，房屋坍倒，街道塌陷，鸟类飞回，青蛙鸣唱，植物在水泥和沥青的缝隙中生长、连成一片。500年内，原来的高楼大厦、钢筋森林彻底土崩瓦解，整座城市被真正的森林覆盖。后来的智慧生物只能对着挖掘出的消防栓、不锈钢炊具，困惑地猜测它们曾经的用途。

另一些东西却长久留存，久得令人难以想象。因大气污染沉降和使用农肥导致土壤中猛增的各种重金属只能靠微生物和植物在漫长的岁月里吸收、降解、稀释：锌需要3700年、镉需要7500年、铅需要35000年。那些为制造核武器提炼出的放射性物质：洲际导弹弹头含有的钚释放出致命的α射线，25万年才会逐渐消失在地球天然背景辐射中；为制造贫铀武器提取的铀-238，半衰期达45亿年，释放辐射的时间甚至会比地球的寿命还长。所有依然活着的生物都不得不在这样的环境中变异求生。

那些我们文明的见证，将随着我们的离开而消亡。代表人类思想文化精髓的艺术作品不再被精心维护传承：画作会因真菌脱色瓦解，陶瓷会随着城市的坍塌破碎，纺织品会分解腐烂，音乐也缺乏能长久保存的存储和读取装置。还有那些伟大的建筑工程：金字塔暴晒在烈日下慢慢土崩瓦解；英法海底隧道会因海平面升高化为乌有；堤坝倒塌、人工湖漏水，分隔开南北美洲大陆的巴拿马运河终将干涸。

另一些同样是由我们创造出来的东西，也因我们的消逝失去了被纠错的机会。全球数百座核电站熔化坍塌，有毒物质外泄。数万个核弹头、数百万个高密度军火弹头，让靠近的生物面临灭顶之灾。还有因倾倒垃圾产生的海洋垃圾漩涡——仅太平洋垃圾漩涡就和非洲大陆大小相当，这样的垃圾漩涡全世界竟有7个之多。

好在，没有了人类，这些垃圾和有害物质至少不会再增加。不仅如此，也不会再有对动物的大量屠杀和对植物的大面积焚烧砍伐。即便石化厂、核电站失修爆炸造成的污染物和辐射会导致有些物种灭绝，但总会有另一些物种坚强地活下来，甚至因基因变异变得更强大。生命还会延续，只是生命的基点会悄然发生改变。

我们身后，是洪水滔天，还是万物竟自由？没有我们的世界，是会想念我们，还是会如释重负？艾伦·韦斯曼认为，人类对地球所进行的改造，“到目前为止，只有火山和互相碰撞的大陆板块才能完成这样的壮举”，但它对大自然所造成的也不过是“动摇和震颤”，“既然地球能从二叠纪的废墟中复活，也必然能从人类的蹂躏中康复”。没有我们，生命将经历轮回，世界也会重新开始。但他也说：“我不愿意生活在一个没有音乐、诗歌、艺术的世界里，正如我不愿意生活在一个没有树的世界里一样。”

人类对地球造成了伤害，但也创造了美好而独特的文明。它是如此珍贵，以至于一想到它将随人类一起灰飞烟灭，我们就会陷入虚无。设想一个“没有我们的世界”，为的是更好地继续一个“有我们的世界”。当假想结束，重回现实，我们比以往都更加清楚地认识到，只有与万物和谐相处，才是人类生存的长久之道。

创造性的错误

□［英］丹尼尔·科伊尔

冰球明星韦恩·格雷茨基的队友偶尔会看到这样一个奇怪的场景：格雷茨基独自在冰上练习时会摔跤。这个世界上堪称伟大的冰球运动员像小学生一样摔倒，虽然这令人惊讶，但是完全合理的。尽管格雷茨基精通滑冰，但一旦他下定决心提高自己，就要竭尽全力突破自己的能力极限，这意味着格雷茨基要去尝试，失败，再尝试，虽然这看起来是很愚蠢的。

觉得自己愚蠢不是件好玩的事。但是，愿意变得愚蠢，愿意冒险去承担犯错带来的痛苦是绝对有必要的，因为不断地“尝试、失败、再尝试”是促使大脑成长并与外界形成新连接的方法。请记住，当涉及天赋开发时，错误并不是真正的错误，而是指引你进步的路标。

有些地方鼓励学员去犯“创造性的错误”，这是一种建立规则的方法，鼓励学员去做一些可能会让他人感到奇怪和危险的事——实际上，就是将学员推向能力边缘的甜蜜区。

企业也会这么做。谷歌公司为员工们提供“20%的时间”，即工程师们可以将20%的工作时间花在自己热衷且未经批准的私人项目上，因为他们在这些项目上更有可能去冒险。我接触过许多企业，他们会让员工签署一份“合同”，确保员工们愿意去冒险犯错。位于华盛顿地区的电子商务公司生活社区为员工们提供了一条经验法则：每周做一次让自己在工作中害怕的决定。

无论采取何种策略，这种方法的目标都是一致的：鼓励人们达成目标并重新定义错误，让错误不再是简单的是非判断，而是将你最终引导到正确方向的信息。

采树鳔

□张　炜

如今的果园是自己的了。父亲领着松松在果园里做活，无非剪剪枝、修修土埂。松松闲下来就喜欢攀到树上。在高处，她可以望见一片原野。如今她18岁了，个子不高，紧紧地贴在树木的粗丫上。她从树上下来时，那根粗丫还热烘烘的。如果是杏树、桃树或李子树，她就能发现上面有一个个透明的胶状硬块，心里咕哝一声“树鳔”就扳下来，装到口袋里。

松松喜欢树鳔的色彩，有的金黄，有的洁白，都那么晶莹透亮，可爱极了！她知道树鳔都是从树木的伤口、裂缝中流出来的——想到这里，她的心就猛地一动。她觉得树鳔绝不是平平常常的东西，它或许是大树干涸凝结的血液和精髓。

有一棵老李子树结了不知多少李子。父亲是那么喜欢这棵树，它身上也常常渗出又大又亮的树鳔来。有一次下起小雪，一连下了三天。雪停下来后，松松走到了园里。她从老李子树身边走过，一下惊呆了：它身上挂满了闪亮的树鳔！她站在那儿，直瞪瞪地望着它。她看得清清楚楚，所有的树鳔都是从老树的裂缝中流出来的。她看得心都揪紧了。

松松以后每每走近这棵老李子树都要停留一会儿。她对父亲说：“这棵树快死了！”父亲看也不看女儿一眼，咕哝一句：“胡诌！”松松知道自己的判断没错，因为她知道树鳔都是树木流出来的最宝贵的东西。不久，老李子树真的死了。父亲看着这棵树，又看看一旁的女儿，嘴里发出不解的声音。

父亲费力地挖出老李子树的躯体。好粗大的一棵树呀！他把这树的细枝丫全除去了，只留下一截粗粗的树干。父亲盘算着用它打一套漂漂亮亮的组合家具呢！

一件件家具进入组装阶段了。松松对小木匠说：“这些树都死了，又给你做成了家具！”小木匠说：“它们这会儿就不是树了。你得说：一个衣橱、一个大立柜——你得这么说。”松松点点头。停了会儿，她突然问了句：“你知道它们都是怎么死的吗？”小木匠摇了一下头。“是这样——”松松从口袋里摸出一块树鳔，“它呀，一丝一丝从树木的裂口往外渗。后来干结成这样，你看看吧——它原来像血液一样在树的身体内流着，树才活。树鳔都从树的伤口渗出来了，最后，树也就死了。”

小木匠认为树鳔和木胶差不多，于是用树鳔替代木胶往家具的榫缝里灌。松松看着树鳔汤汁一丝丝地渗入缝隙，心里一阵阵宽松。她相信它们又开始转活了。

一件件家具神气地立起来，瞅着屋里所有人。父亲用手拍它们，它们发出声音。松松想象着那些树鳔正滋润着它们，在全身的脉管和肌肤里周流不息。

“这些家具是活的，爸。”她抚摸着说。父亲点点头：“可不！组合家具嘛，并到一块行，分开也行，都是活的。”松松再不言语。

父女两个合计了一下，把一套崭新的组合家具放在一个大间里。父亲让女儿睡在里面。松松日夜都能嗅到淡淡的油漆味。夜里，最安静的时候，她老觉得它们在看她。这天夜里她没有睡着，后来，她听到这套组合家具里咳嗽的声音。她从床上坐了起来。白天，她打开每件家具看，发现里面除了一些木屑，什么也没有。父亲说：“这是接缝的地方在响——大约新家具都要响一响的。它们刚刚变成了柜子什么的，筋骨不顺。”

松松盯着立在墙边那溜儿放着淡淡光芒的东西，心想这不是别的，是些复活了的精灵啊！那些崭新的家具夜间仍然响着。“这些精灵！”她在心里叫一声。

河里漂来的幸福

□［日］島田洋七

我小时候被寄养在外婆家。那时外婆的工作是清扫佐贺大学和佐大附属中学、小学的教职员室和厕所，快的话上午11点左右就可以回家了。走在回家路上的外婆，样子有点儿奇怪，她每走一步，就发出“嘎啦嘎啦”的声音。我仔细一看，她腰间好像绑着一根绳子，拖着地上的什么东西。“阿嬷，那是什么？”“磁铁。”外婆看着绳子说。绳子一端绑着一块磁铁，上面粘着钉子和废铁。“光是走路什么事也不做，多可惜，绑着磁铁走，你看，可以赚到一点外快的。”“赚到？”“这些废铁拿去卖，可以卖不少钱哩！”外婆说着，取下磁铁上的钉子和铁屑，丢进桶里。桶里已经收集了不少“战利品”。外婆出门时，好像一定会在腰间绑着绳子，我简直看呆了。但这还不是最让我惊讶的事。

外婆把钉子、铁屑都丢进桶里后，又大步走到河边。我跟在后面，奇怪外婆为什么看着河水微笑。“昭广，帮我一下。”她回头叫我之后，转身从河里捞起木片和树枝。河面架着一根木棒，拦住一些上游漂下来的木片和树枝。之前我到河边张望时，还在好奇那根木棒为何横在河里。哪里想得到是外婆用来拦截漂流物的“法宝”！外婆把木棒拦下的树枝和木片晒干后当柴烧。“这样，河水可以保持干净，我们又有免费柴火，真是一举两得。”

木棒拦住的不只是树枝和小木块。河上游有个市场，尾部开叉的萝卜、畸形的小黄瓜等卖不出去的蔬菜，都被丢进河里，也都被木棒拦住了。外婆看着奇形怪状的蔬菜说：“开叉的萝卜切成小块煮出来味道一样，弯曲的小黄瓜切丝用盐腌一腌味道也一样。”还有一些果皮受损的水果，也因为卖相不好而被丢弃，但是对外婆来说，那些“只是外表差一点而已，切开来吃，味道一样”。真是这样。

每天，总有各式各样的东西顺流而下，被木棒拦住，外婆称那条河是我们家的“超级市场”。她探头望着门前的河水，笑着说：“而且是送货上门，也不收运费。”外婆说这个超市只有一个缺点：“即便今天想吃小黄瓜，也不一定吃得到，因为完全要听凭市场的供应。”真是无比开朗的外婆啊！别人家是看着食谱想着要做什么菜，外婆是看着河里想“今天有什么东西呢”，然后再决定菜单。

外婆对那条河的情况了如指掌。有一次，河里漂来一个苹果箱子，里面塞满米糠，米糠上放着腐烂的苹果。我拿着斧头，打算把米糠倒掉，只留箱子当柴火时，外婆就说：“你先摸摸米糠里面。”“啊？”我心想，“为什么？”但还是乖乖地伸手去摸——里面竟然还留着一个完好无损的苹果！我简直觉得外婆像个预言家。

还有一次，河里漂来一只很新的木屐。“只有一只，没办法，当柴烧吧。”我拿起斧头时，外婆又说：“再等两三天吧，另一只也会漂下来的。”我想再怎么幸运，也不会有那么如意的事吧。可是两三天后，另一只木屐真的漂下来了，吓我一跳。“那个人掉了一只木屐在河里之后，一时还舍不得，但是过了两三天就会死心，把另外一只也扔了，这样，你就刚好凑成一双了。”外婆的智慧，让我惊叹不已。

91岁高龄的外婆去世以后，我更深刻地领会到她带给我的人生启示：幸福不是金钱左右的，而是取决于你的心态。

好老师顾随

□魏邦良

1920年顾随大学毕业后，即赴山东的中学任教，后经恩师沈尹默推荐，在燕京、辅仁等大学授课。中华人民共和国成立后，他本可以从事研究工作，但还是选择去天津师院做教师，理由是：“我离不开学生。”

顾随学问好，口才好，刚一登上讲台就受学生欢迎。在给朋友的信中，顾随多次与朋友分享了课堂上的快乐：“学生曹淑英君作了一首小诗，‘如果你看见花草们将要枯落，你也不必再去管她们了。你就算勉强去培植，心里也是不舒服呀！’还有王素馨的一首，‘雨后郊野的绿草，洗了脸还没擦似的含着些露水珠儿！’老兄！您瞧这多像是我作的呀！真是老顾的学生呢！”“学生甚活泼，但太能嚷——天津味儿也。一发问，则应者如雷。弟在鲁时，每作隽语，无一笑者——或不解，或不敢。此间则大异：隽语一出，笑声哄堂上震屋瓦。”对顾随而言，学生不仅是门生，也是朋友。

为了能在大学讲台上尽快立足，顾随下了苦功。他对子女说：“我在大学里教书，没当过助教，一进门就是讲师，这全是靠了老师的力量，所以不用说别的，为了不给老师丢脸，我也得好好卖力气！”说到这里，旁边的妻子插话道：“你要不是因为‘卖力气’，哪里至于累得吐血！”

为了教好书，顾随真是拼了命：备课，焚膏继晷；讲解，旁征博引；批改作业则一丝不苟。学生的每份作业都有评语，且绝不雷同。叶嘉莹是顾随最得意的学生之一，她一直保存着学生时代的作业，那上面批改的手泽凝聚着老师的心血与热望。

如叶嘉莹《鹧鸪天》末句“几点流萤上树飞”，顾随将“上”改为“绕”，并注明：“‘上’字太猛，与萤不称，故易之。”《春游杂咏》中“年年空送夕阳归”，顾随将“年年”改为“晚来”，并说明“年年”与“夕阳”冲突。对老师的批改，叶嘉莹说：“先生对我之习作改动的地方并不多，但即使只是一二字的更易，往往可以给我极大的启发。”

作为老师，得叶嘉莹这样的英才而教之，顾随也是满心喜悦，忍不住在批改作业时大加鼓励：“作诗是诗，填词是词，谱曲是曲，青年清才如此，当善自护持。勉之，勉之。”

对叶嘉莹这样的高徒，顾随当然有更高的期望，他明确表示不希望对方做一个“传法弟子”，而要求对方“别有开发”：“能自建树，成为南岳下之马祖；而不愿足下成为孔门之曾参也。”

对另一位得意门生周汝昌，顾随也提出了同样的要求：“禅宗古德曰‘见与师齐，减师半德；见过于师，方可承受’。然哉，然哉！”顾随希望弟子“见过于师”考虑的是“道”而非老师的面子。如果学生能发扬光大老师所传的“道”，那越过老师有何不可？

叶嘉莹赴台后，顾随担心她客居异地，生计无着，就写信给老友台静农，请他设法为弟子谋一份职业。

叶嘉莹曾将一首诗改为：“师弟恩情逾骨肉。书生志意托讴吟，只应不负岁寒心”，用以形容顾随和学生之间的关系。顾随和弟子没有血缘关系，但他关心弟子甚于子女。学问上，倾其所有；生活上，倾囊相助。早在山东教中学时，顾随就资助过一位家境清寒的学生，在致友人信中，他说：“视此子如吾亲生。”

除了对学生，顾随对周围所有人都是一片菩萨心肠。他曾为一个街头算卦人填了一首词。一部文学史，有几位诗人会因为一个卑微渺小的算卦人而“清泪如潮”？正如顾随弟子周汝昌感慨的那样，该有多大的胸怀，才会写出“试问一支笛子，甚时吹到明朝”。在老北京，帮人送煤的人，一度被认为身份低贱，以致日子艰难。顾随为这些不幸者填了一首词，倾注了他对“死去任无名”的送煤人的深深同情。

顾随填过一阕《卜算子》：“荒草漫荒原，从没人经过。夜半谁将火种来，引起熊熊火。烟纵烈风吹，焰舐长天破。一个流星一点光，点点从空堕。”顾随执教数十年，就是要把文明的“火种”播入学生的心田，就是要以理想之“光”，引导学生不断地前行。

美器

□王太生

清代袁枚的《随园食单》中说：“美食不如美器。”他认为，菜肴出锅后，该用碗的就要用碗，该用盘的就要用盘，“煎炒宜盘，汤羹宜碗”。

杜甫早在千年前就察识此理。“紫驼之峰出翠釜，水精之盘行素鳞”。驼峰虽是美味，烹好后要用翠绿色的玉釜来装；清蒸鱼让人垂涎欲滴，得用透明的水晶盘子盛才匹配。

器，顾名思义是装东西的漂亮器皿，当然包含吃饭的碗盘和一些坛坛罐罐。古人不仅精于美食、佳肴，还精于美器。今人往往议论菜肴的色香味形，而忽略了餐具外在的渲染与烘托作用。

我曾天真地认为，盛半斤猪头肉最好的美器，是一张碧绿的荷叶。如果再讲究一点，下面放一个白瓷盘子，盘子上衬着荷叶。

初冬腌菜，最好选择带边沿的陶土坛子，坛沿儿要深浅合度，盖上盖子之后不走气。腌菜放在阴凉通风的地方，坛子用的时间长了，腌出来的菜，别有风味。

种荷花的陶缸在老宅院里，缸不是很大，胎体白釉，手感光滑。缸的外壁手绘墨色花卉，缸底以上器形圆润，增一分太肥，减一分太瘦。

喝茶的小紫砂杯是美器。用两根手指捏着，小心翼翼地喝。它是真正的小巧，小到一杯只能呷两口茶，玲珑的器形惹人喜爱。

竹篮、竹匾也是美器。有个开民宿的朋友，用竹篮盛鲜花，吊在临湖客栈的过道里，仿佛有一片竹林的清新。

美器，是生活美学，也是生存哲学，它把一切美好的东西都装了进去。

施不图报

□唐翼明

人生在世，如何处理钱财，是一个必须长期学习的课题。许多痛苦，甚至灾难，皆因钱财处理不当而起。

我教过一个马来西亚的学生，叫廖冰凌，是一个女孩子，成绩不是特别优秀。所以，尽管我教了她一年，对她也没有深刻印象。

有一天，一个姓郑的女生来找我，也是马来西亚的学生。这个学生找过我几次，比较熟悉。她走进办公室，坐下来，嗫嚅着，一脸难以启齿的神色。这孩子出身贫苦，一边念书，一边打几份工。我以为她有什么事要找我帮忙，就说："茉莉，你有什么事就直说吧。"

她说："老师，你记得廖冰凌吗？"

"印象不深，怎么了？"

"她被英国爱丁堡大学研究院录取了。"

"是吗？那很好啊。"

"好什么好，她没钱去念。"

"为什么呢？"

"她父亲大学肄业，浪荡半生，一直找不到好工作，前几年病死了。她母亲也多病，姐妹三个，连生活都成问题，如何拿得出学费去英国读书？她母亲到处向亲戚借贷，到现在还差一大笔，母女俩抱头痛哭，想不出办法，不知老师可不可以帮她们？"

我很惊讶，不仅为冰凌感到难过，也为茉莉的仗义而感动。

那不是一个小数目，是我一个半月的薪水。我倒是拿得出来，就答应了她。

茉莉说，冰凌的母亲会亲自来找我。

第二天上午，一个中年妇女走进我的研究室，身体瘦瘦的，皮肤黑黑的，是典型的马来西亚华侨。她说明来意，满脸是羞愧的神色，连说不好意思，还一再说："我们将来一定还给老师。"

我从抽屉里拿出准备好的钱。她坚持要写借条，我说不必，她还是写了。

七年以后，冰凌在爱丁堡大学获得硕士学位，又转到新加坡大学，拿到了博士学位。有趣的是，她居然又回到我们这边，找了一份大学教职。有一天，她突然打电话约我吃饭，席间她谈到这些年来的求学经历和家庭状况，然后，郑重其事地从提包里拿出一个厚厚的信封，交到我手里，说："老师，我很庆幸，自己没有辜负您的期望，今天，终于可以把这笔钱还给您了。"

那时，我正患抑郁症，常常情绪低落，那天晚上，我居然很高兴，为冰凌，也为自己。

其实，这笔钱我早就忘记了，现在拿在手里，倒像发了一笔小财。

还有一件事，一天，我突然接到一个老朋友打来的电话，说他正在做一笔生意，需要三万美元（相当于我一年的薪水）周转，问我能不能借给他，说他很快就可以归还。

当时，我的手头倒可以挤出来，但倘若这位朋友生意失败，还不起，我很难接受这笔损失。所以我说："你最好想别的途径调资金，你知道，我不做生意，手头的钱有限。万一你实在周转不过来，再打电话给我，我再想想办法，看能不能帮你解决一部分。"

那位朋友没有再打电话来，可能他已经通过别的途径借到了钱，或者是我的婉拒让他不快。我并不后悔自己的婉拒，即使让这位老友不快，也只能如此。幸而这位朋友理解我，我们的友谊并未受到损伤。后来我想，如果当时勉强借给他，若他的生意碰巧失败，我们的友谊恐怕难以为继。

在这两件关于借钱的事上，我处理的态度不同，原则却是一样的。对钱财，我的态度是：只要钱离了我的手，我就不指望它再回来。钱如果数目太大，不是我所能承受的，宁可不借。如果不是借钱，而是送礼，或者资助，我的原则也是如此，必须在我所能承受的范围之内，一经拿出，我就再不去想它，绝不指望回报。为讲哥们儿义气，打肿脸充胖子，明明承受不起，却心不甘情不愿地借出去，借出去之后又念念不忘，对方还钱慢了，就心生怨恨，在我看来，既折磨别人，也折磨自己。尤其是送礼或资助，若心心念念想着别人回报，回报最好还要超出自己送出的，这跟做生意、买股票有什么区别？有一句话说：“助人为快乐之本。”如果是这种助法，收获的就不是快乐，而是痛苦。

借而望还，不如不借；施而望报，不如不施。这是我在钱财问题上的一个基本态度。

庞加莱侦察术

□徐　玲

历史上有一个著名的侦破数据造假的案例，特别有趣。发现数据造假的“大侦探”，是19世纪法国著名数学家庞加莱，而数据造假的人，是一个“倒霉”的面包师。

原来，庞加莱有一个习惯，每天从家附近的面包店买一条标注1000克重的面包。他回家仔细称量这些面包后发现，面包的平均重量只有950克，显然面包师故意缺斤少两，庞加莱气得马上报了警。面包师当着警察的面赌咒发誓，以后绝不再犯了。

之后，庞加莱继续在他家买面包，发现每天买到的面包确实大了一些。但他仍然觉得有什么地方不对劲。他在接下来的一年中，每天都去买面包仔细称重。结果，庞加莱印证了自己的怀疑：这个面包师根本没有改过自新，而是继续缺斤少两。

庞加莱的推论过程是这样的：如果面包店里的面包平均重量是1000克，面包师每次从中随机拿一条给他，那么他拿到的面包应该是有的比1000克重一点，有的比1000克轻一点。所有面包的重量分布曲线应该呈钟形，也就是正态分布，在坐标为1000克的地方达到最高点，两端逐渐下降并左右对称。

然而，实际情况是，庞加莱买的面包偏轻的太少，偏重的却过多，钟形曲线被扭曲了，不再左右对称。这意味着，面包师并不是从足斤足两的面包中随机拿一条给他，而是从依然缺斤少两的面包中，选出一条最大的给他。当警察再次上门，面包师大吃一惊，死活想不通庞加莱是怎么看穿他的把戏的。

后来，人们把庞加莱的方法叫作“统计侦察术”，凡是应该符合特定分布形态的数据，如果出现了明显的偏离，那就值得警惕了。后来，有人用同样的方法，发现了美国篮球比赛中打假球的现象。你也可以试着用这种方法，当一回生活中的数据侦探。

你在大雾里得意忘形

□铁　凝

那时的清晨我在冀中乡村，在无边的大地上常看雾的飘游、散落。看雾是怎样染白了草垛、屋檐和冻土，看由雾而凝成的微小如芥的水珠是怎样湿润着农家的墙头和人的衣着面颊。雾使簇簇枯草开放着簇簇霜花，只在雾落时橘黄的太阳才从将尽的雾里跳出地面。不论你正在做着什么，都会情不自禁地感谢你拥有这样一个好的早晨。

后来我在新迁入的城市度过了第一个冬天。这是一个多雾的冬天。在城市的雾里，我再也看不见雾中的草垛、墙头，再也想不到雾散后大地会是怎样一派玲珑剔透。

城市的不同于乡村，也包括着诸多联想的不同。路灯不知所措起来，天早该大亮了，灯还大开着；车辆不知所措起来，它们不再是往日里神气活现地煞有介事，大车、小车不分档次，都变成了蠕动，城市的节奏便因此而减了速；人也不知所措起来，早晨上班不知该乘车还是该走路，此时的乘车大约真不比走路快呢。

我在一个大雾的早晨步行着上了路，我要从这个城市的一端走到另一端。我选择了一条僻静的小巷一步步走着，我庆幸我对这走的选择，原来大雾引我走进了一个自由王国，又仿佛大雾的洒落是专为着陪伴我的独行，我的前后左右才不到一米远的清楚。原来一切嘈杂和一切注视都被阻隔在一米之外，一米之内才有了“白茫茫大地真干净”的气派，这气派使我的行走不再有长征一般的艰辛。

为何不做些腾云驾雾的想象呢？假如没有在雾中的行走，我便无法体味人何以能驾驭无形的雾。一个“驾”字包含人类那么多的勇气和主动、那么多的浪漫和潇洒。原来雾不只染白了草垛、冻土，不只染湿了衣着肌肤，雾还能被你步履轻松地去驾驭，这时你驾驭的又何止是雾？你分明驾驭着雾里的一个世界。

为何不做些黑白交替的对比呢？黑夜也能阻隔嘈杂和注视，但黑夜同时也阻隔了你注视你自己，只有大雾之中你才能够在看不见一切的同时，清晰无比地看见你的本身，你那被雾染着的发梢和围巾，你那由腹中升起的温暖的哈气。

于是这阻隔、这驾驭、这单对自己的注视就演变出了你的得意忘形。你不得不暂时忘掉“站有站相、坐有坐相、走有走相”的人间训诫，你不得不暂时忘掉脸上的怡人表情，你想到的只有走得自在，走得稀奇古怪。

我开始稀奇古怪地走，先走他一个老太太赶集：脚尖向外一撇，脚跟狠狠着地，臀部撅起来；再走他一个老头赶路：双膝一弯，两手一背——老头走路是两条腿的僵硬和平衡；走他一个小姑娘上学：单用一只脚着地转着圈儿地走；走他一个秧歌步：胳膊摆起来和肩一样平，进三步退一步，嘴里得叨念着“呛呛呛，七呛七……”走个跋山涉水，走个时装表演，走个青衣花衫，再走一个肚子疼。推车的，挑担的，背筐的，闲逛的，都走一遍还走什么？何不走个小疯子？舞起双手倒着一阵走，正着一阵走，侧着一阵走，要么装一回记者拍照，只剩下加了速的倒退，退着举起“相机”。最后我决定走个醉鬼。我是武松吧，我是鲁智深吧，我是李白和刘伶吧……原来醉着走才最最飘逸，这富有韧性的飘逸使我终于感动了我自己。

我在大雾里醉着走，直到突然碰见迎面而来的一个姑娘——你，原来你也正踉跄着自己。你是醉着自己，还是疯着自己？感谢大雾使你和我不必防备彼此，感谢大雾使你和我都措手不及。只有在雾里你我近在咫尺才发现彼此，这突然的发现使你我无法叫自己戛然而止。于是你和我不得不继续古怪着自己擦肩而过，你和我都笑了，笑容都湿润都朦胧，宛若你与我共享着一个久远的默契。从你的笑容里我看见了我，从我的笑容里我猜到你看见了你，刹那间你和我就同时消失在雾里。

当大雾终于散尽，城市又露出了她本来的面容。路灯熄了，车辆撒起了欢儿，行人又在站牌前排起了队。我也该收拾起自己的心思和步态，像大街上所有的人那样，“正确”地走着奔向我的目的地。

但大雾里的我和大雾里的你却给我留下了永远的怀念，只因为我们都在大雾里放肆地走过。也许我们终生不会再次相遇，我就更加珍视雾中一个突然的非常的我、一个突然的非常的你。我珍视这样的相遇，或许还在于它的毫无意义。

然而意义又是什么？得意忘形就不具意义？人生又能有几回忘形的得意？

你不妨在大雾时分得意一回吧，大雾不只会带给你实在的记忆，大雾不只会让你悠然地欣赏屋檐、冻土和草垛，大雾其实会将你挟裹进来与它融为一体。

俨然坐下

□车前子

苏东坡的《一夜帖》中写道：“一夜寻黄居宷龙不获。”他寻黄居宷画的龙，寻了一夜。

苏东坡是个从从容容，心无芥蒂的人，即使被关在牢里，也能呼呼大睡。但这一夜，他遍寻黄龙图而不获，翻箱倒柜，会不会生闷气呢？会不会挠头皮呢？会不会把家里人喊起来责问呢？会不会颤悠悠爬到桌子上打量橱顶，或者像一只蟋蟀钻进床底呢？

不知道。反正想到苏东坡也会急，我就高兴——好个苏东坡，你也有猴儿急的时刻啊！

但他的急，还是不会往心里去，也不是从心里来的。至多急急四肢，翻箱倒柜，爬桌子，钻床底，顺带打扫打扫卫生。

大概他满面尘土地从床底爬出来，一手提着前几日没找到的芒鞋，一手抓着朝云忘记的绣鞋，仿佛捡了个大便宜，哈哈一笑，“方悟半月前是曹光州借去摹搨”。这时天也亮了，就写了这《一夜帖》给陈季常。

苏东坡的书法，我以为不从书法的角度看更好。他的书法，《寒食帖》除外，一般而言，都像与人聊天，一边聊天一边喝点茶、嗑点瓜子什么的，聊到出神处，忽然站起，猛地觉得站起太突兀，又俨然坐下。

他书法里的视线——用笔和结体，常常是平视的，所以我觉得亲切。不像米芾，米芾是“宋四家”里技艺最好的一个，但他书法里的视线，在我看来是俯视。呀，也太自以为是了！我看多了米芾的字，会觉得他要和我吵架。吵架也是很好的，但能聊天更好。

苏东坡是中国最会聊天的人，而现在的很多文人只会讲课，终究不幸。

海盗为啥总遮住一只眼

□纪中展

在电影或动画片里，海盗常用黑布罩住一只眼睛。有人说，这些海盗碰巧在战斗中都伤到一只眼睛；只罩住一边是为了装饰，能体现海盗的人物特性；让海盗看起来更加凶狠……这些都不是正确答案。要回答这个问题，需要剖析眼睛的构造。

人类的眼睛呈球状，又叫眼球。眼睛中央有个黑色圆圈，学名叫“瞳孔”，是光线进入眼睛的“通道”。瞳孔的大小会随着周围环境的亮度随时变化，当环境黑暗，瞳孔会放大；当环境明亮，瞳孔会缩小。

因此，如果一个人在黑暗或者较为灰暗的环境中待上一段时间，瞳孔会放大，以获取更多的光线。当突然进入光亮的地方，瞳孔来不及收缩，一下子接收到充足的光线，就会觉得十分刺眼。一般来说，需要将近半小时才能让眼睛完全适应新的光线。

海盗戴一只眼罩时，一只眼睛处于黑暗环境，另一只则适应光明环境。海盗经常遇到紧急情况，需要从明亮的甲板穿梭到黑暗的船舱内。这时，他们会把眼罩换位遮住另一只眼睛，用原本被遮住的眼睛来观察室内。这样一来，眼睛只需要一两分钟，即可适应船舱内阴暗的光线，迅速看清周围的事物，避免敌人的攻击。这样，在危急情况下，海盗不必花30分钟去适应新环境。

有人做过实验，让已经适应了光亮环境的被试者进入一个黑暗的房间去完成任务，结果这个人花了5分钟才搞定。但如果先给被试者的一只眼睛戴上眼罩约30分钟，再让他进入房间，完成同样任务的时间会大大缩短。其实，这个原理在日常生活中也颇为常见。

我们晚上睡觉之前，关上灯，屋里一片漆黑，啥也看不到，只能慢慢摸索，一点一点挪到床边，过一会儿才能逐渐看到暗处的东西。这种现象称为“暗适应”。在逐渐适应黑暗的过程中，视觉系统需要进行综合调节：扩大瞳孔直径以增加采光量，从适于高照明视锥细胞的工作状态转为适于低照明的视杆细胞活动等。

当进入黑暗的环境中，人类的瞳孔可以放大15倍，而许多动物的瞳孔适应能力远比人类厉害。比如鸟类，视力是保证它们觅食、生存的重要能力之一。

首先，从比例来说，鸟类眼睛占身体的比例远远高于其他脊椎动物。比如，紫琼鸟的眼睛占整个身体重量的15%。因此，老鹰具有很好的视力，可以在一两千米高的天空中发现地面上跑动的小兔子。

其次，鸟类的眼球长在头的两侧，这使得鸟类拥有比人类更开阔的视野。一种名为“小丘鹬”的鸟可以看到360度全景的图像。它们就像拿着望远镜的侦察兵，精确地寻找着自己需要的信息。

最后，鸟眼球的最外面有瞬膜，仿佛一层“风挡玻璃”。鸟类飞行时，瞬膜护着眼球，保持眼睛的湿润，还能防止风沙进入眼睛。当鸟类在水面上捉鱼时，瞬膜会闭合，这就好比给鸟戴上了泳镜。

总之，眼睛是个复杂又珍贵的器官，对人类和动物来说，都是不可或缺的生存工具。

为什么我们总是越穷越忙，越忙越穷

□胡雯雯

一种常见的现象是，当截止时间快到时，我们的大脑会集中所有注意力，让工作效率得以提高。所以有句话说，要让一件事完成得很好，需要满足两个条件：稍微超出能力的要求+不太够的时间。每个到截止时间才赶完功课的同学，相信都对此深有体会。

塞德希尔和普林斯顿大学心理学教授埃尔德·莎菲尔合著的《稀缺》一书，对这种现象做了大范围的研究。而他俩在分析大量案例后得出结论：穷人永远缺钱，忙人永远缺时间。这种死循环到底是怎么形成的？又该怎么破？美国一家医院的案例，或许能给我们一些启发。

圣约翰医疗中心是一家提供急诊服务的医院。每年，这里的32间手术室要进行多达3万台手术，所有手术室永远被排得满满当当。一旦出现需要紧急救治的患者，医院就只能将之前安排好的手术推后，医生有时凌晨两点依然在做手术，员工也被长时间加班折磨得筋疲力尽。由此带来的压力和医疗事故，自然相应增加。后来，医院管理层请来了一位顾问，他提出的解决方案让人大吃一惊：将原有手术室的其中一间留出来，专门处理紧急手术。一位医生回忆起自己当时的反应：“我觉得这个人简直疯了！我们原有的手术室都不够用，他还要拿走一间！”

但顾问的账不是这样算的：手术分“计划内的”和“计划外的”两种。如果后者强行插队，前者的效率就会大幅降低，由此带来更多的加班成本、等待成本和医疗事故。每台计划内的手术，都被迫为计划外的手术“还债”。而计划外的手术是可以预测的（占每年总手术量的20%），所以当它们都被归集到专门的手术室后，其他手术反而规律了。结果证实了这个办法确实有效。

抛开时间稀缺，还有一样估计是多数人都缺的：金钱。两位作者对美国研究者对南非、印度等地的穷人做过的研究和分析非常感兴趣：为什么即使给穷人一笔钱，他们仍会重新陷入贫穷？为什么明明有机会改善经济状况，他们依然不愿采取措施？

美国研究者提到，“穷人拿到钱之后，往往会很快花掉，难以进行储蓄和投资”。因为他们在生活中，往往会遇到各种突发用钱的情况，而手中的余钱根本没法应对。“你要是问他们，理财不重要吗？他们会说，重要啊，但不紧急呀！眼下填饱一家人的肚子，买够吃穿住用的东西，为突然来到的疾病和邻居的婚礼准备钱，才是我着急解决的。”

类似现象在生活中其实很常见。许多人一谈恋爱就容易变笨，为什么？因为对爱情的极度关注，占据了心智的“带宽”，专注力和理性就下降了。

这也是为什么许多公司越想赚钱，就越赚不到钱。因为他们的心思都在节省成本、寻找客源上，饥不择食地拉了一堆烂活，没有心思规划更宏大的战略。而那些赚了钱的公司，往往一开始并没有想着赚钱。他们的出发点可能只是如何服务别人，为别人创造价值。互联网上有句很出名的话：别用战术上的勤奋，掩盖你战略上的懒惰。说的就是这个道理。

拉近距离，“麻烦”别人也不错

□本·尼迪克特陈

一

前些天，一个并不算太要好的朋友忽然来倾诉苦恼，说他明明对谁都十分客气，却总感觉别人对他保持距离，他不明白是为什么。这位朋友确实是一个客气而礼貌的人，就连来问这个问题时，他用的称呼都是“您”，哪怕他也知道我其实比他年纪小。在工作中他其实还帮过我几次忙，这次的“请教”是他第一次主动开口求助。

其实，这就是问题之所在。

进行社交时，许多人都存在一个误区，认为只要我对别人足够好，别人就一定愿意和我做朋友，如果别人不愿意，那一定是因为我付出得还不够多。现实可能恰恰相反。

常见的例子就是在学生时代，如果一个男生想要追求一个女孩，很常见的做法就是想尽一切办法去帮女孩的忙。但这样做的男生，失败的概率比成功要大得多，有些即便成功了，最后也很难长久。所以在青春期时，曾听到过无数男同胞发出绝望的拷问：“我已经为你付出了一切，为什么你还是不喜欢我？”

其实答案很简单，因为别人对你的重视程度，从来都不取决于你为他付出了多少，而取决于他愿意为你付出多少。如果你想和一个人的关系变得亲密，关键不是献殷勤，任何长久的关系都必须建立在平等的基础上，你越献殷勤反而越显得自己卑微，对亲密关系有害无益。

二

想交朋友，与其去帮别人，不如让别人来帮你，只要这个忙对别人来说是举手之劳，大多数人都不会拒绝，而别人只要帮了你一次，自然就愿意帮你第二次。而你也可以以回报别人为理由，顺理成章和对方建立联系，并且不会显得讨好和谄媚。

早在近300年前，美国著名政治家和博学家本杰明·富兰克林就有相似的经历。有一次，他很想和宾夕法尼亚州立法院一个议员合作，但此人以铁石心肠著称，十分难以接近。富兰克林并没有费力去讨好他，而是通过打听得知他有一本引以为傲的绝版图书，于是就请求他把书借给自己看两天，议员同意了。而在富兰克林归还那本书时，那位以冰冷著称的议员居然主动对他说话，并且十分有礼貌，随着交谈的深入，甚至表明随时愿意为他效劳。

通过这次的经历，富兰克林归结出了一条原则：“曾经帮过你一次忙的人，会比那些你帮助过的人更愿意帮你。”这条原则被称作“富兰克林效应”。

如果我们深究“富兰克林效应”形成的原因，会发现这种现象其实揭示了一条非常普遍的人性：人是一种能够通过帮助别人来获取愉悦感的生物，特别是当提供帮助并不需要牺牲自己太大利益却能给别人带来很大效用的时候，帮助别人就是一件非常愉快的事。

就像学生时代如果有女生拧不开瓶盖，一定会有许多男生踊跃地为之代劳，因为在他们拧开瓶盖的

那一刻，从女生感谢的话语和崇拜的目光（也许只是男生的想象）中，他们能得到道德感和自我价值感的双重满足。

所以，如果你让别人帮一个对他们来说并不复杂却能让你受益匪浅的忙，不仅不会让他觉得麻烦，反而能让他感到快乐，因为你的请求其实暗含了这几个前提：

1.你找他帮这个忙而不是找别人，说明你认为他在这一方面有过人之处，是对他能力的认可。

2.你请求他帮忙，实际上是把自己放在了一个较低的姿态上，承认对方在某些事情上比自己优秀。你放下了姿态，别人自然就容易放下对你的戒备。

这就是为什么富兰克林能够通过借书获得信任，因为借书既满足了议员炫耀自己收藏的心理，又隐含着富兰克林承认自己的学识有不及他之处。

一位博学家向你借书就如同世界首富向你借钱，本身就是一种莫大的荣耀，所以也就不难理解为什么议员帮了他的忙，而且更愿意接近他了。

三

如果你想利用富兰克林效应，通过让别人帮你的忙来拉近彼此的关系，这几条建议或许对你有用：

1.在对方擅长的领域求助。每个人都有自己的闪光点，并且希望这个闪光点被人发现，去请教别人擅长的话题，实际上也是给别人一个展示自己的机会。如果能够顺水推舟表达一下崇拜和赞誉，对方一定能得到莫大的满足。

2.要让对方感到确实对你有实际的帮助。如果你请求帮助的事是你自己都能轻易完成的，那对方并不会觉得自己的价值受到了重视，只会觉得你把他当苦力，效果适得其反。

3.确保对方帮助你时不需要付出太多时间精力。请教一些对方很懂的问题，借一些对方闲置的东西，这种忙大多数人都不会拒绝，但如果在还没成为好朋友的情况下，动辄就让对方为你“写一个文案”“做一个设计”，这不叫求助，这叫给别人添乱。

4.在对方帮你之后及时回馈。让别人愿意帮你只是拉近关系的第一步，哪怕别人愿意持续不断地帮你忙，也只有你知恩图报，这段关系才会平等而长久。

社会学家乔治·卡斯珀·霍斯曼的“社会交换理论”认为：任何人际关系，其本质上就是交换关系。只有这种人与人之间精神和物质的交换过程达到互惠平衡时，人际关系才能和谐，而且只有在互惠平衡的条件下，人际关系才能维持。

“客气”对于社交而言，真的不一定是一个褒义词。因为“客气”意味着不肯亏欠，而社交的本质却是价值交换。如果做不到互相亏欠，价值交换自然也无从提起。这也就是为什么学会求助和亏欠也是一个非常重要的社交技能。

列夫·托尔斯泰曾在《战争与和平》里写道：“我们并不因为别人对我们的好而爱他们，而是因为自己对他们的好而爱他们。”

下次想和人交朋友的时候，不妨先让他帮你一个忙！

等待一双脚为我停留

□蔡　成

又看到他了。他在拉小提琴。

出悉尼中央火车站，走50米，向右看，一座年龄至少已近百岁的铁路桥跃入眼帘。他就在这铁路桥的桥洞里用小提琴制造音乐。火车在头顶轰隆隆跑过去，他不管不顾，兀自沉浸在手指和琴弦酝酿出来的精美旋律里。

以往，每次听到他的琴声，我都想止步，竖起耳朵，仔仔细细把所有旋律全捕捉住。

只可惜，每次我都有事在身，心有余而力不足，我无奈地瞟他一眼，匆匆从他跟前晃过去——其实，每一次促使我无法停下脚步的“事”都并非十万火急。可那些琐碎的甚至无关紧要的事却总压在我的心头，无声地千呼万唤，逼迫我马不停蹄地奔向前方。今天，我不急。

我走近他，先端详他的脸，再端详他的手指和小提琴。然后，我坐下，靠着桥洞洞壁，专心致志地聆听琴声。

头顶上，火车撞击轨道的声音渐渐依稀，我的耳郭里荡漾的全是琴声。

坦白说，我根本不知道他正努力演奏的是何乐曲，我只是喜欢这欢快的节奏。我能感觉到四周的空气中，流淌着轻灵曼妙的乐曲。

无端地，我想起春天的脚步声，想起童年在中国的老家。乡下，春天到了，绿草茵茵，我和其他几个顽童在裤裆底下夹一根棍子当尾巴拖在地上呐喊着“骑马啦，骑马啦”，一同呼啸着从山冈往山下冲……

一曲终了，换一支。我依旧不知曲目，只意识到琴声柔和多了。我闭上眼睛——云游，回到了中国。杏花，春雨，江南，淡淡的喜悦。好像有风过来了，一地的落英缤纷。

美哉。

琴声渐渐远去，我睁眼，他在看着我笑。我有些许慌乱，突然想起什么，赶紧摸自己的口袋，伸手进去一掏，掏出一张10元的纸币，还有零零碎碎的硬币。此时，我才发现，他的跟前，没一顶破旧的帽子，没张嘴的琴盒，连摊在地上的一张报纸也没有。

他看着我，摇头，他已在演奏一支新曲子了，除了摇两下头，他没别的表示。拉完，他从肩头取下小提琴，解释：“对不起，我不能停下，我不能说话，我不能漏掉哪怕一个音符。”他又一次看我手上的钱，微笑着说，“我不是卖艺的。”

他怕有50岁了吧，清癯但富有光泽的脸颊，灰白色的络腮胡修剪得很齐整，脑门光敞明亮，后脑的头发却很厚，厚厚的头发微微朝上卷曲。我注意到，他左手无名指戴着一枚蓝宝石戒指，我猜，这枚个头绝不小气的蓝宝石肯定不是假冒伪劣产品。他身上穿着的短装夹克我叫不出名字，但显然不是价廉的地摊货色……他果真不像落魄街头的卖艺者，倒像站在维也纳金色大厅里表演的小提琴家。

“你喜欢吗？”我知道他问的是他的琴声。

我点头，使劲点头，再伸出双手，将两个大拇指一齐竖起来。

他就笑了，笑得挺灿烂。

笑完，他将琴再次放在宽阔的左肩上，继续认真演奏……他不再直通通地面对着桥洞里的人行道，而是侧转身，正对着我，欢快的琴声全朝我流泻。似乎，他是在为我这唯一的听众尽情演出。

几只斑鸠走过来，在我们的脚边寻寻觅觅，就地胡乱啄几下，走了。几片法国梧桐树叶，借风的一臂之力，不知从哪儿闯进桥洞来，停在我们身旁。余下，南来的人，北往的客，匆匆茫茫，没有脚步在我们眼前暂停。

将近下午3点半时，我忽然惊醒，有一趟直达快速地铁从中央火车站直达布莱克镇，我得走了。又一曲终了，我说对不起，我得告辞了，非常感谢。

没料到他卸下琴，朝我弯腰，他的右手搁在胸前，深深地鞠躬、鞠躬、鞠躬，一共三次——像谢幕。而后，他开始收拾他的琴，竟真的“谢幕”了。

他握紧我的手说：“非常感谢，今天我很开心。”仿佛，今天有我这位忠实的听众，他由此而感到无上喜悦。他又告诉我，每个周末，他不上班，都会在这里拉琴。他的最后一个动作，是笑吟吟地往我手上塞了一张碟。那是他自己录制的小提琴曲。

他向南，走了，背着他的琴。我向西，去赶赴回家的地铁。余音袅袅的小提琴曲，仿佛还停留在我的耳畔。我的手上，紧紧捏着他的赠品。

“真正从心底流出的音乐来到世上，不是为了钱财，而是为了寻找聆听的耳朵；真正用心创造的艺术来到世上，不是为了赢取名利，而是为了寻觅知音。”这些话，我没说出口，我在心里悄悄说了两次。

黄永玉的号啕大哭

□曹可凡

永玉先生是见过弘一法师的为数不多的人之一，那年他才十几岁。少年时期的黄永玉很调皮，有一天，他在庙里的白玉兰树上摘花，恰巧被弘一法师发现了。弘一法师说：“你看这花长在树上好好的，干吗非要摘下来呢？”“老子高兴，就要摘。”黄永玉说。

弘一法师非但没有生气，还招呼他到禅房去，并问他会什么。这个顽童大言不惭地回答：“老子会画画！嗯，还会别的，会唱歌，会打拳，会写诗，还会演戏，开枪，打豺狼、野猪、野鸡。”见到弘一法师的字，他还说不好，没有力量。

忽然，他发现书桌上放着写有“丰子恺”“夏丏尊”名字的信封，有点好奇。因为他在课堂上读过他们两位的文章，当知道眼前这位貌不惊人的老和尚是丰子恺的老师，又知道他还是“长亭外，古道边，芳草碧连天”这首歌词的作者时，便缠着弘一法师给他写幅字。

弘一法师笑了：“你不是说我的字没有力量吗？”聪慧过人的黄永玉连忙改口道：“不过，现在看看，你的字有点好了。”弘一法师答应他几天后来取。

顽童去别处玩了一个礼拜，再踏进寺院便得知弘一法师圆寂了。进入那个小院，只见弘一法师侧身躺在木板床上，脸色安详，像睡着了一样。桌上居然有一张写给他的条幅：“不为自己求安乐，但愿世人得离苦。”他虽然不懂什么意思，但还是号啕大哭起来。

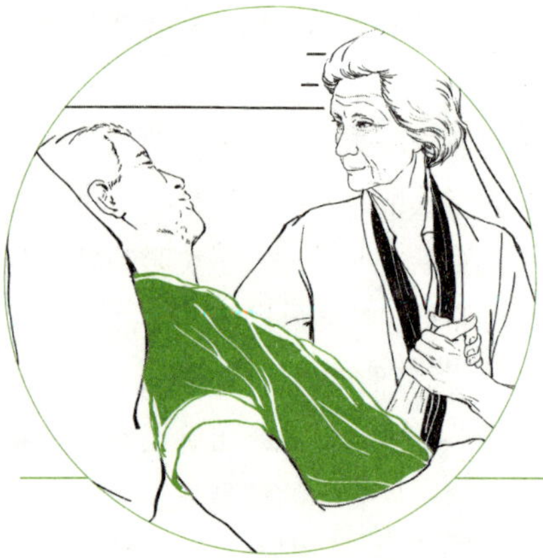

爱具体的人

□水　姐

1

陀思妥耶夫斯基，于1821年11月11日出生。2021年是他200周年诞辰。他有一个很重要的观点：要爱具体的人，不要总是想着爱抽象的人。

陀思妥耶夫斯基的人生起起伏伏，福祸、苦乐、得失、成败，都将他捆绑得紧凑、热烈。

他出生在一个相对富裕的家庭，父母都很爱他，把生活的重心放在教育他上。但他从小体弱多病，患有癫痫，而且成年后反复发作。在人生之路上，他的健康每况愈下，而声名却与日俱增。

上天总是不断地给予，也不断地剥夺。每个人其实都是各种元素、情节和机缘的载体。人活一次，应该充分体会自己身上的因素，那是时代、社会、文化，也是曲折离奇人生经历的组合。

陀思妥耶夫斯基年少时，在给给哥哥的一封信里，说过这样一句话：“人是一个奥秘，我要解开这个谜。”

2

陀思妥耶夫斯基跟苏东坡在某种程度上比较像：

沙皇亚历山大二世请他教自己的两个儿子，苏东坡辅佐过年幼的皇帝，他们都和皇室关系紧密；

陀思妥耶夫斯基被流放过，苏东坡也被贬谪过，他们都曾死里逃生；

1879年，陀思妥耶夫斯基的儿子阿廖沙去世，苏东坡也中年丧妻、丧子……

每个人具体的觉醒，皆从具体的痛苦开始。那种痛苦才会让一个人体会到什么是活着，勇敢、努力地活着，以及如何顺应自己的生命历程，并且将生命升华。

19世纪40年代中期，陀思妥耶夫斯基处于创作初期，他参加了当时在圣彼得堡发起的一个叫彼得拉舍夫斯基小组的激进组织，该小组遵循的核心思想是空想社会主义。后来这个组织的成员被逮捕了，陀思妥耶夫斯基起初被判死刑，之后改为到西伯利亚服苦役，服役期限刚开始为8年，后来改为4年。这跟苏东坡谪居黄州的时长差不多。

1849年，陀思妥耶夫斯基被流放到西伯利亚的鄂木斯克，在那里服苦役。这些流放和服役的经历，让他了解了社会底层人民的生活，以及人心和人性。

虽然他的处女作《穷人》写于24岁，但直到1858年，他升为少尉，才又有了自己的时间来思考与写作。此时，他已37岁。

1864年，他的第一任妻子和兄长相继去世，他濒临破产，整个人陷入消沉之中。1866年，他的代表作《罪与罚》出版，这部作品给他带来了世界性的声誉。这些都发生在他40多岁时，跟苏东坡被贬谪于黄州时的年龄段也相像。那时候的苏东坡，“虽然饱经忧患拂逆，但他的人性更趋温和厚道，并没变得尖酸刻薄”。

那些人生特殊的、痛苦的或超越日常的经历，都让他们获得了“人身上的人”。什么是“人身上的人”？巴赫金认为，陀思妥耶夫斯基深刻地理解人类思想的对话性。而在陀思妥耶夫斯基的艺术创作中，他没有单独描绘“思想的形象”，也没有单独描绘“人的形象”，以避免走向独白。他所描绘的正是“人身上的人”，即“人的形象”和有充分价值的“思想的形象”的结合体，也就是走向了“思想的人”。是的，当人成为思想的载体，又能充分地表达出思想，那该是多美好的一种艺术品。

3

每个人都有不可避免的复杂性、纠结感和混乱度。

陀思妥耶夫斯基结过两次婚，第一次结婚前还跟一个不知道姓名的女人有过纠缠，那个女人还拒绝过他的求婚。在第一段婚姻里，他出轨了两个女人，一个是喜剧演员，一个是他深爱的女人。在第一任妻子于1864年去世后，他又娶了他的小说《赌徒》的速记员安娜。安娜是个专情的女人，在陀思妥耶夫斯基死后，她没有再嫁。

陀思妥耶夫斯基的文学和哲学功底非常深厚。他的一生几乎都在文本世界里，3岁，保姆就开始给他读神话传说和童话；4岁，母亲用《圣经》教他读书写字。后来，他通过自己的努力打下了坚实的文学基础，比如熟读普希金、塞万提斯、歌德和荷马等人的作品。

他的第一部小说《穷人》出版后，被认为是俄国第一部“社会小说”。1864年，他写下《地下室手记》，被很多人认为是第一部存在主义小说。存在主义哲学的基本观念认为，个体是构成哲学思维的基础，每个个体都有责任赋予生命以意义。

俄罗斯诗人维亚切斯拉夫·库普里亚诺夫说：“我们的世界就是没有陀思妥耶夫斯基的世界，当对‘人身上的人’的艰苦探索被倒推到19世纪，我们同时代的人却几乎被排除在问题文学或反思文学之外，他们自己判罚自己阅读‘低级读物’。”

他还说：“陀思妥耶夫斯基创造了特殊的文学，不是消遣或说教，而是对生命的理解和灵魂的疗愈！……这是特殊的、有益健康的、疗愈伤口的饮品，可以说它是生命之水。一个人如果没有喝到它，会感觉自己被遗弃在一片荒无人烟、无边无际的干涸沙漠里，想要仅凭自己而不借助他人之力从中逃离是困难的。”

面对人生荒无人烟、无边无际的干涸沙漠，陀思妥耶夫斯基的疗愈方法是，爱具体的人，找到“人身上的人”。在他的小说里，毒蜘蛛和虫类是罪孽、诱惑、魔鬼和死亡的象征，嫩叶象征着鲜活、生机勃勃、美好和充满希望的生命，晴空则喻示着人灵魂的觉醒和人神关系的复活。

对死亡，他的见解也很特别。死是一种精神状态，一个人看破生死后，他日后的生存，将以死为生。从此，他站得比天高，居高临下，从容地“回头下望人寰处”，看到了常人看不到的一切。一种突发性的启示骤然而至，一如天启。他陶醉于其中。

不传苦

□郭华悦

苦多乐少，本是人生常态。但何以待苦，不尽相同。

清代学者屈大均就视苦瓜为果蔬界的君子，理由是“杂他物煮之，他物弗苦”。苦瓜是苦的，煮了也是苦的，但同苦瓜一起入锅的食材，不会沾染苦味。这说明什么？自己苦，却不传苦，“自苦而不以苦人”，这就是君子之德。

自己苦，他人不苦，这是一种大智慧。吃了苦头，人们下意识的反应都一样，想着诉苦、传苦。不同的是，有的人想了，也就做了，付诸实施；另一些人，却能通过其他方式，可能是运动，或者旅行，又或者做其他感兴趣的事，从而淡化生活的苦味，化苦于无形。

自苦而不苦人，这是一种大气度。

没有相机的年代，古人如何“写真”

□修　易

电视剧《大明风华》中的明太祖被塑造成了“鞋拔子脸”，吸引了不少关注。过去历史课本上的朱元璋画像，也采用了一幅长脸异像图，画上的朱元璋脸庞很长，呈弯月形，特别怪异。那么，朱元璋真的长这样吗？

明代官员张瀚曾于黔国公府亲眼见到了朱元璋的画像，并记载于《松窗梦语》中：“太祖之容，眉秀目炬，鼻直唇长，面如满月，须不盈尺，与民间所传奇异之象大不类。”也就是说，朱元璋的长脸异像图大多流传于民间，圆脸俊像才是官方认可的标准画像。

当然，标准画像并不完全等同于真实容貌，只能说“更接近”，因为画师在作画时很有可能进行了美化或神似的处理。如今课本里的朱元璋画像，已经改成了台北故宫博物院收藏的《明太祖朱元璋坐像图》。画像中的朱元璋身着团龙纹样的明黄皇袍，天庭饱满，面如满月，谈不上多么好看，但是大有君临天下的威仪之态。

翻看课本里的古人画像，总觉得像一个人扮演了整个古代名人圈，从秦始皇到唐玄宗，打乱放在一起，根本分不清谁是谁，只能怀疑自己是不是“脸盲”。课本上的古人长得差不多，要从课本编者选插图的来源谈起。

早期课本里的很多人物画像都来自明代的《三才图会》。这本奇书的作者是明代著名画家王圻、王思义父子，内容囊括天文、地理、人物、珍宝、衣服、鸟兽等，其中绘制了大量的插图，堪称当时的“百度百科”。可以说，只要在历史上有点名气的人，父子俩都给他们绘制了画像。但是大部分名人父子俩都没见过，于是他们产生了一个绝妙的想法：既然脸都是想象的，不如就用同一个模板！于是开始了批量“生产”，同一张脸，配上不同的发型、胡须，再搭配不同的衣冠，就成了不同的人物。

当然，《三才图会》里的白描画像只是课本编者的第二选择，他们优先选择的是制作更精良的彩色画像，而这些彩色画像大多来自故宫的南熏殿。自乾隆时期开始，南熏殿陆续珍藏了数百幅古代名人的画像。有些画像因为保存时间较长开始破损，甚至出现缺鼻子、少眼睛的情况，乾隆便下令工部修复画像，重新装裱，收藏于南熏殿。由于经过了二次加工，这些古人的画像看起来更加清晰、制作精良，更适合作为课本插图。

虽然课本上的不少古人长得差不多，但也有一些人物画像特征明显，令人印象深刻，比如，曾经因网友二次创作而火出圈的“杜甫很忙”事件主角——杜甫。其实，课本里的杜甫是画家根据自己的长相绘制而成的。

这还得追溯到1952年，当时莫斯科大学希望中方提供古代科学家与文化名人的画像，以完成世界各国科学家拼贴像。时任中科院院长的郭沫若认为，李时珍和祖冲之最为合适，但怎么也找不到他们的画像。于是在周恩来的指示下，他们找来著名国画艺术家蒋兆和，让他接下这项任务。

巧妇难为无米之炊。身为徐悲鸿弟子的蒋兆和遍寻古籍，也只在《本草纲目》中找到关于李时珍容貌描述的八个字：“晬然貌也，癯然身也。”意思是，面目温润端庄，身材瘦削。这也太抽象了吧！蒋兆和傻了眼，但是对方又催得急，于是他灵机一动，决定以同样职业背景的人作为蓝本。他找来“京城四大名医”之一的老中医萧龙友做模特，绘制出了李时珍的画像。而绘制祖冲之像时，考虑到祖冲之不仅是数学家，还是天文学家，于是蒋兆和选择的人物原型是著名气象学家竺可桢。

后来，在绘制杜甫的画像时，蒋兆和想到自己年轻时贫困奔波的境遇和命途多舛的杜甫如出一辙，于是果断选择以自己作为蓝本。所以，如今我们在课本上看到的杜甫的画像，其实模特是蒋兆和。

蔡元培支持批评者

□石保青

蔡元培任北大校长时，对《红楼梦》有着浓厚的兴趣，出版了一本专著《石头记索隐》，提出《红楼梦》是一部“政治小说”的概念。其时，蔡元培将比自己小25岁的胡适破格录用为北大教授。胡适看了蔡元培的新书后，并不同意他的看法，认为他这本书是在生拉硬扯地解读，并不能让人信服。

为了推翻蔡元培的观点，胡适决定找一本叫《四松堂集》的书，这是清代诗人敦诚写的诗集，该诗作是研究曹雪芹身世生平的第一手资料，但是胡适找了很久都没有找到。就在他求而不得的时候，蔡元培明白他找此书的用意，是要拿来批判自己刚出的新书。但蔡元培并没有害怕，而是托很多朋友帮忙一起找。终于找到后，蔡元培立马到胡适家里去送书，胡适感动不已。蔡元培说：“我素信学术上的派别，是相对的，不是绝对的。所以，即使主张不同，若都是言之成理、持之有故的，就让它们并存，兼容并包。”胡适在对书中的史料充分研究之后，写出了《红楼梦考证》一书，毫不客气地指出蔡元培的索隐是牵强附会。由此拉开了红学史上著名的“蔡胡之争”，红学研究也从此分成了两大派：索隐派和考证派。

“蔡胡之争”持续多年，尽管谁也说服不了对方，但蔡元培倾力为胡适找书、支持他考证的举动尽显大家风范。时人称赞：“蔡元培的举动无异于给敌人送弹药，此等雅量，几人能有？这样容纳异己的雅量，这般尊重学术自由思想的卓见……实所罕有。”

我不聪明，但我很努力

□戴帽子的鱼

童年的记忆不多，我只记得自己曾经非常笨。笨到什么程度？小学学“大于”和“小于”符号，我怎么也弄不清楚它们的差别。我知道一个开口朝左，一个开口朝右，但就是分不清谁代表大谁代表小。

我的数学老师是个非常厉害的人，惩罚人的招数非常多，我们全班同学都怕他。我每次上课就跟坐电椅似的，只要他的眼神扫向我，我的椅子就跟通了电一样，电得我大汗淋漓。我上课时满脑子都在祈祷，老师千万不要点我回答问题，千万千万。那时感觉在众目睽睽之下答不出题来是一种耻辱，就如一盆脏水当头淋下。而且，我也不敢问别人怎么区分“大于”和“小于”符号，因为对别人来说这似乎是很简单的事，我怕别人鄙视我太笨，笑话我。

好多次放学回家路上，我心中溢满悲哀和绝望，不断问自己怎么连这么简单的东西都学不会，是不是有智力障碍，是不是人生没有希望，是不是不配拥有美好的梦想。

按教学进度来说，这一章节因为很简单，所以很快就学完了，接下来的内容我学得很顺利。也许因为这一章实在太简单了，所以期中考试和期末考试都没怎么出相关的题目。那一学年的综合排名出来，我是全年级第三名。

没有人知道全年级第三名连“大于”和“小于”符号都分不清楚。只有我自己知道，我是一年以后才后知后觉地学会这两个符号，而且一辈子都忘不了学不会的痛苦和学会后的释然。

高中时，我旁边的旁边坐着一个非常用功的女生，长得很可爱，简直就像从动漫里走出来的人物。但她总戴着一副镜片厚厚的眼镜，不怎么爱打扮，每次下课也不出去玩，除了上厕所就是在座位上不停地做卷子。听说她每天也睡得很晚，可她的成绩永远都在中游晃荡。每次公布月考成绩的时候，我最关注的不是自己的，反而是她的，真心希望她能一下子提高上去，希望她能开怀一笑。可惊喜从来就没有发生过。

有一次考试后，我看见她哭了，摘下眼镜趴在桌子上无声地哭，肩膀耸动，没有人敢去安慰她，因为不知道该说些什么。说下次再努力吗？她努力得都快走火入魔了。说运气不好吗？那命运之神是不是从来就没有眷顾过她？她每次拼尽全力却都是得到同样的结果。大家正在犹豫的时候，倒是她很快恢复过来，吸了吸鼻子，用手背擦了擦眼泪，再戴上眼镜，又抿着唇继续做试卷。

大学的时候，我去给一名小学生做家教，辅导语数外。他一直不太认真，一会儿给我看他养的小乌龟，一会儿偷摸遥控飞机的控制器。他妈妈走进来吼他：“你这么笨还不努力，以后可怎么办？”他抬起小小的头，神情幼稚、理直气壮地说：“我不是每件事都笨啊，我画画就很好啊。”他拿出他画的水墨荷花，比我画的还要好。

那一刻，我好想穿越时光回到我的小时候，告诉那个因为分不清“大于”和“小于”符号而倍感耻辱的自己：“没关系，你还可以做其他事。”我也好想回到高中，告诉那个每次都全力以赴、学习仍毫无起色的女孩：“也许你不是很聪明，可你比那些第一名更让人佩服。”

“聪明”在我看来只是一部分人的属性，如果你没有这种属性，可以成为一个真诚的人、正直的人、单纯的人、勤奋的人、美好的人……这个世界，可不是单靠“聪明”就能撑起来的啊。

4 事情想得到，更要能做好

年轻人都爱“矫情美学”吗

□疏　风

一支口红叫“蜜恋奶橘咖”，一盘眼影叫“甜腻布朗尼”，一部手机叫“翡冷翠”……看到这些名字，你的第一反应是什么？

有的人会觉得非常文艺、精致，但也有不少人说它“矫情至死”“内涵空洞”。但不得不承认，经过这种名称包装，普通的东西好像确实让人觉得“高级”起来。

迎合年轻人的审美心理？

不知道从什么时候开始，产品名比毕加索的画还要抽象。尤其是在彩妆界，不管是口红还是眼影，都有一个很高级的名字：片刻软语、白昼梦游、未满荼蘼、脱脂微笑……单从文字来看，你绝对猜不到这几个云里雾里的词组是口红色号的名字。软语跟口红有什么关系？脱脂的微笑是什么笑？

有人认为这种对名称的过度包装背后是对当代年轻人“矫情心理”的反映。在矫情的话术包装下，一件普普通通的商品也能营销出精致的高级感，价格也跟着翻上几番。

香水大概是把这种“矫情”发挥到极致的领域，那种无中生有、暗度陈仓的抽象主义矫情，才是真正的王者。它们甚至没有一个字和味道有关：“巴黎爱丁堡”“蓝色地中海”“圣托里尼茉莉”……虽然我没有去过爱丁堡，也不知道圣托里尼的茉莉到底有什么不一样，但就是想分分钟下单，领略一下神秘土地上的二氧化碳。

在香水界，通常矫情的程度，也决定了身价。比如By Kilian，硬生生通过“人设”打开了自己在沙龙香里的知名度。“狂野淑女”“善恶花园”“直达天堂”……均价千元以上让人觉得不太友好。

这种“名称内卷”已经不仅限于时尚圈，它开始渗透到生活的方方面面。喝杯奶茶，一看菜单：金色山脉、栀白染夏、粉韵夕阳……这都是什么口味？再看加料区，“寒天晶球”又是什么？

过度描绘+辞藻堆砌，现在的竞争已经“内卷”到名字上了。虽然我没有在产品上创新，但我一定要在名字上比你高级。

自我矫情还是心灵按摩

为什么现在各大品牌都开始流行起这一套？很重要的一点是打造一种氛围感和仪式感。广告文案界传奇人物约瑟夫·休格曼认为，最好的推销地点，就是对所需要推销的产品创造完美的购买环境。

消费是需要仪式的，尤其是在当今社会，不仅是一种购买行为，也是一种文化传递，这一点在奢侈品消费中尤其常见。为什么奢侈品一定要坚持线下实体店销售？就是因为只有在线下店面，它们才能通过环境布置、场所展示、物品展示以及消费过程中不同营销手段的运用，让消费本身变成一种展演，这样人们才能形成一种综合感觉——氛围。

当实体空间受限，无法创造线下购买环境时，品牌们只能在产品的名字上花工夫，每一个细节都在极力为消费者创造完美的购买环境，增加我们的想象。同样一支白色的笔，一个标签是“白色”，另一个标签却是“富士山白”，如果让你来选，你会选择哪个？或者这么问，你觉得哪个更有氛围感？相信是后者。

尤其是在颜色差别不大的化妆品类目，这种包装就很有必要。同样一支口红，一个说“这是RGB×××的红色口红”，一个说“这是桃木甜杏色”，虽然这支口红的确是RGB×××，但第二个明显勾勒出一种甜美可人的氛围。一旦有了这种氛围加成，价格自然就能水涨船高。

而且，越是繁杂不常见的形容，越能勾起消费者的自我联想。有国外学者曾经站在中国语言文字的视角，研究品牌名称中汉语字根的暗示性。他们发现当名称中包含人们不熟悉的字根且该字根具有很强的暗示性时，消费者会以这个字根为线索展开联想，推断产品功效；但当这个字根消费者已经很熟悉的时候，它就不会再产生暗示效应。这种自我联想恰好能构建起人们的“自我—品牌联结”，进而影响人们的自我认知。

今天，商品和品牌更多的是充当一种符号，是消费者拓展自我的一部分，这和我们的人格知觉息息相关，我们期望通过这些消费来构建、强化、传递自我概念。

美国学者珍妮弗·阿克尔将品牌人格分为五个维度，分别是真诚（Sincerity）、兴奋（Excitement）、胜任（Competence）、高级（Sophistication）和粗犷（Ruggedness）。这种包装满足的是我们内在对高级的追求，也是生活情趣的一种体现。这一点在食物上非常明显。比如珍珠翡翠白玉汤，听这名字高端大气吧，珍珠莹润，翡翠青透，白玉无瑕，其实，它就是一道白菜豆腐汤。同样，你是愿意享用一道“黄瓜蘸白糖”，还是“苍山卧雪”？

这种行为，本质就像做心灵按摩，是一种信息命中。总有一个信息能够敲定下单的决心，而这个信息可能是价格，可能是品牌，还可能是绿色环保主义，那为什么不能是一个“矫情”呢？况且这也不是真的矫情，它确实能给生活增加一些精致感。

名字“内卷”本无可厚非，毕竟这也是商家抓人眼球的重要方法，但在过度包装的同时能否也对产品进行创新？名字是表象，内在才是关键，光有好看的噱头，空无内在的灵魂，终究还是会被时代抛弃。

时间的证词

□龙建雄

早些天，有朋友在闲暇之时，把自己坚持写了12年的电子日记在电脑上汇集成册。本是4300多天的日常琐事，每天也就三言两语，不承想竟有50万字之多。面对海量的文字、庞大的数据库，朋友来了兴致，他好奇地搜索关键词，一段又一段地回顾经历。

在众多关键词中，我对极具生活气息的几组数据很感兴趣。

从日常生活来看，朋友提“休息”2057次，“散步”683次，“上网”473次。带“酒”字的有1167次之多，有意思的是，记录喝酒47次，醉酒却有70次，说明谁对“醉”都记忆深刻。记录儿子2579次，老婆753次——孩子才是每个家庭的“中心”。

从工作统计看，“参加会议”2866次，“加班”798次，“写材料”466次，“交班”360次，“考核”99次。

从心态记录来看，“高兴”79次，“累”41次，“喜”36次，“遗憾”27次，“哭”15次。我很好奇他为何而哭，他解释说，记录儿子哭12次，自己哭仅仅3次。

时间承载着真实感。把人的一生比作电脑程序，在人世间运行数十年之后，你所留下的记忆既是数据，也是回不去的光阴。通过朋友详细的分析，我仿佛找到自己当年的影子，但时间给予我的真实感没有他的那般实在和震撼，用文字记录下来的时间才有生命力。

时间确实是世界上最公平公正的计量单位，它至今不曾欺骗过谁。

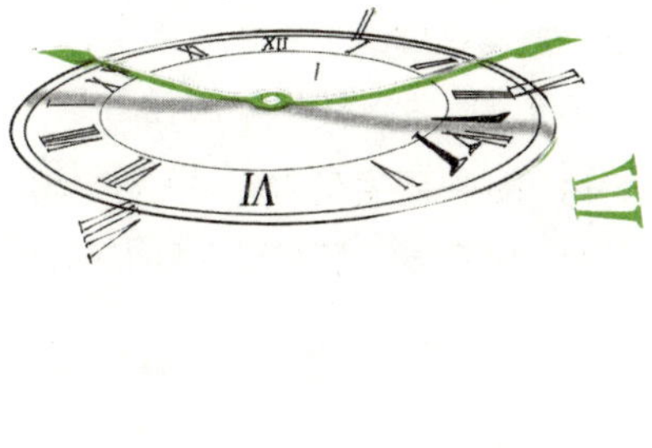

二进制思维让你不怕犯错

□［美］斯蒂芬·盖斯

几乎所有人都怕犯错，而“不要害怕犯错”这种建议一点用也没有。要减少对犯错的恐惧，你首先要转变思维模式。当然，思维模式不是说变就能变的，但运用二进制思维这个办法不仅理解起来像“不要害怕犯错”一样容易，操作起来也非常简单。

1

二进制思维这一名称来源于计算机术语“二进制”，是一种只由两个数码——0和1组成的逢二进位的计数法。当今世界上的主流数字技术，都以二进制为基础。比如，电视接收的信号有两种：数字信号和模拟信号。其中数字信号就是二进制数据。数字信号即便很弱，只要能够传输，最终图像就都是完美的；但模拟信号如果很弱，图像的质量就会受到影响。

数字二进制信息是有限而明确的信息，模拟信息却覆盖了多种无限的可能。这一点与我们的行为有什么关系呢？

如果用电视的数字信号和模拟信号来给任务分类，我们就会发现，“模拟任务”是无法做到尽善尽美的，而“数字任务”及其概念却可以。

常见数字任务：想象一下，此刻你的任务是按下开关，打开房间里的灯。即使在此过程中你被绊了一下，撞了膝盖，跌了一跤，只要你按下了开关，就成功地完成了开灯任务。从二进制的角度，开关向上就是“1”，向下就是“0”。记住，我们关心的是你是否完成了任务，并不在乎在此过程中你做得好不好。

常见模拟任务：如果你的任务是发表演讲，你可能吞吞吐吐地讲了一些发人深省的话，也可能行云流水地发表了一通老生常谈；你的演讲可能进行得还算顺利，也许不是特别令人满意。总而言之，不管中途出现了什么问题，你的演讲表现都是优缺点共存的，是一种模拟的效果。

上述两个例子反映了人们对这两类任务的“刻板印象”，但如果我们把这两种情况调换一下，事情又会怎样呢？你会发现，我们怎样界定任务的本质，完全是个人的选择。

把典型的数字任务转变成模拟任务：想象一下，你的任务是按下开关，但你只有用某种特殊方法完成才算成功。比如，你要求自己的手指必须与开关绝对平行，而且在快速按下开关的瞬间，你必须在空中完成一次劈叉，同时要以钢琴上第七个八度的高音喊出“面条”。这样一来，你就把这个典型的数字任务变成了模拟任务。即使你成功地开了灯，但只要在此过程中出现了失误——不论大小——你的工作完成得就不算完美。

把典型的模拟任务转变成数字任务：想象一下，你的任务是在5000人面前演讲，大部分人会把这项任务视为模拟任务，因为你的演讲肯定是介于尽善尽美和一无是处之间的一种表现。但是，如果你把所谓的演讲成功定义成“走上了讲台并传达了信息”呢？我们就这样试一下：你走上台，说了该说的话，你就成功了。这样一来，你唯一可能失败的情况就是一句话也没说。即使你在演讲中出现了很多失误，你所得的分数也是1——成功——而不是0。

要摆脱对犯错的恐惧，你就要为自己设置一些数字任务，因为这样，你就可以轻松地做到“完美”。人们总是鼓励完美主义者说，想改变，就要接受不完美。但更现实可行的办法是重新定义所谓的“完美”。二进制思维把完美的标准具体化，使其变得更具可行性，也就简化了对完美的追求。它因此能令人满意——你可以因为完美地实现了可行的目标而获得巨大的满足感。

2

以前的我，在女孩面前总是畏首畏尾，总想追求完美，担心出错——说错话、表错情、冒犯对方、自己的外形不好等。有一天，我在杂货店里看到了一个特别漂亮的女孩，属于以前我完全不敢搭话的类型。接下来，你将看到二进制思维给我的想法带来的改变。

作为一个模拟任务者：我要先跟她说什么呢？她知道自己很漂亮，恭维她的相貌会让我看起来和其他人没什么不一样。或许我应该跟她开个玩笑？开什么玩笑呢？我不想用那些老套的台词……在我还想着主动搭讪会不会太尴尬的时候，却发现她五分钟前就走了。

作为一个数字任务者：只要开口，我就赢了，说声“嗨”就行。我给自己设定了一个可以做到的二进制目标——我能张口跟她打招呼=1；我什么也不做=0。

那种体验真是太好了，我平生第一次因为没有强迫自己做到妙语连珠而感到无比轻松。就这样，我硬着头皮朝对方走去，捕捉到她的眼神，挤出了一个“嗨”。她似乎有点惊讶，但也回了我一个“嗨”。我接下来什么也没说，径直走向下一个货架。很奇怪吧？没错！她是不是一头雾水？当然是！我是否成功地完成了任务？是的。

我知道，就本质而言，我这次任务表现得一点都不完美，但没关系，我成功了。就如同即使数字信号再弱，只要能成功传输，就能呈现完美的画质一样，我虽然只是弱弱地跟对方打了个招呼，但对我来说，这就是完美的成功。

我假装查看食品货架，内心却在为自己这个小小的胜利感到雀跃。有趣的是，她不久后就走到了我身边，我想一定是我们那只有一个字的对话引起了她的兴趣，于是我问她今天过得怎么样，和她进行了一次短暂而愉快的交谈。我当时很紧张，但整个对话对我来说已是额外的惊喜了。我该感谢二进制思维。

二进制思维不仅可以有效缓解你对过失的担忧，错误不再给你一种犯错的感觉，还可以赋予你强大的力量，因为它剥夺了你的“借口”，让你远离各种拖延行为。既然行动目标已被简化，你再也没有任何借口去逃避，只能勇敢地去做。

多余的枝杈

□二　冬

我家门口有十几棵槐树，其中一棵树形侧偏，很漂亮。遗憾的是，光照因素使之背上也长出很多树杈，严重影响了主干线条的完美。所以，我第一年就爬上去修整了。尴尬的是，好风景只欣赏了一年，第二年，被锯掉的树杈周边就报复性地长出了新枝杈，比原来的还多。于是半个月前，我只好又爬上去修了一遍。

盆景修剪也是如此，多余的枝杈剪掉之后，来年一样会生长，因为那是来自内部的洪流，被锯掉的枝杈只是被堵住的豁口。就像堵不住青春期的孩子情愫萌生，五六岁的小朋友多动，都不是外在环境决定的，而是人类生长期来自体内的洪荒之力。

不过树的智能和人一样，同一个位置被修剪多次之后，那棵槐树的脊背就不会再有枝杈冒出来。就像一个身处黑暗的人在同一个区域试探着撞墙很多次之后，就会放弃这里，继续向前，寻找其他出口。所以，最终那股洪流会流向树梢，往行得通的方向继续生长。

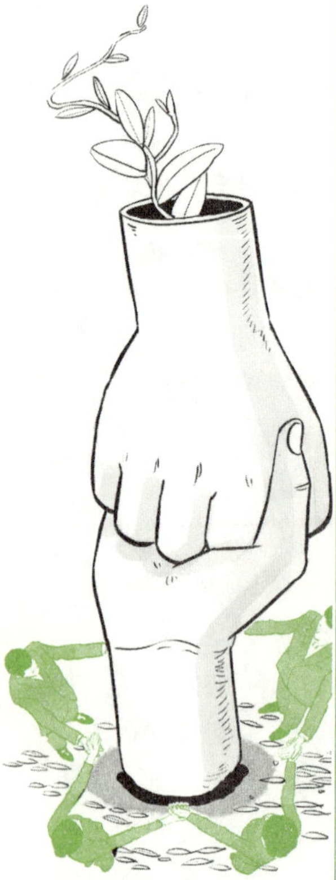

拥有离线的能力

□闫肖峰

科技昌明真好，不用多少技能，就能即刻享用一切便利。比如不辨东南西北，凭导航你照样敢去地球任何角落。

然而，假如我们把全身心都托付给人工智能，那还要老司机干吗？还要专家门诊干吗？现在医患矛盾突出，阴谋论认为医生多开药就是为了多拿提成。现在真有患者认为与其白花那么多钱和时间，不如请人工智能来开药方，人家可是通过万亿次计算得出的最佳药方。

医药界自然不认可这样的说法。人工智能可以帮医生作病况分析，降低医生的工作量，只是辅助不是取而代之。可惜，风投界预测这种替代是迟早的事。比如IBM（国际商业机器公司）的人工智能“沃森”机器人能根据大数据，准确论断患者的病症，而且能给出最佳治疗方案，让有些乳腺癌患者免做切除手术，减少了不少女性患者的忧虑。

无疑，未来正一步步逼近。至少在医药界，化验师、胸透师这类职位正面临淘汰。长途运输、电商配送的自动化也正在路上。前卫的警告是，数字化不会苦口婆心地劝你加入，数字化是不由分说地拉你我进入它的旋涡，等我们发现自己的价值越来越小，甚至可有可无，为时已晚。

这种技术激进主义激发无限想象。未来，汽车不用你开了，因为有自动驾驶；商店不用售货员了，因为有无人零售；只是吃饭还得自己吃，但吃什么、吃多少，人工智能给你意见。相信医生也将被一步步在不知不觉中被取代，今天把检查交给机器人，明天把治疗交给机器人，甚至手术都交给机器人。还医闹个啥呢，跟机器去闹吗？跟系统去闹吗？

对，跟系统去闹！智能系统需要人们去闹以便纠偏校正。这两年有个词很热，叫“困在系统里”，我们正像那位自以为得意的外卖小哥，偶尔抄了回近道就被系统记下，下次缩短配送时间。反复几次，我们始终还是“困在系统里”，不得挣脱科技的魔掌。

未来等待我们的是什么？当所有场景都被人工智能代劳，人类就像麦克卢汉所说被“无痛截肢”，科技应用今天“锯掉”我们的腿，明天“锯掉”我们的手，最后“锯掉”我们的判断力，人类就成了不折不扣的“废人”。

不要说某天小行星撞地球，只要一次黑客攻击，没有了导航就不会开车，没有了外卖就只能吃泡面。人就变成了一个对系统深度依赖的肉球，只有手指滑一滑下指令的能力。想想人类永远被剥夺生存能力的前景，是可怕的。到那时，会开手动挡、不用导航就能把车开回家的人就是幸存者。

所以，忠告各位，一定要培养与人工智能反向的力量来防止这一天的到来。就是说，一定要保留离线生存能力，预防被“锯掉”的那天。我佩服那位不听导航的司机，即使被导航不断警告“你已偏航”还是坚持走最短的路。这种判断力和方位感在未来是宝贵的能力，那是离线的能力，回到原点的知识和技能。

技术是人的延伸，人怎么能被延伸取代呢？请保持离线生存的能力。

社交牛人症怎么治

□张天骄

社交牛人症分很多种，想治疗的话需要因症施药。有的是被迫成为社交牛人，偶尔为之，属于间歇性发作。很多人在火车上都有和陌生人聊天、分享零食甚至喝酒的经历，这样做只是为了打发时间。

还有的是本性未必如此，经过训练专吃这碗饭，可以自愈。比如当年饭馆跑堂的，热情招呼和大声吆喝就是他的职业技能。先秦的说客也是如此，在朝堂上侃侃而谈，谈笑风生，带有表演性质。

在王朔的小说中，这种自来熟的人物一抓一大把。甭管场合里有没有陌生人，他们总能迅速进入角色，跟人很热乎，也从不把自己当外人。

可能王朔身边这样的朋友确实多，他在写回忆陈吾的文章里这样描述：“他是那种人，永远笑着，赶着人说话，张了嘴就拦不住，滔滔不绝，收音机一样。饭桌上有他和段毅两个人，就像同时收听两个台的广播节目，谁也摁不住谁，各自说，各自乐，那个乱，经常有饭馆经理跑进来，以为打架了。”很显然，这些人都没有想着去戒掉，只想发扬光大。

有些人的社交牛人症是天生的，这种就很难治了。顺治年间的进士刘体仁“性旷达，尝置酒慈仁寺松下，遇游人至，不论识与不识，必牵挽使饮。有不能胜者，必强灌之，至醉呕乃已”。

在文学作品中，妖相较人类更热情，各种搭讪和投怀送抱。孙悟空就经常这样干。比如在高老庄，孙悟空一进门就扯过一把交椅“叫三藏坐下”，给自己也扯过一把椅子坐在旁边。高老道：“这个小长老倒也家怀。”“家怀”就是不客套、不见外。

《聊斋志异》里也充斥着这样的女妖精和女鬼，动不动就翻墙过来，让那些天天宅在屋里的书生又惊又喜，还真以为是人家看上了自己的文采。妖类的自来熟就好像他们的尾巴，怎么修炼都掩盖不住，这倒也是他们天性未泯的一个力证。

有社交牛人症，如果强行戒掉会怎样？有一个真实的例子：颜强在《英国足球地理》中写到阿森纳队的队长托尼·亚当斯，他第一次参加一线队训练时，“大家练了差不多一小时，都比较累，在场边休息。这时，这个小子走了过来，他当时还很瘦，不过，肩膀已经非常宽。他走到我们身边，不屑地说了声：‘兄弟们，别偷懒了，接着练啊！’他嗓门儿特别大，而那股气势更加逼人。我们面面相觑，根本不知道这家伙是从哪里钻出来的，可他就有那种奇怪的魅力，不由得你不跟他保持一致”。亚当斯就是有一种与生俱来的领导风范，这也使他成了阿森纳及英格兰足球队的队长。

就是这样一个自带气场的人，退役第二年就得了抑郁症，酗酒的毛病也复发了。慷慨激昂的演讲者最怕失去听众，没有台前的风光，没有一呼百应的队友和球迷，那种从天上到地下的失落感是常人很难体会到的。很显然，社交牛人症被迫下线的结果只有一个：整个人都会垮掉。

我的家族熬夜史

口言　子

1

看到一段话："在爱迪生发明电灯之前，睡眠是被分为两个独立的部分的，中间隔着一段夜间的清醒时间，大约从凌晨1点开始，持续几小时。这种模式叫分段睡眠。也就是说，100多年前，人们常常在夜半时分醒来……然后再次入睡，直到第二天。"

其实不要提100多年前，我父亲就是这样作息的。他总是晚上八九点钟躺在沙发上呼呼大睡，无论电视机在哗哗作响，还是母亲轻轻用脚蹬他，总是睡得像婴儿般酣熟。但是，他总是在夜里2点左右清醒过来，要么看书，要么下碗酸辣白菜面条，坐在地板上看电影。

一个人的夜晚多寂寞，当然要带上他的"小棉袄"。那个时候我才上小学，跟父亲一样经常睡不着，于是画面经常是这样的——

"妞妞，你睡着了吗？"父亲偷叫我。他喊我时我经常是清醒的，但要待他多喊几声，我才扭个身，揉揉眼睛假装刚醒。然后我俩一起坐在地板上，边看电影边吸溜酸辣面条。

这一幕其实有点"诡异"。客厅里黑黢黢的，电视机画面的光一闪一闪映在两人身上，而且只有画面没声音，怕吵醒妈妈。妈妈是个作息规律的人，睡眠又很轻。她被吵醒的话就会很生气："你们两个夜猫子能不能让我好生睡觉！"

其实妈妈很温柔，但是被吵醒时会有非常强烈的起床气。这时我和爸爸会默不作声各自溜回床上，像极了两个偷夜里时光被抓的贼。

2

能熬夜当然是有好处的。初中夏令营，坐绿皮火车去桂林，小伙伴们相约每隔两小时换岗守夜，以免行李被旁人拿了去。眼看着值夜伙伴都要站着睡着了，我自告奋勇提前换下她。她万分感谢，并发我一张好人卡。

其实我并不是故意做好人，我是真的睡不着。如果说失眠也有家族基因的话，我想我们祖孙三代都有"失眠症"。

幼儿园时我跟着奶奶住，奶奶爱半夜看电视。有次和奶奶一起熬夜看有关张衡的电视剧，不知不觉凌晨2点了，奶奶在片尾曲响起时惊觉我还没睡，赶紧把电视一关催我睡觉。大约过了半小时，奶奶以为我睡着了，就又把电视打开。还清醒的我不好翻身正大光明地看，只好眯着一只眼侧躺着看完。后来奶奶关电视时我半边身子都麻了。

其实关于熬夜或者"失眠"，我是甘之如饴的。有人会问，你第二天不困吗？不困，真的不困，哪怕熬到午夜三四点，午休半小时就又生龙活虎了。同时我很能睡，如果睡舒服了，能睡够18小时。

这一直是我青春期的一个引以为傲的小秘密，因为我觉得我拥有昼夜的拉长版。

后来，我离开家乡去远方上学，渐渐懂得从幼时起觉得"还好"的一件事原来是"非正常的"，原来不睡会影响那么多事情。首先你的室友不会忍受你不睡觉。寂静的夜里翻书的声音都会被扩大，你也不能翻身太多，摇晃的床会吵到下铺。后来工作了，我才知道原来深夜不睡会被看作"病态"，许多人都在调侃熬夜的原罪。

于是，我慢慢不再享受这个过程，开始变得焦虑，甚至觉得不睡觉就是"错误的、不健康的"，想强制扭转过来。

有段时间读马尔克斯的《百年孤独》，书中

写道：

他们夜以继日地工作，很快就把活儿干完了，凌晨3点便无所事事，听着音乐钟数华尔兹的音符。那些想睡觉的人，不是因为疲劳而是出于对睡眠的怀念，试遍了各种消磨精力的办法。时间长了，生活恢复正常，工作照常进行，没人再为睡眠这无用的习惯担忧。很快便发现失眠症带来的后果是失忆。

当时我看见这些话像看见恐怖小说一样觉得可怕，生怕自己也和书里描述的一样失忆。那段日子，失眠像噩梦一般如影随形，或者说，是我的忧愁滋养出了真正的失眠。又或者说，我觉得失眠（熬夜）最大的压力在于“有人看见你没睡”——

忍不住刷了微博，朋友看了说：“哇，你竟然熬夜到4点。”室友看见你屋子里灯亮着，总觉得你在“捣鼓事情”。熬夜从一种孩童时期“我有超能力噢”，变成“我是一个睡眠残缺的人”。

3

儿时我是对习惯无意识地接纳，长大后开始接受大众“作息规律文化”后，我时常因为不能按时休息怕影响身体，连续焦虑了三五年。彼时痛苦的我听了朋友的建议，开始试着主动接纳自己。

“小马过河知深浅”，心态真的很重要。如果能正确对待失眠，而不是硬生生地把失眠从我的生活中赶走，许多问题就会迎刃而解。那么，该如何睡眠，不如当作我们认识和探索自己的一种方式。

小时候，好强的奶奶那个时候是我们城市粮食局的一名职员，在一次省际粮食调运时，抱着我就上了路。一个女人领着十几个男司机，十几辆大卡车轰轰烈烈扬尘而去。我在奶奶怀里迷迷糊糊，时睡时醒，记忆里只剩下单调又仿佛无尽头的国道。奶奶身为车队的带队人，自然要坚持清醒一夜。

我就想，如果每个人都是规律嗜睡体质，那么特殊岗位和特殊时期的重任，是不是难找到可靠的人胜任？我还经常脑洞大开，难不成我们家血脉是远古部落时期，大家为安全守夜而挑选出来的特别能熬夜的人，上万年一路留下的清醒基因吗？想着想着，我笑了。

还是儿时那次看张衡的电视剧，第二天其实八九点我就醒了，太阳暖洋洋地照在面颊上。爷爷要过来叫我起床，奶奶说：“嘘！她昨晚2点才睡，让她多睡会儿。”

我心里像有水波一样荡啊荡，把头深深埋在柔软的棉絮里，棉被也有阳光的味道。

为什么有些人喜欢取笑别人

□贝小戎

一个孩子问：“为什么有些人喜欢取笑别人？”

也许他遭到了取笑，并且觉得我们永远都不该取笑别人。这是一个伦理困境，困境的意思就是不是非黑即白、非此即彼那么简单。

对此，澳大利亚哲学博士马修·彼尔德的回答是：“我们取笑别人的原因有很多，一个普遍的原因是想让他们改变自己的行为。”

“社会教导人们对与错的方法之一，就是让言行不当的人感到羞耻或者尴尬。感觉自己被人取笑时，我们很快就会发现自己的行为可能是错误的，然后会试着不再重复这样的行为。但有的时候，人们没有做错什么，仍然会遭到取笑，只是因为他们与众不同。这种情况下的取笑不是教育，而是欺凌。很多时候人们是为了给别人一个不必要的教训而让别人感到尴尬。即便令人尴尬能够帮助他们改变行为，我们也应该非常谨慎地使用。”

你“喜欢”时，可能正掉入“想要”的陷阱

□万维钢

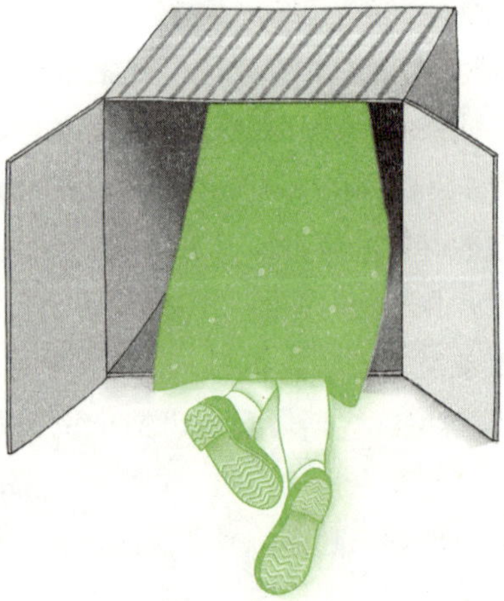

生活中，我们会把很多事情与“瘾”联系起来，比如打游戏、购物等。这样的活动，我们一般认为偶尔为之是可以的，但到了上瘾的程度就不好了。

可是“上瘾”到底有什么不好呢？如果游戏使我快乐，我就是喜欢玩游戏，我就算大部分时间都生活在游戏世界之中，又有什么不行呢？“正常生活”和“上瘾”的分界线在哪里呢？

我们先来区分两个概念，一个是“想要（want）”，一个是“喜欢（like）”。

1

“想要”，是说你在追求这个东西，得到它会让你获得快感，它是你行动的回报和奖励。“喜欢”，是说这个东西本身给你带来了快乐，你在享受这个东西。

我说个极端的例子你就明白了，比如吃饭。

暴食症患者是“想要”吃，忍不住去吃，不吃难受，吃了不满足，还要继续吃，最后把自己吃成了极度肥胖。至于具体吃的这个食物的质量怎么样，够不够美味，他并不太讲究。

而美食家，则是另一种人。美食家可能不会吃很多，但是他吃得很讲究。他很在乎食物细微的、精致的差别。他一边吃还一边跟你点评这个食物的色香味，细嚼慢咽，充分感受每一口食物。美食家是“喜欢”吃。

当从事一项活动越来越多的时候，你可能会越来越精通这项活动，你体会到活动中越来越多的、可能一般人体会不到的乐趣，你可能会越来越喜欢这项活动，也会越来越想要参与这项活动。

那什么叫“上瘾”呢？1993年，密歇根大学的两位心理学家提出了一个“激励—敏感化理论”。这个理论认为，所谓“上瘾”，就是“想要”的程度已经增加了很多，而“喜欢”的程度没有增加多少，以至于“想要”已经明显大于“喜欢”。

2

“想要”和“喜欢”是两套脑回路。

“想要”，主要由中脑和多巴胺控制。多巴胺是大脑中的奖励物质，属于奖励机制中的核心要素。而“喜欢”，则是与大脑的阿片系统、初级感觉区和前额叶区域相连接。

根据“激励—敏感化理论”，上瘾的过程是“想要”这个激励系统变得越来越敏感，以致人越来越“想要”的过程。比如一个吸毒者一开始可能只有吸毒的时候才兴奋，后来是到时候就想吸，再后来是看到吸毒的用具就想吸，最后看到别人吸毒的照片，或者生活中任何能让他想到毒品的东西，都能唤起毒瘾。

可是吸毒者“喜欢”吸毒吗？研究表明，随着毒瘾的加深，吸毒者对毒品的喜欢程度非但没有增加，反而减弱了。我们看那些吸毒的人，其实他们哪怕是正在吸毒，也并不快乐。他们早就已经不再享受毒品了，但是他们不得不吸，因为他们的大脑在强迫他们“想要”吸。

上瘾不是快乐，而是痛苦。

“激励—敏感化理论”可以用来判断一个行为

算不算“上瘾”。德国曾有人做过一项研究，验证那些每天要喝很多咖啡的人，是不是对咖啡有瘾。

研究者找来一些受试者，分为两组，一组是重度咖啡使用者，也就是每天至少要喝三杯咖啡的人；另一组是轻度咖啡使用者和不喝咖啡的人。

直接说结果——

重度咖啡使用者明显比另一组的人更“想要”咖啡——但是两组人对咖啡的“喜欢”程度差别不大：都不怎么喜欢。

也就是说，成为重度咖啡使用者，你对咖啡的“想要”程度大大提高了，但你对咖啡的“喜欢”程度并没有相应地提高那么多。你的确比一般人更喜欢咖啡，但你的喜欢也只是略微的喜欢。

那么根据“激励—敏感化理论”，你对咖啡是上瘾了。

3

“上瘾”的特征是“想要”和“喜欢”的分离。而这不是好事。那我们可以思考一下，生活中人们还有哪些行为，达到了“想要”超过“喜欢”的程度呢？

比如打游戏。如果游戏让你快乐，你在游戏中体验剧情的跌宕起伏，欣赏场景之美，感受团队合作的队友之情，体会提升战斗技艺之道，享受胜利的兴奋和失败的教训，我认为打游戏是很健康的活动。但如果这个游戏已经让你感受不到快乐了，你打得头昏眼花，那些场景你已经经历过无数次，那些宝物你早就熟悉了，但是随机性和多巴胺让你就像赌博一样，每次拿到战利品还想再拿，游戏已经不是在为你服务而是你在为游戏服务，甚至连平时更喜欢做的事儿也不去做了，那你就是“上瘾”，这就可能是病。

你真的“喜欢”家里那300双鞋或者你收藏的那25个机械键盘吗？还是你只是“想要”得到它们？

你去那么多旅游景点是为了完成某个“想要”的心愿，还是真的“喜欢”那些地方，真的能够好好欣赏景色，感受当地的风土人情？

很多人给自己设定读书目标，他们到底是“喜欢”读书，还是“想要”达成读书成就？

我认为这些研究能进一步提醒我们，人生应该追求真正的“喜欢”，而不是完成多少个“想要”。

徒　长

□程　筠

养过水仙的人都知道，冬日水仙缺少养护打理，光照不足，换水不勤，叶片看似颀长葱茏，一派欣欣向荣，初春时节却很难开花吐蕊。这，就是植物的徒长现象。

徒长，依旧是不遗余力地生长，只是这样的努力不再受欢迎了。其实，努力也是需要打理的，否则，可能会是一场徒劳。

对植物而言，向光生长，根深蒂固且枝繁叶茂，便是意义所在吗？并非如此，所有的努力都是带着预期的：刚入一盆兰草，心里悄悄等待的，是沁人心脾的幽香；刚起一畦瓜架，脑海中早早想好藤爬瓜垂的景象了。可见，植物的生长，也不一味只是萌芽抽枝，开花结果，它们需努力得不遗余力，还需努力得准确得当。

同样，漫无目的的奔跑、随心所欲的成长，对人而言，可能也是徒长。努力，也许从不白费，但也要步步都算数。盲目用力，结果很难像我们想象的那么好。并非我们不够努力，只是缺少对这份努力的打理。

愤怒，需要被看见

□文 君

今天你愤怒了吗？回想一下，很多时候答案是肯定的，因为愤怒实在是太常见了。那你有没有自省过，我们最容易对谁发火？

首先，我们易对最亲近的人发脾气，而且关系越亲近，越无所顾忌。有一天，孩子在屋里抛球玩，不小心碰到天花板上莲花形吊灯的玻璃叶片，叶片落地瞬间摔了个七零八碎。爸爸听到声响跑过来，顿时怒目圆睁，一把夺过孩子手里的球，咆哮道：“你究竟在做什么？！不许玩了！”孩子吓得不知所措。事后，我问他爸：“如果你的同事来家里做客，和孩子做游戏，不小心弄坏了你的吊灯，你也会这样大吼吗？”他没有回答我。

我解释说：“我想你难过和遗憾的情绪应该大于愤怒，而且你会故作轻松地安慰同事——没关系的，不用放在心上；另一个声音会说服自己——坏了就坏了，已经这样了，岁岁平安。对不对？下次想对孩子发火时，你可以换个角度想想，如果是朋友、同事做了这样的事，你会如何想，如何反应。”

其次，我们很容易对陌生人发怒。基于互相不认识，我们倾向于将陌生人的行为解读为是针对“我”的，于是“小我”立马汗毛竖起，精神战栗地自我防御起来，摆出一副本人也不是好欺负的架势。

“路怒症”是典型的与陌生人互动时情绪的肆意宣泄。驾驶时的环境满足了让人爆发愤怒情绪的很多条件：一方面，开车时人的情绪状态是中度或是高度紧张的，即便前方车辆一个简单的变道不打灯行为，都可以向驾驶人释放出“对方威胁了我的生命安全”这样的应激信号；另一方面，大家都坐在车内相对密闭的空间里，无法了解对方的状态，也缺乏有效沟通，我们的“小我”就会演化出很多的故事和判断：“这人懂不懂开车啊，上路简直就是害人害己！

接下来的惯常剧本很有可能是这样的：你气冲冲地追上这辆车，摇下车窗，对其一番言语攻击，之后一脚油门把对方甩在后面，那时的心情才爽快。

当然，故事可能会有另一个脚本：你怒气冲冲地追上这辆车，看到驾车的是你小区的邻居，且是你孩子同学的妈妈，对方似乎已经意识到自己刚才忘了打灯，主动摇下车窗，笑眯眯且谦恭地跟你打招呼。你那一冲而上的怒气，瞬间烟消云散。

这让我想起《庄子·山木》里记载的一个故事。河中有两条船，其中一条是空船，碰撞过来，这个时候即使是心胸很狭隘的人也不会发怒。但如果有个人在那条船上，那就一定会引来大声呼喊，呵斥来船后退，如果对方不回应，那很可能导致骂声不绝。

都知道愤怒对泄愤者和被泄愤者都不好，那我们该怎么办？对待愤怒更好的方式是看到愤怒的源头，需要搞清楚愤怒背后有哪些根深蒂固、原本深以为然的信念。所有发泄愤怒的人，都有一颗受伤的心。如果这颗受伤的心能被看见，被探寻，愤怒就会自然化解。

回想一下，每次你感到愤怒，背后总是有一个包括“应该/不应该”与“必须”的深层信念，例如，他“不应该”用这种语气和我说话，他“不应该”怀疑我的人品，等等。找到你思想中这些“应该/不应该”与“必须”，就找到了恨与愤怒的根源，接着反躬自问，质疑这些我们习以为常、不假思索、不断强化的信念。

通过对愤怒情绪背后信念的刨根究底，你会发现之前义正词严的那些想法都会松动，甚至轰然倒塌。那么，还有必要生气吗？

潜伏的“鲨鱼”

□［美］奥赞·瓦罗尔

有位27岁的导演遇到一个大难题：布鲁斯是他所拍电影的主角，但布鲁斯的维护费用实在太高，甚至按好莱坞的标准都算高。布鲁斯其实是一条机械鲨鱼。但是，这条鲨鱼做不到它必须做的一件事——正确地游泳。

电影开拍的第一天，机械鲨鱼沉到了水底；不到一周，它的电动马达就发生了故障；即使某天能顺利拍摄完当天的场次，工作人员也必须把布鲁斯体内的水抽干、擦干净并重新给它喷漆，为下一场拍摄做好准备，就连电影明星也很少得到如此细心的照顾。

终于，对这种要求过多、表现不佳的“演员”，这位导演做了所有导演都想做的事情——“解雇”这条鲨鱼。

在面临这一重大制约因素时，这位年轻的导演问自己：“换作希区柯克，他会怎样应对这样的局面？”对这个问题的思考给了他灵感，帮助他跨越了看似无法克服的障碍，把难题变成一个拍摄大片的机会。

在电影的开场，克丽茜决定泡个月光浴。她正在游泳的时候，突然被拖到水下，在水中被拽来拽去。她一边喘着气，一边尖叫着求助。镜头的焦点在克丽茜身上，周围看不到坏人，观众只能想象怪物的样子。直到第三幕，观众才清楚地看到鲨鱼。鲨鱼的戏份被删减了，观众心中却产生了一种持续的焦虑感，电影的主题音乐令人心惊胆战，增强了这种感觉。

你可能已经猜到了，这部电影就是《大白鲨》，导演是当时年轻的史蒂文·斯皮尔伯格。即使在职业生涯早期，斯皮尔伯格也知道我们许多人不想承认一件事：看不到的东西可能比我们看到的东西更可怕。

从人类的角度来看，并非所有事实都是平等的。我们往往聚焦于眼前的事实，却忽视了其他可能隐藏于盲点背后的事实。小心那条潜伏的“鲨鱼”。

否定的陷阱

□张宗子

《百喻经》中有一则《偷牦牛喻》：

譬如一村，共偷牦牛，而共食之。其失牛者，逐迹至村，唤此村人，问其由状，而语之言：“在尔此村否？”偷者对曰：“我实无村。”又问：“尔村中有池，在此池边共食牛否？”答言：“无池。”又问：“池傍有树否？”对言：“无树。”又问：“偷牛之时，在尔村东否？”对曰：“无东。”又问：“当尔偷牛，非日中时耶？”对曰：“无中。”又问：“纵可无村，及以无树，何有天下无东、无时？知尔妄语，都不可信。尔偷牛食否？”对曰：“实食。”

事情的败坏不仅在于多走一步，更在于连带的否定，否定到连最后的立足之地都没有了。好坏两端，根基同一。

藏书狂

□王宏超

若某人全身心地投入他的藏书中，即可称为藏书狂。有贪婪的藏书家，甚至死后也要带走他的人间至爱。17世纪的英国作家托马斯·布朗在遗嘱中说明棺材入土时要放入埃尔泽菲尔版的《贺拉斯集》。而19世纪美国作家尤金·菲尔德则称：“我已说服朋友，离开尘世后，要把一些书殉葬，书单就放在客房前方的红木旧书桌左上抽屉里。”

有关“书殉”故事中最悲情的一幕发生在1912年4月14日晚，年仅26岁的天才藏书家哈里·埃尔金斯·怀德纳遭遇船难，危难之际，他把母亲怀德纳夫人及其女仆送上救生艇，临别前对母亲说：“妈妈，我刚才往口袋里装了那本培根的小书，这本小书会跟随我的！”那本培根的小书是1598年版的《论说文集》。随后船就沉没了，那艘船叫泰坦尼克号。后来，怀德纳夫人为了告慰儿子，决定在哈佛大学捐建一座图书馆，这就是今日的哈佛怀德纳图书馆——世界上规模最大的大学图书馆。

藏书一旦成狂，难免不择手段。史上不乏偷书贼和为书杀人的罪犯。一个名叫斯蒂芬·卡里·布隆伯格的窃书贼曾盗窃了23600多本书，涉及美国45个州和哥伦比亚特区的268家图书馆。他最终被抓倒不是因为自己失手，而是同伙的告发。在法庭上，关于他是否精神错乱，双方律师有激辩，但最终确认他患有精神病的是一位黑手党老大。这位老大在新闻中看到布隆伯格的事迹，大为惊叹，希望和他联手，偷一些黄金、钻石之类。布隆伯格却说，他不是为了钱而偷书的：“我一本书也不卖，是想收藏的。”这位老大听后斩钉截铁地说，布隆伯格是真正的疯子。

黑手党老大无法理解一位藏书家有时得到一本书纯粹是为了“拯救”它。德国人本雅明深谙此中奥妙：一个收藏家记忆中最精彩的时刻是拯救一部他从未曾想过更没用憧憬的目光流连过的书，因为他瞥见此书孤零零地被遗弃在书市，就买下，赋予它自由。这犹如《天方夜谭》中的王子买到一个美丽的女奴。你看，对一个收藏家，一切书籍的真正自由是在他书架上的某处。

偷书贼亦有不同于其他盗贼的地方，如一个被誉为“业界良心”的雅贼，“偷了一本书后拿另一本抵上，心里认为这两本书是等价的”。这些偷书贼也或许如他们的东方同行孔乙己所认为的那样，“窃书不能算偷……窃书！……读书人的事，能算偷吗？”

藏书史上最臭名昭著的罪犯是西班牙人唐·文森特，他为获取珍本而杀害数人。他得到了据说是存世孤本的《巴伦西亚法令集》。但在法庭上，控方律师竟然拿出另一个藏在法国的版本，“文森特一听到这个惊人的消息，顿时失控。他放声大叫，无法相信：‘我的不是孤本啊！’直到被处死那天，他还在喃喃自语，痛惜不已”。那位律师即使不是精通藏书之道的书痴，也一定是位洞悉欲望的心理大师，他要在法庭执行死刑前，先对文森特实施一次真正的死刑。

脱缰之马，便成“文雅的疯狂”。虽说“文雅”，但毕竟还是“疯狂”。对书的喜爱，还需回归一种雅致的兴趣，静观把玩，以美的态度视之。藏书之乐趣无穷，新鲜不断，因人而异，罗森巴哈将之比喻成结交美人：藏书就好比与一位魅力四射又神秘莫测的女郎交往。他不用担心某天会感到餍足，也不可能心生厌倦；也许就在书架的一角，永远藏着全新的经历或意外的发现。

小说往往是悖论

王安忆□

我初始的阅读，大都是童话和民间传说。德国的《格林童话》中有一则故事，说的是一个力大无穷的傻子。有一天，他跑到邻国去，看见城门上贴着告示，说城堡内有怪物作祟，很多勇士信心满满地进去，不是落败而逃，就是被怪物吃掉，没有一个人能成功征服怪物。国王非常不安，于是发出告示，许诺谁能征服怪物，夺回城堡，他就把公主嫁给谁。这种模式的故事有很多，包括意大利歌剧《图兰朵》和中国戏曲《西厢记》，只是结尾并不相同，《西厢记》是老太太毁约了。这个童话故事则很朴素，傻子斩杀了怪物，天下太平，国王立刻兑现承诺，把公主嫁给了他。公主对他并没什么不满，也不觉得他傻，只纠结一件事，就是他不懂得害怕，任何事情都不能使他怕得发抖。公主有一个很聪明的宫女，就像莺莺小姐身边的红娘，想了一个办法。她在严冬寒冷的早上，凿开河上的冰，捞了一桶鱼，提到卧室，把傻子的被子掀起来，一股脑地浇在他身上，傻子不禁浑身战栗，大叫道："哎呀！我知道什么是发抖了！"从此他们过上了幸福的生活。

德国童话作家格林兄弟小时候，只觉得故事有趣，后来想起来，这有趣里藏着许多隐喻：为什么公主把懂不懂得害怕作为衡量一个人智商的标准，害怕和智慧有关系吗？过度解读一下，又似乎有关系。中国人不是讲求敬畏天地吗？再者，如果这傻子是有智慧的，懂得害怕，那么他就不可能征服怪物，娶到公主。这么一来，故事不是不存在了吗？所以，他必须是一个傻子。这是一个悖论，小说往往都是悖论。

童话是很有意思的。意大利作家卡尔维诺收集编撰过一部《意大利童话》，其中一个故事说的是野兔和狐狸。有一天，狐狸在树林里看见兔子快乐地跳来跳去。狐狸问兔子为什么那么高兴，兔子说，因为他娶了一个老婆。狐狸恭喜兔子，兔子说不要恭喜他，因为他的老婆很凶悍。狐狸说，那你真可怜。兔子说，不，也不要同情他，因为他的老婆很有钱，带给他一栋很大的房子。狐狸再道恭喜，兔子又说不要恭喜他，因为房子已经被一把火烧掉了。狐狸说可惜可惜，兔子说也别觉得可惜，因为他那凶巴巴的老婆也被一起烧死了。

我们写小说常常是这个样子。从起点开头，经过漫长的旅程走到终点，却发现回到了原点，但是因为有了一个过程，这个原点就不是那个原点。所以，我们很像神话里那个推石头上山的西西弗斯，把石头推上去，又眼看着石头滚下来，再推上去，滚下来……永远在重复同一个动作。但这一次和下一次不同，就是那句哲言："人不能两次踏进同一条河流。"

谁用得好就归谁

□薛兆丰

社会成本问题在经济学中有着非常重要的政策含义。最早把社会成本问题讲清楚的，是诺贝尔经济学奖获得者罗纳德·科斯。为了说清楚什么是社会成本问题，我们先举一些实际的案例。

案例1：牛与小麦

有两块相邻的地，左边的地种了小麦，右边的地在养牛。如果牛冲过栅栏，跑到麦地里吃小麦，那是否应该阻止这头牛呢？

案例2：泳池阳光与酒店副楼

有两家相邻的酒店，左边的酒店，有一个漂亮的游泳池；右边的酒店，要在自己的土地上盖一幢14层高的副楼。要是这幢副楼盖起来，就会挡住游泳池的阳光。游泳池没有阳光，游客可能减少，酒店的收入就会受影响。于是，左边的酒店跑到法院，要求法院颁布法令，禁止右面的酒店盖副楼。如果你是法官，会怎么判？

案例3：烟囱与邻居

有两户人家相邻，相安无事好多年。左边人家有一个烟囱，烟囱出口就是右边人家的房顶，由于烟囱高过对方的房顶，烟囱冒出来的烟，对右边人家并没有影响。但是后来右边的人家把房子盖高了，于是把左边人家的烟囱给挡住了。这样，左边人家生火时产生的烟，就会回流到自己的房间里。于是，左边的人家就到法院告右边那家人。如果你是法官，会怎么判？

案例4：火车与亚麻

从前的火车都是烧煤的，烧煤就会喷火星。有个农夫把700吨亚麻堆在了铁路边自己的农田上。但火车经过时喷出的火星把700吨亚麻给烧了，铁路公司要不要赔偿？

案例5：养鸡场与新居民

有一家养鸡场，因为知道养鸡会造成污染，就把养鸡场选在了郊区。这家养鸡场在郊区经营了好多年。但随着城市不断扩张，有开发商就在这家养鸡场旁修了居民区。居民住进来以后才发现养鸡场会发出恶臭。于是，居民就去告这家养鸡场。如果你是法官，会怎么判？

案例6：水泥厂与老居民

一家水泥厂排放各种灰尘，对周围环境造成严重污染。居民隔三岔五去告这家水泥厂，并不时拿点补贴。如果你是法官，会怎么判？

之所以讲这么多例子，是因为它们有一个共同点，就是一方伤害了另外一方。我们的问题是，是否要判伤害者做出赔偿？

对大众而言，答案是非常明显的，伤害者当然要对被伤害者做出赔偿；还要限制伤害者对周边居民、周边环境继续造成伤害。很多人都这么看，但有一个人不同意，这个人就是罗纳德·科斯。

科斯认为所有的伤害都是相互的，人们常把“权利的行使应以不伤害别人的权利为界”这句格言，作为解决纠纷的金科玉律。但问题是，在现实生活中，纠纷双方都可以拿这句格言为自己辩护。

在上述酒店案例中，左边酒店说，你可以修副楼，但是别修那么高，别把我的阳光挡住；右边酒店说，你可以让客人在泳池边享受阳光，但别妨碍我修副楼。水泥厂的案例也是如此。居民可以拿这句格言来替自己的健康权做辩护，水泥厂也可以拿这句格言替自己的生产权做辩护。

科斯的看法则别具一格，他说所有的伤害都是相互的：不是一方在伤害另外一方，而是双方为了不同的用途，在争夺相同的稀缺的资源——牛跟小麦争的是那块地，如果让牛吃小麦，那牛就伤害了小麦，但如果禁止牛吃小麦，小麦就伤害了牛。同样的道理，两家酒店争的是享受阳光的权利，养鸡场和附近居民争夺的是新鲜空气……这些纠纷都是由于争用未界定产权的资源而产生的，双方的地位本来是平等的，如果禁止了一方的行为，那这一方就受到了对方的伤害。

关于科斯理论的争论，芝加哥大学法学院教授理查德·爱泼斯坦曾提出一个观点：如果争夺资源的双方是同一个人，那会发生什么情况？以这样的角度来重新审视前面提到的案子，可能就会豁然开朗。

例如火烧亚麻案中，如果铁路公司要负全责，就得想尽办法，防止火车喷出的火星烧着亚麻，比如，在铁路沿线修筑起高墙。但种种做法的成本都极其高昂。而如果铁路公司和农田同属一人，他就会采取最省钱的办法来避免意外。事实上，这个案子在实际判决中，也有法官是这么认为的。

当时，大部分法官认为铁路公司应该赔偿农夫，但是著名法官奥利弗·温德尔·霍尔姆斯在判词旁写了个人意见：“虽然我们都认为铁路公司应该赔偿农夫，但是我们设想一下，如果铁路公司跟农夫的总收入与总产出不能达到最大的话，农夫可能要负一定的责任。”在现实生活中，如果铁路公司和农田同属一人，他当然会说：“我只要把堆放亚麻的地点挪远一点，意外就能避免了。”

这个想法非常重要。正是基于这个想法，科斯的结论是，火星点燃了亚麻，但责任可能在农夫，虽然农夫并未招惹铁路公司。谁付出的成本更低，谁就应该承担更大的责任。既然农夫避免意外所要付出的成本，比铁路公司避免意外所要付出的成本低得多，那避免火烧亚麻的责任，就要落到农夫身上了。

通过这样的责任分摊方式——推而广之，用到各种责任和权利的分配上——整个社会为了避免意外所要付出的总成本就会降到最低。

科斯把污染、滋扰、遮挡和闯入等产权或侵权案件，都看作人们对稀缺资源的平等争用，一下子刷新了世人对诸多社会现象的理解。同样是诺奖得主的经济学家乔治·斯蒂格勒，把科斯的观点总结成若干版本的“科斯定律”。其流行版本是：在交易费用为零或足够低的情况下，不管资源最初的主人是谁，都会流到价值最高的用途上去。用大白话来说就是“谁用得好就归谁”。

一项有价值的资源，不管一开始它的产权归谁，最后这项资源都应该流动到最善于利用它、能最大化其价值的人手里。这是科斯定律的一个重要含义。而在制度设计中，我们应该尽量让这种资源的流动和分配更方便、更容易，从而提高各项经济资源被重新配置和使用的效率。

门前溪一发，我作五湖看

□明　川

“一发”是最小境界，“五湖”是广大境界。

能把一发溪水，当五湖般观看，那个“作”的功夫，就不等闲。千万不要以为是“做作”的“作”，也不要残忍地理解为“自我欺骗”，而是处于狭窄局促的现实里，心境的恒久广大。

在荒谬的世代，净土何处？五湖何处？谁能天天安躲于净土？谁能日日浪游于五湖？于是只有“作”了。

心境是自己的，可以狭窄得杀死自己、杀死别人，也可以宽广得容下世界、容下宇宙。是忧是乐，由人自取。市尘蔽眼处，我心里依然有一片青天；喧声封耳地，我心里依然有半帘岑寂。狭如一发之溪，能作五湖看，则对现今世界，当作如是观，当作如是观。

“拔草互劝”能阻止你“剁手”吗

□盛倩玉

“姐妹们帮我拔草这条疯狂上头的连衣裙”“求拔草看起来质感很好但要220元的水杯”“心痒一个礼拜的翻盖手机求拔草”“这件碎花上衣，求劝退”……

每当购物欲望“熊熊燃烧”之时，不少网友会选择在这里发帖求助——只要贴出让自己“上头”的物品图片和相关介绍，其他人会“损”到你不想买了为止。

这个名为“不买了！拔草互劝协会”的网络互助小组已经有大量组员，当各式各样的平台、软件都在催促大家“买买买”的时候，这个小组在孜孜不倦地劝大家“清醒点”“收手吧”……

“求拔草”最多的是服装

“拔草”小组里，何藻发布了一个帖子：“家人们，求拔草这件连衣裙。”图片中，模特身着一件白底樱桃花纹连衣短裙，下摆有荷花叶边装饰，雪纺材质下，胳膊和肩颈的线条若隐若现。何藻纠结要不要入手，她还是决定先来小组问问大家。

很快，网友留言回复：“怎么说呢？感觉是20年前的风格，但又不是复古。袖子老气，裙摆设计很小家子气。”听起来有点刺耳，但仔细一品，何藻又觉得“好像还蛮中肯”。

随后几小时，越来越多的评论出现，有人无情吐槽“太一般了”“平平无奇”“睡衣吗”；有人扎心推测“估计穿上会显得虎背熊腰”；直到最后，一名网友给出“致命一击”——“见过实物，土得不可方物。”

很快，何藻便在帖子里加上“谢谢家人们拔草了”几个字，表示自己已被成功劝退。

不仅是何藻，现如今，数以万计的“除草机”在小组互助拔草，劝退彼此的消费欲望。求拔草的物品也五花八门。有人看中一辆动感单车，其他网友马上出现，留言“骂醒”她：“我有一台，用它来搭毛巾”“算了吧，动感单车必须在一堆人中跟着教练的口号和呼啦啦转的灯球才动感得起来”“这车很重，你卖二手都很难出手”……

有网友对某品牌包“疯狂心动”，打完对折也要好几千元，于是在小组内发帖询问“有没有人来打醒我”。大家应其要求马上开始“拔言拔语”：“这不是小时候在地摊儿上会看到的那种贴水钻的包包吗？10元钱一个还能讲价。”“你给我50元我帮你买个卡包镶钻，说，想要啥颜色？”

还有人求拔草“小叶紫檀杉的佛珠”，因为“偶像戴着”“感觉自己盘出包浆的话会很有意义”……网友马上对其展开劝说：“包浆是文物表面由于长时间氧化形成的氧化层，由灰尘、汗水、人触摸时分泌的油脂等组成。”“一时竟不知从何劝起……或许，藏污纳垢？”

奇子是小组“不买了！拔草互劝协会”的组长，在她创办这个小组的一年多里，小组频频被所在平台首页推荐，成员数量也不断增加。奇子说：“有的组员劝人‘下头’真的很有一套，劝退成功率还是挺高的，还有不少人进组是专门评论‘哈哈哈’的。”

奇子也发现，现阶段大家“求拔草”最多的还是“服装”，“因为求拔草服装的帖子太多，我还单独开了一个服饰鞋包妆的分区，和其他类型的物品区分开来。”

拔草后，“我能用上帝视角看待那个东西了”

打开衣柜，或是将目光投向桌面，审视自己买每一件东西的理由，很难说都是“出于需要”。少男少女们一边哭穷一边狂买，手机在社交购物软件之间来回切换，被种草的点五花八门又无处不在。

何藻发现，自己平时很容易“被信任的博主和与自己情况相似的素人帖种草”。但毕竟大家的钱也不是大风刮来的，买之前肯定会有犹豫的时候。“会纠结要不要入手，会觉得可能没那么适合我，但不死心。”何藻说。

但在小组发帖，网友的“下头”评论常常能精准击中她内心的纠结之处，有些技术流的分析甚至非常专业，会让人发现之前很多看不到的“缺点”，“仿佛能用上帝视角看待那个东西了”。

小组成员迪迪也是如此，她关注拔草小组后，开始只是看看网友的搞笑评论，现在会在购物欲望涌动时发帖向网友求助。

被改变的购物观

“被人种草”本质上是一种“消费模仿”，越来越多的人因此冲动花掉口袋里的钱。

法国社会学家塔尔德曾在《模仿律》中提到，每个人都有模仿他人的习惯，而这种模仿是基本的社会现象。在塔尔德看来，“在没有干扰的情况下，模仿一旦开始，便以几何级数增长迅速蔓延”。

现如今，“消费模仿”也被广泛用于解释“为什么我们这么容易被他人种草”——朋友熟人、明星“网红”、网络社群……当你认可他人的行为并对此产生羡慕和向往时，便会产生仿效和重复他人行为的倾向，而商家、营销者们也很乐于看到这种情况发生，无孔不入地煽动和推动着人们的欲望。

在奇子看来，“一张‘网红’氛围的照片很容易让人想要拥有同款，去掉滤镜、模特、场景之后，服装真实的样子会使人清醒。一张精致的照片可能是出自好几个专业修图软件的处理效果，但人活在现实里，吃饭走路上班上学，衣服透不透气、扎不扎皮肤‘网红’不会告诉你。实用才是硬道理”。而这也是拔草的作用，到处都有人劝你“买买买”，但这里的人劝你“克制点”，破除“买了我就能和他一样好”的迷信。

诸如此类的拔草行为、劝退和号召理性消费的小组还有不少，它们都关注着“不买”的生活方式和可能性。而在一些网络平台上，搜索“拔草”一词，可以看到许多以“拔草”为主要内容的博主，帮助网友拔草、排雷；在微博，类似的话题动辄有上万的讨论和过亿的阅读量。

现如今，奇子买东西之前往往会自问：我真的需要它吗？我会为它花费多少金钱和时间？这值得吗？这几年，奇子开始认真审视自己和他人的消费观，并用更“克制”的态度购物。正如在小组介绍中所写的：希望大家都能做自己金钱的主人，而不是消费主义的被洗脑者。

为什么要把院子养荒

□二　冬

我家的院子今年养得很荒，几乎很少有人能明白为什么，有人说是因为我懒，有人说是因为我追求自然，有人说与草木并生是在表达一种浪漫……其实，是因为这两年我所住的山上人越来越多了。人气渐盛，山里的气息不像我刚上来时那么浓重了，所以我需要把院子养得很荒，这样就可以和那种人群带来的喧闹感拉开距离，是属于“闹中取静”的需求。远远看上去，我家的院子是一个荒宅，这样那些爬山的人偶然路过时就不往这边走了。

荒是为了藏，藏是为了对抗。

相信这样一解释，很多人都会豁然开朗。

所以我觉得审美问题，有时候可能也不全是认知的问题，有时候是视角的问题，有时候是逻辑的问题。大多数“看不懂”，都是因为手里的书拿反了，一旦将视角正过来，就会有光照在上面。

文人领兵

□燕　绥

曾国藩的湘军里有一位奇人，此人出身极其穷困，其母亲、祖父、兄嫂、三子先后或饥或病而死，年过三十才考上秀才，四十多岁靠教书为生仍常常无米为炊，史书上用“家酷贫”三个字来形容他的处境。

就是这样一个孱弱老迈的儒生，在四十五岁“高龄”开办团练，竟召集了一千多名弟子，协助曾国藩编练湘军，从未摸过兵器的他先率军解南昌之围，后以百人兵力剿数千敌匪，征战四年克城数十，二百余战几乎没有败绩。他是曾国藩部队里最为坚定的沙场先锋，被后人称为“湘军之父”，这个如“战神”般的悍将就是罗泽南。

与建功立业的最后四年相比，罗泽南大半生的时间都用在读书和育人上，在漫长的教书生涯中，罗泽南先后培养了王鑫、李续宾、李续宜、蒋益澧、刘腾鸿、曾国荃、曾国葆等一众高徒，这些学生后来大多成为湘军的名将。“朝出鏖兵，暮归讲道。理学家门，下多将才”，营中书声琅琅，阵前悍勇无畏，可谓史上罕见。

湘军的特殊之处在于用人，“选士人，领山农”，书生为将，农夫为兵，上马杀敌，下马论道。以罗泽南、胡林翼等为代表的名将无一不是饱读诗书，以经世致用为志。曾国藩成立湘军打出的旗号正是“卫道”——由儒生给朴实的将士授课，以经世救国之心，授以育人之书。将士们一旦形成读书的习惯，就会不断钻研，进而自发地从战斗中学会战斗。关键的是，读书磨炼了将士们的心性，让他们能在战场极乱的环境下仍“不动心”。

王阳明的弟子有一次问王阳明，用兵打仗有什么好方法。王阳明回答：“用兵何术？但学问纯笃，养得此心不动，乃术尔。”此心不动，所以明智，即便在危急时刻，也能心如明镜，不受私欲的牵引，行所当行。当然，做到不动心的前提依然是“学问纯笃”。

曾国藩在给兄弟的家书中写道：“担当大事，全在‘明强’二字。”意指凡事没有倔强的志气是做不成的，没有坚强的性格也不能成大事。修身齐家、治国打仗，都需要那份刚毅之气。

当然，要想在困难面前成为一个强者，光有勇气是不够的，必须有一定的思想，必须从“明智”的“智”中做出来。

《中庸》所说的“博学、审问、慎思、明辨、笃行”，其要点就是要把愚蠢变为贤明，将柔弱变为坚强。这是《中庸》给人的启发，也是学问给人的智慧。

所以当有人问起罗泽南打仗总能赢的诀窍，罗泽南也只是回答：“无他，熟读《大学》。”

熟读《大学》，故“知止而后有定，定而后能静，静而后能安，安而后能虑，虑而后能得”。知止，是为不动心，内心清醒，波澜不惊。正如罗泽南在生命的最后一刻，留下了对湘军影响深远的一句话：“乱极时站得定，才是有用之学。”

那一星游走于乡野的光

□刘荒田

48年前，我在一所乡村小学当班主任。学校离家不远，只需在一条俗称“牛车路”的大路上走10多分钟，路两旁是田垌。晚上，改完作业，信步回家，一路有呱呱的蛙声、唧唧的蟋蟀声。初春，风夹带着紫云英的淡香。深秋，稻子收割以后，农民在田里堆起带禾稿的泥来焚烧，来年用作肥料，空气中充满亲切的焦煳味，一如灶头上被急火烧过头的锅巴逸出的香气。

一个夜晚，阴天，星星隐藏在云里，竹林黑压压地嵌在黑灰色的天幕上。建在大路旁的医疗站，平日窗子总映出长方形的黄色光晕，那晚却没有——停电了。没有外物掺杂的黑足够纯粹。

忽然，远处浮动起一星钴蓝色的光，小而灼亮。揣测方位，该在拱桥上，我停下脚步观望。钴蓝色的光竟伴着人声，我又惊又喜，快步迎上。两个嘻嘻哈哈的男孩子和我相遇了。从嗓音听出，是我的学生——阿松和阿汗。他们把蓝光举起，照着我，一起叫了一声“老师”。我盯着蓝光，问：“这是什么？”

“刚刚逮的。”阿松把一个墨水瓶递给我。我拿过来一看，里面爬着上百只尾巴发光的昆虫，微光晶莹如水晶，近于雪白，集结起来，却是敞亮的蓝。“在哪里逮的？”我的兴致来了。

他们说，在莲塘村后山的林子里，问我要不要去看看。我说好。他们领着我，离开大路，绕过村边的池塘，站在林子旁。这儿，萤火虫飞来飞去，有如从一炉钢水里溅起来的火星儿。我和他们坐在草地上，聊了一会儿闲话。露水滴在额头，我说你们该回家了，他们说好的。阿松把墨水瓶递给我，我让他们自己留着。“路上做手电筒嘛！”阿汗欢快地说。

和两个孩子分手，回到大路，我手里捧着钴蓝色的光，想着这两个孩子。他们是全班最调皮的。我曾在校门外建在鱼塘上的厕所前撞到阿汗，他神情紧张地拦截每一个想进去的同学，高叫：“满座，满座。”我知道必有蹊跷，走近一看，厕所下垂着一根线。我推开门，把牵线的阿松揪出来。两个捣蛋鬼一个在偷鱼，一个在望风。校长对他们提出警告。可是，刚才他们被钴蓝色的光照着的脸上，只有天真。

送我萤火虫的阿松，4年前曾在聚会中见到，快60岁了，已变成一个老成持重的泥瓦匠。我说起当年的事情，他全忘了。我却一直没有忘记黑暗中捧着钴蓝色的光，嘻嘻哈哈地朝我走来的两个孩童，以及我平生第一次捧着萤火虫走路时心里充满的纯净的诗意。

记得走到家门口，我在草地上倒空了墨水瓶，刹那间，头顶布满繁星。

数晨夕

□杨无锐

古人谈到日、日子，有很多精彩的警句、精妙的想象，但令我印象最深的，是一个平淡无奇的句子。陶渊明《移居》的第一首，开篇说：

昔欲居南村，非为卜其宅。闻多素心人，乐与数晨夕。

从前读陶诗，常常错过这两句，最近读，感到震撼。震撼我的，是“数晨夕”的“数”。

“数晨夕”，译成白话，便是数算日子。身为现代人，我经常数算日子。等一通电话、一条短信、一个人、一个结果，就得数算日子。不但数算日子，简直数算分秒。我们期待一个时刻，为此数算，其实是希望删掉正在数算的时间，直接达成目标。我希望删掉时间，于是我真的成功了。我没办法让时间变短，却可以让时间变得可憎，甚至无意义。当我数算日子的时候，我就活在一段被勾销了意义的时间里。我想要快点儿逃出这段时间，因此成了这段时间的囚徒。就好像，现代人发明了电影，也发明了电影快放功能。

凡我数算的日子，都只具有工具价值：它们不过是通向目标的绕不开的路而已。目标太光彩、太诱人，路，就成了必须忍受的乏味。数算日子，无非想告别周而复始的乏味。

陶渊明不这样数。他是“乐数”。“乐与数晨夕”，是欣喜地数。他不恨重复，他欢喜这周而复始的日子。一日将尽，盼着“再来一次”，是乐。来日无多，竟然还能“再来一次”，是乐。凡数过的日子，不是为了别的日子，每个日子都值得“乐数”。它们不是逃之而后快的牢狱，而是乐之而觉不足的恩典。

没错，我数算日子，潜台词是“该死，快点儿过去吧”。陶渊明的潜台词可能是“真好，再来一次吧”。

现代人为了各种目的而活。目的达成之前，人们拼命把日子填满，拼命玩儿出花样，因为这样的日子比较容易忍受。“再来一次吧！”只有沉浸在游戏里的孩子才会这么说。孩子渐渐长大，渐渐不说“再来一次吧”，他们的新愿望，是“来点儿别的吧”。直至倒卧病榻，他们才懊恼，活着这件事，真想“再来一次”。

我们通常把追求新奇视为生命力旺盛的表现。换一个视角，憎恨重复也可能出于生命力的衰朽。

把日子视为财产，我只想抓住“我要的日子”；把日子视为馈赠，我才学着悦纳“我有的日子”。

“乐与数晨夕”，不是生活的技巧，而是生活的责任。日子不归我所有，所以我没有糟蹋的权利。日子不归我所有，所以日日是好日。

传　承

□毕啸南

姥爷是一位老派知识分子，熟读“四书五经”，后因生活所迫弃文从商，一生历经沉浮荣辱、大风大浪，依然心胸开阔、学问通达，处事超然。八十多岁时，他身体硬朗康健，能一个人出去游历江海。逢年过节，他在家中挥毫泼墨，写春联、写祝语，十里八乡的人都会来讨一份老寿星的祝福。九十五岁那年，姥爷摔了一跤，住院七天后安然离世，直到永别，都没给儿女添半点麻烦。

这些珍贵的质量和人生态度，也在潜移默化中影响着我的妈妈。我一直半开玩笑半认真地称妈妈是精神贵族，若不是命运跌跌撞撞，或许她会是一个巾帼英雄。

早期家里物质贫乏，相比爸爸无意识的自由式教育，妈妈对我的培养可谓用心良苦。她并未因贫穷而志短，因简陋而苍白，在那些暗夜里，她的心如皓月当空，不落窠臼，照耀着我的一生。

我的记忆力不大好，中学以前的记忆几乎都是一团模糊。但童年时的那幅画面，一直深深地刻在我的脑海里。

八岁那年，我有了第一辆属于自己的模拟玩具车。车有半人高，我天天开着它在街坊邻居门前转悠。

那年除夕的下午，一群灾民流浪到我的家乡。听邻家奶奶讲，洪水冲毁了他们的故土，他们流离失所，沿路乞讨，投奔远亲，寻找新的家园。我记得他们有十几人，其中有四五个和我年纪差不多大的孩子。

我妈说：“你回家拿些饼干来分给小朋友。”我看着其中一个小女孩儿扑闪着一双大眼睛，便“嗖”地跑回家，玩具车里装着，胳膊下夹着，带了十几筒饼干出来。几位围观的乡亲窃窃私语，一个大婶笑我：“可不得了，这孩子太傻了。”

我似乎犯了什么错误，怯怯地看了看我妈。她什么也没说，把饼干分了。分给那个小女孩儿的时候，我看她也是怯怯地看了看她妈妈。那个阿姨一边流眼泪，一边鞠躬表达感谢。她说着方言，我们并没听懂，妈妈只是冲她摆摆手，说都是当母亲的，不必谢。

晚上我爸回家，我才知道，那十几筒饼干，是我妈准备回娘家带的年货。那个年代，女儿回娘家，一家四筒饼干加一篮子鸡蛋，就是全部年礼。

我爸有些发愁过年该怎么办，我妈说：“没办法，孩子都拿出来了。如果让他这么小就认为善良不是真心实意的，他将来也不会有大出息。”

这句话，我铭记一生。

王维的白色衬衫

闫 红

我一直觉得王维跟陶渊明很像，两人都有田园诗人的名头，也都曾经张扬，而终归淡泊，两人还写过相似的诗，陶渊明有名句：“暧暧远人村，依依墟里烟。”王维就向他致敬：“渡头余落日，墟里上孤烟。”

他们还都是隐居的倡导者，隐居这种事儿，说起来很古典，但潜伏在写字楼格子间里的上班族，哪个没想过推开桌面上的电脑、电话和纸张，站起来，去一个更快乐的地方呢？女友聚在一起，做大头梦是永恒的主题，开咖啡馆，开饼子店，去丽江开客栈，而我，则梦想着，开一家四面玻璃墙、器皿锃亮、伙计英俊的豆腐店，因为我和瞿秋白很有共鸣：中国的豆腐是很好吃的。

虽然终是大快口舌一场后作鸟兽散，但我对能够亲力亲为者，总是具有惆怅的敬意，还一直想看看他们在隐居之地是怎么过日子的。虽然也知道，中国的文人，不大可能像梭罗那样，连一斤大米多少钱都标出来，能看个大致框架，也可以望梅止渴了啊！

某日无意间翻到一本王维的年谱，这一翻不当紧，我发现，所谓隐居，全是我的一厢情愿，人家王维，根本就没真正隐居过。朝堂上始终有他一席之地，在去世的前一年，他已经60岁了，还在门下省替皇帝起草敕书表。

他的确从三十多岁时就间断地隐居，的确在乡间建了一座蓝田别墅，的确做过“晚年唯好静，万事不关心。自顾无长策，空知返旧林”这样的表白，但他还是工作到了最后一刻。

这其实不难理解，对陶渊明的“不为五斗米折腰”，他是不以为然的，曾说：“尝一见督邮，安食公田数顷，一惭之不忍，而终身惭乎！此亦人我攻中，忘大守小，不计其后之累也。”

陶渊明啊，您只要折腰见一下督邮，就可以安享公务员待遇，不能忍耐一时的难堪，就要忍耐一辈子的难堪，像这样不知轻重，以后有好果子吃了吧？

王维的思路，其实跟格子间里的我们挺像的，虽然对手上的工作有烦言，抱怨着抱怨着还是做下去了，最多像王维那样，周末去乡间走走，做快慰状，做流连状，再果断地发动引擎，回到熟悉的生活中来。

陶渊明与我们的差别在于他更在乎生命的完整性，他将整个生命向生活撞过去，若疼痛，也没什么，写在诗中好了，他的活法更像一种行为艺术，证明，我们只是生命的房客，而不是业主。

我们则把生命切割成两部分，付出一部分，赎买另一部分，完美的设想是，像蜜蜂一样工作，像蝴蝶一样生活，可是，你真的能像设置手机一样，自如地转换你的生命模式吗？还有，一旦习惯了付出，很可能就忘记了赎买，最后把付出当成目的，比如王维，就工作到生命的最后一刻。

很年轻的时候，写过一篇文章，叫《暗恋王维》，我列举了一系列他值得爱慕的理由，其中最重要的一条，是他能令人安静，我让自己穿越到他身边做一个女侍，“素衣，黑发，干净的额头与眼神，并坚持不发一语，在琴声与啸声的交替里，我细若游丝地，感受着这个男人内心的静气与激情”，如今再看，这想法还是比较靠谱，起码比去陶渊明身边做女侍靠谱，他自个儿隐居连饭都吃不上了，还用得起漂亮女侍？

而王维，更像安妮宝贝笔下的那些男人，要安静，要干净，要能谈谈禅说说诗歌，最重要的，是穿得起“价格不菲的白色衬衫”，这才是点睛之笔，有了它，前面那些才能锦上添花；没有的话，前面那些，在年轻姑娘眼里，恐怕都是笑话。

卿不如我

□丁时照

李浑是北齐大臣。李浑的学问大，学问大的人一般脾气就大。“两大”兼备，一般事大。这不，北齐皇帝高洋命他组班子，修订法规《麟趾格》，班子里有著名作家魏收。魏收不一般，诗词歌赋，一挥而就，文不加点。李浑却有些看不起他，“法规修订小组”成立时，李浑对魏收说：“雕虫小技，我不如卿；国典朝章，卿不如我。”

这话，谁听了都觉得别扭，明显轻贱人嘛。也有人说同样的话，却是满满的正能量。

越王勾践兵败，即将入吴为奴。行前，勾践安排范蠡主持国政，请大夫种跟自己入吴。范蠡对曰：“四封之内，百姓之事，蠡不如种也。四封之外，敌国之制，立断之事，种亦不如蠡也。”勾践就同意两个人交叉任职，让大夫种守于国，让范蠡入宦于吴。

越王勾践“刑满”回国之后，对范蠡说：“我的国家就是你的国家，有劳先生帮我谋划。”范蠡又将先前说过的话说了一遍，越王勾践于是同意大夫种主内、范蠡主外的岗位分工。之后，卧薪尝胆，十年生聚，十年教训，三千越甲吞吴，遂至“春秋五霸”之一。

汉高祖刘邦也说过“我不如卿”的话，而且连说三遍：“夫运筹帷幄之中，决胜于千里之外，吾不如子房；镇国家，抚百姓，给饷馈，不绝粮道，吾不如萧何；连百万之军，战必胜，攻必取，吾不如韩信。”高祖心如明镜，这是知人。“此三者，皆人杰也，吾能用之，此吾所以取天下者也。”将合适的人安排在合适的位置，这是善任。知人靠眼光，善任靠胸怀。知人善任，眼大胸怀大，乃有天下。

芸芸众生，各有所长，常想“我不如卿”，能让你倨傲的脾气低至尘埃里。每个人都不完美，常思“卿不如我”，能让你在末流中生出无穷的自信。作为管理者，理应因此开悟：自己不做完人，也不要求别人做完人。承认所有的不圆满，才能和而不同，这才是世间大圆满。

懂与不懂

□周春梅

鲁迅在《而已集·小杂感》中为我们描述了这样的生活场景：“楼下一个男人病得要死，那间壁的一家唱着留声机；对面是弄孩子。楼上有两人狂笑；还有打牌声。河中的船上有女人哭着她死去的母亲。”最后以“人类的悲欢并不相通”概括人与人之间的疏离状态，并将这些生活场景浓缩为人世之纷扰与人生之无意义：“我只觉得他们吵闹。”

鲁迅对吵闹的“他们”流露出的温情，令人动容。其实这篇短文中另有值得关注的细节，病中的他深夜醒来，请许广平给他喝点水，把灯打开，让他“看来看去的看一下”。许广平以为他是生病了讲昏话，就有些惊慌地问他为什么。鲁迅回答说：“因为我要过活。你懂得么？这也是生活呀。我要看来看去的看一下。”许广平回答：“哦……”起来给鲁迅喝了几口茶，徘徊了一下，又轻轻地躺下了，并没有去开电灯。

叙述至此，鲁迅加了一句话：“我知道她没有懂得我的话。”好在有街灯的光穿窗而入，屋子里显出微明，他大略一看：“熟识的墙壁，壁端的棱线，熟识的书堆，堆边的未订的画集，外面的进行着的夜，无穷的远方，无数的人们，都和我有关。我存在着，我在生活，我将生活下去，我开始觉得自己更切实了，我有动作的欲望。”此时的鲁迅，成了《小杂感》中那个“病得要死”的男人。许广平悉心照顾他的起居，但即使是精神高度相契的伴侣，也并不能完全了解他细腻深沉的心事，了解重病的他对生命的渴望。正是“吵闹”的世界，让鲁迅有了存在感，有了生活下去的渴求。

美国当代小说家莉迪亚·戴维斯的小说《福楼拜的十个故事》中，有一则的主旨，完全可以用“人类的悲欢并不相通”概括。

鲁迅被译成英文的作品主要为小说，戴维斯读到《小杂感》的可能性不大。而同时阅读这两则文字的读者，也会因为戴维斯描述的故事发生在19世纪的法国，依然能体验到强烈的冲击力。

戴维斯将福楼拜书信中提及的一些经历扩展改编，变成一个个精巧的小故事，其中有一则《葬礼》：福楼拜去参加邻居普歇太太的葬礼。可怜的普歇先生站在那儿，弓着身子，悲伤得像风中的干草一样摇摆。而福楼拜身边的几个男人正在谈论他们的果园，比较小果树的粗细。然后旁边的一个男人向福楼拜问起中东的事情。他想知道埃及是否也有博物馆，还问福楼拜：“他们的公共图书馆条件好吗？”与此同时，可怜的普歇先生绝望无助地站在他们面前。戴维斯使用第一人称，以福楼拜的口吻叙述这些情景，最后替福楼拜作了总结陈词：“也许我们这些作家会认为自己创造了太多——但是现实每一次都更糟糕！”这里显然有对人性的失望甚至绝望：人类的悲欢并不相通，其不相通的程度，甚至超出了作家们夸张的虚构。

“人类的悲欢并不相通”，这大概就是人生常态，可见“懂得”之难。三位作家在不同的国度和时代，都对“不相通”有深切的感受，能设身处地体验他人的处境，从而感受和理解他人的情感，这种同理心与共情力，正是伟大作家共同的特征。而我们这样的普通读者，从这些故事中能学会的，则是以失望甚至绝望为起点，接受“不相通”的现实，如有“心有灵犀一点通”，甚至“不点就通”之时，当倍加珍惜。

盘扣的学问

□明前茶

跟蒋老师学做旗袍，学了七个月，从秋到春，老师没教如何量体裁衣，只教了如何做各式各样的盘扣。已经是春天了，徒弟灵慧每天来蒋老师家上班，都见她戴着老花镜，在安安静静地手缝旗袍。宅院中精心布置了小小的景致，太湖石、芭蕉树、绿萼梅，柳丝正在露出饱满的鹅黄色嫩芽，一只戴胜鸟在柳丝间跳来跳去，抒发对地气舒暖的欢喜。

对灵慧这种急性子来说，学个盘扣就学了那么久，啥时候才能把做旗袍的108道工序学齐呢？她心中焦躁，针脚就没有缝齐，导致做盘扣的布条缝好后并非圆滚滚的一样宽，蒋老师见了，温和地劝诫说："这样缝出来的盘扣表面都不平整，旗袍的静气，就被破坏了呢。"

蒋老师示范了最简单的一字直盘扣的盘法，再把缝好的直盘扣丢到小瓷碟上去，让徒弟听音辨声。这下，连灵慧也听出来了——老师做的盘扣，两头的盘结是支棱起来的，立体，密实，缠结得很紧，丢在碟子上像玉石一样发出当当之声，清音不绝，而自己做的盘扣丢上去声音发闷。蒋老师说，盘扣若是做得没力气，旗袍的精神就泄掉了。

如今，想穿改良旗袍的客人越来越多，旗袍就像苏州评弹里忽然夹杂了美声或通俗唱法，它还能留下几许古典韵味？也许那股静坐生辉之美，全靠斜襟上的盘扣了。做盘条的针脚看不见，可在只有一厘米的地方照样缝上12针，才能让盘条规规矩矩立得起来；编结盘条的手劲儿也看不见，可也只有不惜力气，每一下都抽牢，盘扣的立体感才完美，丢在碟子上才能当当作响。

蒋老师的笔记本上记着几十种盘扣的手工盘结法。祥云扣、琵琶扣、芙蓉扣、梅花扣、蝴蝶扣、蜻蜓扣、如意扣……其中一种复杂的金鱼花扣，蒋老师尝试了数十次，才结造得端庄又甜美，安谧又灵动。蒋老师说："有一年去花市买过年的花，见到香槟色中间杂着浅粉色的金鱼花，爱慕不已。不仅买回来插瓶，脑袋里还一直在琢磨如何把金鱼花做成盘扣，再缝缀小粒珍珠，就像花朵上的露水一样。"蒋老师自嘲说，从年三十到年初二，自己心不在焉，煎黑了藕夹，又炸焦了排骨。蒋老师的先生一看，赶紧将厨房里锋利的家什，统统收了起来。他知道，做旗袍的人若是伤了手，可是大忌。

那个春节，蒋老师的先生当了五天大厨，直到她将金鱼花扣的盘结方式想出来。蒋老师鼓励灵慧去读一读王维的诗，网上有王维的诗谱曲清唱，也可以去听一听。蒋老师说，有一天，她突然悟到做盘扣，与王维五言诗中的意境，有异曲同工之妙，尤其是那一粒穿过布纽襻的小小圆结，既是"空山不见人，但闻人语响"的"响"字，又是"山路元无雨，空翠湿人衣"的"湿"字，还是"草枯鹰眼疾，雪尽马蹄轻"的"轻"字，它是立体的、扎实的、纯粹的，又是虚静的、内敛的。它仿佛时空上的一个结点，撇清了所有的私心杂念，映照着自己读过的书，行过的路，阅过的人。

那一天，灵慧做成了一个金鱼花结的盘扣，同样丢在瓷碟上当当响，与此同时，她终于读懂了盘扣在旗袍上留下的无声叮嘱，读懂了那么多留学生远去他乡时，为何都要带上一身旗袍。

世界因参差而美丽

□袁梦娇

1

老曹是一个小个子男生，身高仅有1.55米。班上有几个身高超过1.8米的男同学，他站在那些男生旁边像是误入巨人国的小矮人。但他似乎早已习惯这种情形，我从未见他有一丝窘迫。凭借有趣的性格，他迅速和大家打成一片。

让我吃惊的事情发生在高一的下学期：他选择去当体育生。那时，我与他已很熟识，当我看见学校报考体育特长生的报名表上有他的名字时，万分惊讶、难以置信。他似乎从未在任何人面前提起过当体育生的想法，我们也从未将瘦弱的他和操场上那些健硕的体育特长生联系在一起过。但他就是这么做了，我总担心他是因一时兴起拍着脑门儿做了这个决定，于是趁着吃饭的空隙，急忙找他询问一番。

“老曹，我怎么看见体育特长生的报名表上有你的名字？”我心不在焉地用手中的筷子扒拉着盘中的饭，迫切想得到他否定的回答——这只是别人的一个恶作剧。但我并未如愿以偿。

“是啊！就是你看到的那样啊！”他冲我笑了笑，似乎觉得我问了一个傻得可怜的问题。我想继续问下去，只是，千言万语最终只能化为一声闷闷的“哦”。我开始低头认真吃饭，不再多言，两个人就此陷入沉默。

“我知道你想说什么，无非觉得我太不像‘那一类人’了，是吗？”他问。我上上下下仔细打量他，更确定了心中的想法——真的太不像了。我点了点头。“那我问你，女生喜欢和女生玩，我也喜欢和女生玩，你能说我就是女生吗？”我愣了一下，接着摇了摇脑袋。他用筷子敲了敲餐盒，点了下头，接着讲起了他以前的故事。

2

上小学的时候，他的身高还和其他男生差不多，等到上了初中，情况就发生了巨大的变化，他身边的同学都像是春天的树苗，不断生长，唯独他像是生在了荒漠。于是，在那些高大身躯的衬托下，他越发显得矮小。

没有哪个男孩子不想拥有青春的热血和锋芒。他也曾无比羡慕那些男孩子，可以肩并肩、肆无忌惮地一起去胡闹，去玩耍，去晒最热的太阳，去做最激烈的体育梦，在一个热血的小集体中获得应有的少年的美好。于是，他挤破头想要融入其中，即使真的头破血流。他说，那时候，他真的很想成为被别人羡慕的“那一类人”。

他开始努力靠近他们，可惜他矮小的身躯从未被他们看在眼里。那天，有一位同学走过来对他说：“哎，我明天下午过生日，在学校门口的饭馆，你到时记得来。”他眼里泛起光亮，重重地点了点头。在那位发出邀请的同学要走的时候，他突然无厘头地说了句“生日快乐”，那位同学随意地笑了一下，说了句“谢谢”。

他兴冲冲地跑回家，捧起自己的存钱罐，摇了摇，从里面掏出积攒已久的钱。他记得那个同学最近嚷嚷着想要一部MP3（一种音频播放器）。于是，他抓起手中的钱，不顾母亲不停的呼唤就冲出家门，找到一家马上就要打烊的贩卖山寨MP3的小店。

似乎一切都如想象的顺利地进行着，他交到了想交的朋友，买了想买的礼物。只不过，结局依旧与他想象中不同。第二天下午，他格外兴奋，去饭店包间的时间也比约定的时间早。到达那间包间的时候，里面漆黑一片，他想一定是自己来得太早了，再等等吧。过了约定时间几十分钟后，他的身边除了沉寂的空气，依然一无所有。他想，或许是别人在路上遇到了什么事情，再等等吧……即便是工作人员来催，他依然说再等等。他一直在等待，即使他已经知道他们不会来了。之后，他硬着头皮问母亲要了钱，回到饭馆补交。

周一到了学校，他站在那个同学的面前，拿出所谓的生日礼物，在对方一脸惊讶的表情中，将手中的MP3狠狠地砸向了他的桌子。他说，那是他上学这么多年来做的唯一叛逆的事。后来老师来了，他忘记对方都说了些什么，也忘了自己说了什么，只记得自己没有一星半点儿的悔意，而更大的收获是认清了自己——他与别人有何不同，又何须卑躬屈膝、自认渺小？

3

让他没有想到的是，那次事件之后，他的体育老师找到了他，表示想每天和他一起跑步。他答应下来，他们逐渐成为朋友，也渐渐知道为什么老师会找上他。体育老师说，自己小时候生了一场大病，药物中的激素导致身体格外肥胖，在一群同龄小孩儿里格外突出，有些同学会故意叫他“肥仔”。他总是想不明白，明明只是体型和他们有些不同，为什么自己就要被这样对待，阴郁的情绪压抑着他的成长。为了摆脱困扰，他开始每天跑步。起初是为了减肥，后来发现，跑步更大的作用是帮他释放负面情绪，给自己解压。于是，他那天在办公室听到老曹的事情后，就下定决心找一种方式帮助老曹。他告诉老曹，每个人不论有何种短板，不论高矮胖瘦、贫穷富有，都应该脱下不必要的“外衣”，找到那个单纯的自己。每个人最与众不同的是自己的心灵，影响他们成长的是自我认知。

因此，老曹告诉我，他去当体育特长生的底气只有一个——初中积累的成千上万圈的跑步练习。因为他此时有着清晰的自我认知，他不再将那些参差视为不堪，因为现在的他再也不会轻易定义自己，亦不会把自己局限为“那一类人”。

后来，空闲的时候，我总会去操场看他练习。第一次看见他练习的时候我感到十分惊讶——那个瘦瘦小小的少年竟然顶着艳阳跑在第一位。即便列队的时候，因为身高他依然站在队伍最后，但我想，凡是见过他在操场上奔跑的样子的人，又有谁会认为他与他们真的不一样呢？

人的参差源于人们的观念。不是所有人都需要长到1.8米，也不是所有人都需要变成瘦子。我既不懂这些所谓的“标准”从何而来，也不懂这个世界何必将它们如镣铐般套在我们的身上，一味让我们与别人形成对比，让自己因这些参差而恐惧与焦虑。与别人不一样从来都不是一件可怕的事情，可怕的是我们硬要同别人一样。

世界因为不同才变得丰富：不同颜色的花开得都很灿烂，不同方向的路都能通往未来。虽然我们各不相同，但正是这种不同才让原本单调的世界多了种种生机。

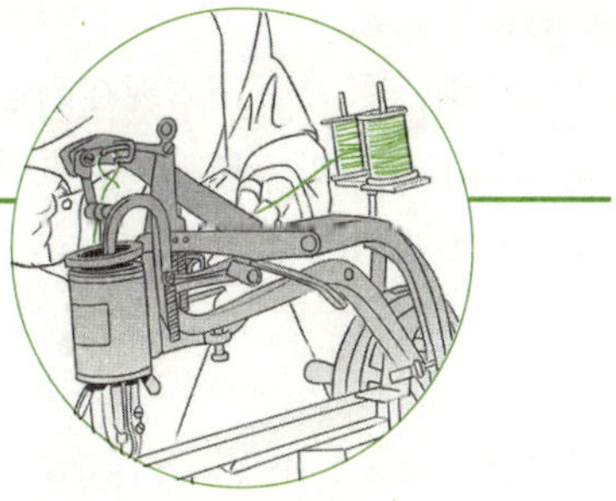

最漂亮的话

□郑小武

有一个修鞋摊子，连个棚子也没有，师傅就那么在树下的地上坐着。我每次回家都能路过那里，他总是缩在那里埋头给顾客修鞋。一天下午两点多，我拎着鞋过去，看见他在捧着一个饭盒吃饭。见我过来，他赶紧放下饭盒，仔细擦了擦手说：“快，站树荫底下，我快点儿给你修，外面还挺热的。”

他用不大的手顶着粗针上下翻飞，修好后还认真帮我擦了擦鞋面，最后收了我两块钱。两块钱能买点儿什么？我收好鞋子谢了他转身走，听见背后正在端起饭盒的他说：“嘿！爷们儿我今儿真棒！”声音里带着鼓励，以及让人无法拒绝的满满诚意。世界上最漂亮的话，干吗不说给自己？

让闲谈更有意义的聊天术

□邵　恒

和不太熟的人搭乘同一班电梯或坐同一辆车，寒暄之后，往往会陷入尴尬的沉默之中。而一个特别会聊天的人，却能轻松聊上两句，不会让冷场的情况出现。很会和别人“闲谈”，是不是就是所谓的高情商、会聊天？心理学家路西·弗克赛斯不以为然，她认为我们每个人最重要的不是“闲谈”，而是“有意义的谈话”。

二者的区分很简单：假如和一个人在聊天结束后，对彼此的认识没有更进一步，那就是闲谈；反之，能在交谈中学到点东西，就是“有意义的”。那么，要想开展一段有意义的谈话，具体怎么做呢？

原则一：有耐心

在进行谈话的时候，一个人往往想多表达自己的观点、讨论自己感兴趣的话题。实际上，我们要捺住自己的性子，先向别人提问题。如果你善于提问题，对方就会因此停下来耐心倾听，从而给你一个更好的答案。

其实，有耐心还体现在耐心倾听。回想一下，你有多少次看起来在听对方说话，其实心里已经想好等对方说完你再说点什么。有一种情况下格外容易发生“虚假倾听”，那就是双方对某个问题观点不一致时。这时人会特别容易关闭“倾听回路”，开启“反击回路”。不仅对话没法深入，还有可能迅速不欢而散。

所以下次在进行交谈的时候，可以有意识地观察一下自己是否真的在耐心倾听。当然，倾听有一个前提，是对方乐意向你袒露自己。有时谈话无法深入，是因为所谈论的是对方不愿意深聊的话题。在这种情况下，怎么使谈话变得有意义呢？

原则二：对等

简单来说，就是当谈话的一方袒露了一些个人私密信息时，对方会觉得自己也有必要披露一些类似的信息。如果你想引导对方进行深入对话，就可以主动披露自我。

当然，并不是一上来就暴露自己最深处的秘密。我们就像洋葱，暴露一次自己，就相当于剥开一层，所以没必要一开始就直接把洋葱剥到最里面。你可以在最开始的时候，尝试陈述自己的一些小事。请注意，一定是和自己的感受相关，而不是描述一个客观事实。比如，“三天之后有考试”是客观事实，而“我很担心三天之后的考试”就是感受。通过一次次的暴露，把谈话引向更有意义的层面。

听到这里你可能觉得，找到一个人进行“有意义的谈话”挺难的，谈话对象得是灵魂伴侣级别了吧？其实未必。

原则三：发掘“弱关系”

什么是弱关系呢？就是一个你认识但不一定是朋友的人，比如，你的瑜伽课同学或不那么熟悉的同事。

和弱关系的对象破冰，可以从闲谈开始。在闲谈的时候评论你们的“共同场景”。比如，如果是一起锻炼的朋友，就聊聊你们的教练；如果是同一个时间点下班的同事，就聊聊这个点下班后要做什么，回家路上交通情况怎么样，等等。在闲谈顺利进行下去之后，你就可以利用上述方法和原则，来一场“有意义的交谈”了。

5 如果运气不好，不妨试试勇气

“跛脚鸟”的救赎

□非凡君

莫娣·刘易斯，不是个“正常”的女人。

1903年，莫娣出生在加拿大新斯科舍省的一个平民家庭，因为患先天性关节炎，发育不良的身体不可控制地弯曲，小小年纪就佝偻如老妪，加之跛脚，她被周围的人恶毒地称为“跛脚鸟”。

莫娣的父母早逝，去世后留下一栋房子和一些现金，但哥哥以莫娣残疾为由，剥夺了她的继承权，私自把房子卖了，把莫娣赶到姨妈家。姨妈对莫娣也不好，没人想要她这个“残次品”。

25岁那年，她为逃离姨妈家，匆忙和一个男人恋爱，未婚先孕生下一个孩子。哥哥偷偷把她的孩子卖了，并骗她：“孩子像你一样畸形，一出生就死了。”

孩子没了，她也被男人抛弃，哥哥的残忍、亲人的冷漠让她无法忍受，她逃了出去。在外面，莫娣偶然间看到鱼贩子埃弗里特·刘易斯张贴的招工启事：招女仆，管吃管住，但不付工钱。

埃弗里特，一个渔民，大莫娣十岁，性情愚鲁、脾气暴躁，没接受过教育，是个文盲。他跟莫娣一样，是被上天遗忘的不幸者。他被家人抛弃，在孤儿院长大，没有感受过半点温暖，为了自保，他将自己的心打磨成冰冷的钢铁。

在埃弗里特家，莫娣使出全身力气干活儿，但埃弗里特经常高声训她。不过在相处的过程中，她发现这个脾气古怪的男人也有温情的一面。当小孩朝她扔石块的时候，埃弗里特会跑出来厉声教训那些小孩。这让莫娣觉得，在埃弗里特傲慢、粗俗的外表下，是同样渴望被善待的灵魂。

因为残疾，在埃弗里特不在家的日子里，莫娣几乎出不了门，做完家务，她只能通过窗户，望向外面的世界。外面的雏菊开花了，她很开心；外面的树叶凋零了，她很伤感；外面驶过一辆汽车，她涌出许多好奇；外面有两个陌生人漫步，她觉得那就是一处美景。可窗外的风景，稍纵即逝。为了留住窗外的风景，她尝试拿起画笔，把郁金香画在窗户上，让郁金香永远盛放。

从此，莫娣做完家务就开始画画。作画时，她忘了所有的痛苦，不堪的生活、灰暗的日子都被抛诸脑后，她沉浸在自己的世界里。窗外的鸡、猫、森林、赶雪橇的孩子，都被她画了下来。

莫娣说：“我不过是一个诚实的孩子，把看到的美景如实地记录下来。”但她的画里，只保留了现实生活中美好的部分：苦不堪言的农耕生活，在她的画里变成了怡然自乐的田园生活；一只坏脾气的黑色流浪猫，在她的画里拥有温馨的家庭；埃弗里特推着快要散架的架子车带她狼狈出门，在她的画里成了两个人开车去旅行。明明是残酷的生活，她却有很多美好的想象。

莫娣的画作越来越多，家里摆不下，两个人便想出一个好主意，把那些画以每幅几美分的价格卖给前来买鱼的人。

有一天，一个从纽约来的女顾客因为迟迟没收到订购的鱼，找上门来理论，结果被莫娣满屋子的画作震惊。她什么也没说，以一幅2美元的价格，买走了一大批莫娣的画作。

有了卖画的收入，莫娣和埃弗里特的生活改善了不少，这让他们的关系也和缓了很多。在之后长久的相处中，两个“怪人”之间，更是产生了一种奇怪的感情。他抱怨她不做家务，却转身盛饭刷碗；他自己完全看不懂莫娣的画，却在有人嘲笑莫娣的画时，反击道“你懂什么”；他厌恶莫娣的颜料弄脏房间，却给她成批地买回颜料……莫娣早已读懂他，嫌弃背后，是一颗小心翼翼靠近的心。莫娣早已爱上他，她画的那些画，就是最好的证明。她把埃弗里特的一举一动，都画进了画里。

一年后，当初那个一声不响买走莫娣大批画作的神秘女人回来了，还带来一大群记者。

此后，加拿大多家媒体争先恐后地报道莫娣的事迹，莫娣成了家喻户晓的民间艺术家，连尼克松都写信求购两幅她的画。

莫娣的名气越来越大，这让埃弗里特越发没有安全感。他们开始频繁吵架。莫娣觉察到他的敏感，便在每一幅画上都署名“莫娣·刘易斯”，这是他们共同的名字。埃弗里特则诚实地说道：“我害怕你离开我，因为你能找到比我更好的人。”

两个“怪人”，到此刻才坦陈自己的心意，他们在一对朋友的见证下，举行了简单的婚礼。婚后两个人继续生活在简陋的小屋里。

1970年，莫娣在这间小屋里与世长辞。突如其来的打击让埃弗里特很沮丧。因为埃弗里特的脾气很坏，人们猜测，莫娣死后他会拿着她的画、她的钱到处花天酒地，但他没有。他坚持住在小屋里，怀念爱人，直到后来被闯进来的强盗杀害。

莫娣成名后，很多人向她请教画画的技巧。但莫娣表示，没办法教：“如果你想画，自然就画出来了。浮生一切，都已被框成一幅画，就在那里。生活很平淡，但如果有一刻，你的心里刮起了风暴，那就抓住它，别让风暴停息，别让画面消逝。”

莫娣，上帝的弃儿。她一生被困于方寸之地，所见只有宁静的乡野，但她心中起了风暴。遇到埃弗里特，遇到绘画，成为莫娣·刘易斯，她用对美和爱的执着追求，完成了两个“怪人”的互相救赎，让人们惊讶地发现，这样的人生，原来也很美。

战胜麻烦

□侯美玲

日本漫画家宫崎骏，在漫画和电影界获奖无数。一次，记者来到他的工作室采访。当时宫崎骏正在画漫画，面对桌上摊开的一沓画稿，他忍不住对记者吐槽说：“好烦，画漫画最麻烦。”

动漫电影属于精雕细琢的电影类型。宫崎骏的工作室有60名动画师，所有人一起画漫画，一个月才能做出1分钟的动画片。当时，工作室正在制作动画片《你想活出怎样的人生》，已经用了三年，仅仅完成36分钟的片子，若要完成这部70多分钟的动漫电影，还需三年。

听了宫崎骏的介绍，记者顺口说：“既然这么麻烦，那就放弃好了！”宫崎骏听了，连忙摆摆手说：“世界上的事情大都很麻烦，知道麻烦，所以才要战胜麻烦。”

这个世界上根本没有容易的事情。有些事情对行业顶尖人士来说尚且很麻烦，何况我们普通人。然而，正因为世界上的事情大都很麻烦，所以才要下功夫，用毅力战胜它，用坚持打败它，用时间磨平它。能够这样想，再麻烦的事情也会变得容易，再复杂的事情也能顺利完成。

我们都是这样挣扎的

□陈　赛

1

一个下雨天，一个小男孩跟着祖母坐上一辆巴士，他们要开启一段奇妙的旅程，不过目的地不是什么遥远的奇妙国度，而是真的终点站——市场街。

满心不情愿的小男孩，在祖母温柔且充满想象力的指引下，开始“看”到日常生活中隐藏的风景：一棵正在用吸管喝水的大树，一辆会喷火的老巴士，一位会变魔术的司机……

一段再平凡不过的旅途，每一个上车的乘客背后都有一个动人的故事——一位全身覆盖了文身的光头男人，一个抱着一罐子蝴蝶的老婆婆，一个彬彬有礼的盲人和他的斑点狗，一个抱着吉他的歌手……

小男孩羡慕别人的私家车，祖母告诉他，他坐的老巴士充满魔法；小男孩羡慕别人的耳机，祖母告诉他，他的对面就坐着一位演奏家。在广告铺天盖地的消费社会里，孩子们一个个无师自通，学会了如何索取更多：“我想要，我想要，我想要……”而这位老祖母提醒他：“你已经有了，你已经有了，你已经有了……”

这样一本小小的绘本，完美地解释了如今非常流行的一个概念——抗逆力。

这是一个源自物理学的概念——某些物体在外力作用下会发生变形，但当外力撤除后，便能恢复原状。人的心理也一样，在遇到变故或身处逆境时，人最常见的反应不是被击垮，而是迅速恢复，通常不过几个月就能重新回到正常轨道。

这种理论强调人并不是危机的被动承受者，而是具有积极主动的应对能力，并且，在应对的过程中，能调动本身的心理能力以及社会支持系统，激发出应对的心理效应和行为模式。

2

关于人生的负性事件，传统心理学一贯的焦点都在“脆弱”上，调查那些会引发心理创伤、导致不幸结果的负面因素。但对“抗逆力”的研究开启了对负性事件中“保护性”因素的研究：从一个人的背景或者个性中寻找那些令他在逆境中重生的积极因素。

1989年，美国心理学家埃米·沃纳发表了一份针对638个儿童（夏威夷的考艾岛），从他们出生到32岁，长达32年的纵向跟踪调查。她监控了一切可能的压力源头：母亲孕期的压力、贫困以及各种家庭问题，比如有酗酒或心理健康问题的父母。

其中2/3的孩子家庭背景安全稳定，1/3的孩子则被认为家庭背景“有风险”。但埃米·沃纳发现，在这些风险人群中，不是所有的孩子都以同样的方式应对压力——其中2/3的孩子的确在10岁左右出现了严重的学习或行为问题，或者在18岁之前出现犯罪记录、精神障碍、怀孕等情况；但还有1/3的孩子长成了“能干、自信、有爱”的成年人。他们善于发现和利用人生中的各种新机会，并获得了学业、家庭以及社会上的成功。

这些同样成长于风险家庭的孩子，却走出了完全不同的人生风景。他们和那些走向负面的孩子，究竟有什么样的区别呢？

埃米·沃纳认为，除了运气，还有几个关键性的因素，决定了一个人是否具有“抗逆力”。

第一，是否有一个具有支持性的照顾者。

那些来自风险家庭，但最终能够从负能量里走出来的孩子，大都有一位能无条件接纳他们的照顾者，这个人可以是父母、祖父母、哥哥姐姐或者其他某个类似人生导师的人物。孩子与这种照顾者之间，形成了强有力的情感联系，就像《市场街最后一站》中的那位祖母。

其实，这位祖母是这本书的插画作者克里斯蒂安·鲁滨孙以自己的外祖母为原型创作出来的。克里斯蒂安·鲁滨孙就属于出生于底层社会的那1/3的孩子之一。母亲吸毒，是监狱的常客，他和哥哥都是由外祖母养大，是外祖母让他们拥有一个叫作"家"的地方，也是外祖母教会他们要如何珍惜、如何创造。

鲁滨孙从小喜欢画画，对他而言，画画可以让他靠自己创造出一个他愿意看到、可以掌控的世界。

第二，孩子的心理特质，以及应对环境的方式。

"抗逆力"强的孩子常常有比较强的个性，独立自主，愿意寻求新的经验，有比较正向的社会导向，也愿意跟家人之外的人交流互动。

第三，也是最重要的一点，"抗逆力"强的孩子拥有心理学上所谓的"内部控制点"。

"控制点"是美国心理学家朱利安·罗特提出的社会学习理论中的概念，指人们的行为取决于自己的控制（内部控制点），或其他外部力量的控制（外部控制点）。拥有内部控制点的人相信他们可以掌控自己的生活，是自己命运的主人。

从这个角度来说，所谓"抗逆力"，其实就是一种看待世界的方式——我们无法控制问题，但可以控制自己对问题的反应。就像约翰·列侬在一首歌中唱的，命运随时可以打乱你整个的人生，但只要你积极主动地应对，你对人生就有了更多的控制权。

3

在一次采访中，《市场街最后一站》的文字作者马特·德拉培尼亚这样回答我对这个故事结局的质疑——巴士的终点站，也就是祖孙俩的目的地，是一个给穷人和无家可归者开设的爱心厨房，那个厨房被描绘得美丽而温暖，宛如天堂，这不是自欺欺人吗？

"事实是，无论你住在哪里，世界都是一个荒凉的地方，到处都是悲伤。在《市场街最后一站》里，我只是想说，在如何看待这个世界的问题上，你仍然有选择——你可以选择看丑陋的一面，或者，努力去发现美好的一面。

"即使到故事结束，我都不觉得小男孩是被彻底地改变了，他的奶奶只是轻轻地推了他一把，让他朝着美好的一面走了一步。即使日后他长大了，娶了美丽的妻子，有了可爱的孩子，也许他还会有同样的挣扎——如何看到这个世界美好的一面？我们都是这样挣扎的。"

顾　盼

□许冬林

国画里，画一茎高挺的风荷时，往往会画一朵出水的小蕾不远不近地与之呼应。一纸清荷，叶与叶之间，叶与花之间，在构图上便形成这样一种"顾盼生情"的美学关系。

我们也是这样的：与父母兄弟，与师长同学，与同事友人，与爱人，与过客，构成"顾盼"关系。我们目光交会，我们十指相扣。有欢喜，有牵挂，有刻骨铭心的记忆，有午夜梦回时的蓦然想起。我们就这样相互顾盼，生出深切的感动和绵长的情意。生命像一纸的风吹莲动。

人生路长，长的是寂寞，我们上下求索，无非求一个人，在光阴流转里，能跟自己结成完美的顾盼关系。我抬眉凝望时，你刚好转过身来，以目光迎接。我骄傲时，你躬身俯首垂听。不管姿态如何变换，始终，我们在一张尘世的宣纸里——在顾盼之间，生命闪耀出万千光辉。

我是受害者，还是责任人

□李松慰

在一档节目中，嘉宾们讨论了这么一道辩论题：“频繁被伤害，是不是我有问题？”

这个讨论的价值远高于普通意义上的感情题。他本质上是在思考，一个人要不要把他看成一个正在行动的主体，认为自己对人生中遭遇的苦难负有改变的责任？

围绕这一主题，时不时就会有争议的声音。随便什么事，比如被人骗了，总有两类声音。一类很理智，说：怪他不仔细，下次擦亮双眼，就不会碰上这种破事。另一类则是义愤：他已经受害了，凭什么还要自责！明明是别人的错，却要受害的一方自我反思，哪有这种道理？两种声音吵来吵去，大家更糊涂了：以后再遇到坏事，到底要不要在自己身上找原因？

我的观点是：

如果你笃信，遇到坏事“都是因为我做错了什么”，请务必对自己说：“不是我的错！”

当你的想法有了矛盾，既觉得“不是我的错”，有时又觉得“我也想做出一些改变”，可以告诉自己：“我的确是可以做出一点改变的。”

如果你只有一个想法：“不是我的错！”那你暂时不需要做出改变，你需要更多照顾和安慰。

总结起来，就是要在不同状态，说不同的话。

绝大多数事件，都不属于“完全由自己把控”或“自己怎么做都无法避免”这两种极端状态，而是中间状态，两边都说得通，既可以说自己是无辜的受害者，也可以说是采取了行动，对结果多少有点影响的责任人。选择从哪个角度看这件事，不是一个“是不是”的问题，而是“怎么看更有利”的技术性问题。

认识到自己可以做出不同的选择，通过选择改变事件的结果，这是增进掌控感的视角。只有这样想问题，一个人才能学习，反思，自我改变，最终过上不一样的生活。虽然有种种好处，这种想法也会给当事人带来严重的压力甚至是谴责。我会有怎样的际遇，只能由我自己（不是原生家庭，不是星座，更不是某个坏人）说了算？这太可怕了。既然我是主要的责任人，我的人生好也罢坏也罢，都只能由我自己承担——不是所有人都愿意承担这么大的责任，也不是所有人都有承担的能力。

承担意味着风险。决定事物的因素多种多样，就算你使出全身解数，也不保证可以成功，下次的结局甚至可能更坏。那样一来，不成功的痛苦全数落在这个笃信“一切由我决定”的人头上。这是严酷的自我谴责。

所以成功学的书其实是很残忍的。它指责那些不够成功的人：别人成功是因为他们自己，你失败也是因为你自己！——越是忠实的读者，受到的伤害就越深。要在不能完全掌控的事情上产生掌控感，代价就是更容易破碎的自我价值。

要让这部分人知道，不是你的错。有些事超出了你的掌控。你没有被好好对待，是别人的错、社会的错，也许是宇宙的问题。这就是为什么我们总在强调，不应该谴责受害者。尤其在坏事刚发生的时候，受害者需要被保护、被照顾，而不是立刻承担责任。他们已经在自我谴责了：“都是我的错”“我活该”。要摆脱这种状态，就要多一些“我只是受害者，我无能为力”的声音。这是在自我保护，也是在自我修复。

这不是推卸责任，因为这句话不是终点。一个人只要接受自己不该被如此对待，他一定想采取行动，摆脱这种处境。或者也可以说，他必须先充分肯定自己，才会有承担责任的勇气。

承担很棒，但不是每个人任何时候都有条件。假如你愿意相信生活掌握在自己的手中，说明你足够幸运。你在通过自己的努力少犯错，多成功，积累了足够多有力量的经验。而缺少这份勇气的时候，就回到“这不是你的错”里吧。不妨多重复几遍。这不只是一句陈述，也是一个转变的过程。电影《心灵捕手》里，罗宾·威廉姆斯重复了9遍，也许在现实中还需要更多。

不是你的错，直到你愿意做点什么。

充盈强大的爱力

□张　炜

一个人如果没有爱力，如何融入自然，又如何保持不绝的深情？这样的人对世界必定是麻木无感的，也无所谓责任。这样的人只能是一个虚假的入世者，一个为口腹之欲奔波的人。勇气也源于爱，这种爱是广泛而具体的，弥漫和渗透于一切方面。爱与深刻的好奇有关，但也有所不同。爱是沉浸和迷恋，也是强大欲念的推动，不过它是良性的，与贪婪和攫取有天壤之别。这种欲望只拥有而不攫取，是生理、心理、精神这三重境界的结合，天性如此，后天难以改变和弥补。这种爱力可以经受无数关口磨砺而不会虚脱和变质，在一些具体而微小的表达中如数显现，深入而不虚浮，务实而不超然。这种爱力作用于官场、友人及爱人之中，全部一样深沉。其实这不过是仁心的一种，是强大生命力的一次次表达。所以古往今来，有大作为者都有强大的爱力在内部支持，这是一种广泛而深入的、持久的、绵绵不绝的能量。冷漠便常常是缺乏爱力的表征，没有热情，没有怜悯，连哀伤都是渺小的。

我们看到一个人欣欣而来，两眼明亮，这个人就是苏东坡。他对人对事有无限的兴趣、无尽的探究心，他想安慰所有的人，自己也不愿寂寥。他知道孤独意味着什么，除非在特殊的时刻，他不愿孤身一人。记忆中的爱与被爱太多了，它们就在此刻、在昨天。近在咫尺的是一朵花、一条溪，是雨中牡丹、月下海棠，是南堂新瓦、东坞荷香，是无数活泼有趣的生命。他想抚摸它们、拥有它们，也想为对方付出一切。我们常常感到不解的是，这个人的精力为何如此充沛？热情为何如此盛大？他在不停地吟唱、记录和赠予。他偕同许多人一起忙碌，又一个人入迷地打造；他即便在病痛时，也设法以玩笑来化解，以幽默来宽慰他人。西方哲人所说的“我思故我在”，在苏东坡这里可以改为“我爱故我在”。他的爱无处不在，既广大弥漫，又具体实在，有异性，有同伴，有草木砖石，有诗画音乐，一切事物皆可看出美好，皆可引以为用。

他愿意在一切可能的地方施以援手，也愿意在许多时候倾心尽力。他实在是一个千古罕见的情种。但他不是一个狭隘俗腻的风流人士，不是一个寻觅尤物的贪婪猎手，而是一个依恋万物、享受万物，并愿意为之陶醉和付出的人。

从前的妈妈

□席慕蓉

1

暑假后要读四年级的凯儿，这几天开始看福尔摩斯了。到处都可以看到他拿着书聚精会神地研读，在墙边、在树荫下、在大沙发椅的角落里，我的小小男孩整个人进入了福尔摩斯诡异神秘的世界，任谁走过他的身边，他都来不及理会了。但是，偶尔他会忽然高声呼唤：“妈妈，妈妈。”

我回答他之后，他就不再出声了。有时候，我在别的房间里，没听见他呼唤，他就会一声比一声高地叫着找过来，等他看见我的时候就笑开了，一言不发地转身又回去看他的书，我在后面追着问他找我有什么事，他说：“没事，只是看看你在不在。”

我不禁莞尔，他一定被书中的情节吓坏了，又不肯向我透露，只好随时回到现实世界来寻求我的陪伴。因此，这几个炎热的下午，我都故意找些事在他的身旁走来走去，心里觉得很安宁，知道我的小小男孩还需要我的陪伴。

我以前总认为母亲并不爱我。那是因为，我一直觉得，我是五个孩子中最不值得爱的一个。我没有两个姐姐的聪慧与美丽，没有妹妹的安静柔顺，又不像弟弟是唯一的男孩。我脾气倔强又爱猜疑，实在是这个家里多余的一个。但是，我又很希望母亲能爱我，对我说：“你是我最爱的宝贝。”

然而，母亲一向是个沉默的妇人。从我有记忆开始，我总是跟在外婆的身旁，母亲好像从来没搂抱过我。她总是怀里抱着妹妹或是弟弟，远远地对我微笑着，我似乎从来没能靠近过她。

长大以后，觉得不甘心，我有时候也会撒娇似的赖在她身边，希望她能回过身来抱我一下，或者亲我一下。可是，无论我怎么暗示她，甚至嬉皮笑脸地央求她，母亲却从不给我任何热烈一点的回应，她总会说：“别闹！这么大的人了，也不怕别人看了笑话你！”

我每次都安静地离开她，安静地退回到我自己的角落里去，心中总会有一种熟悉的不安与怨怼，久久不能消逝。直到我也有了孩子。

孩子刚生下来的那几个月里，我和母亲住在一起，学着怎样照料小婴儿。有一天，母亲给我的孩子戴上一顶遮风的软帽，粉红的帽檐上缀着细小的花朵，衬得我孩子的面容更像一朵馨香的蔷薇，母亲忽然笑出声音来：“快来看，这小家伙和你小时候简直一模一样啊！”

说完，她就把我的孩子，我那香香软软的小婴儿抱进怀里，狠狠地亲了好几下。我那时候就站在房门口，心里像挨了重重的一击，一时之间，又悲又喜。我那么渴望的东西，我一直在索求却一直没能得到满足的东西，母亲原来在一开始就给了我啊！

可是，为什么要在这么多年之后，才让我知道呢？

2

我收拾书桌或者衣箱的时候，慈儿很喜欢站在旁边看，因为有时候会有些她喜欢的对象抱出来，如果她软声央求，我多半会给她。有时候是一把西班牙的扇子，有时候是一本漂亮的笔记簿，有时候是一串玻璃珠子，她拿到之后，总会欣喜若狂，如获至宝。

这天，她又来看热闹了，我正在整理旧相簿，她拿起一张放大的相片来问我："这是谁？""这是妈妈呀！是我在欧洲参加跳舞比赛得了第一时的相片啊！""怎么会是你？你怎么会跳彩带舞？"相片上的舞者正优雅地挥着两条长长的彩带，站在舞台正中，化过妆的面容带着三分羞怯七分自豪。"是我啊！那个时候，我刚到比利时没多久，参加鲁汶大学举办的国际学生舞蹈比赛，我是主角，另外还有八位女同学和我一起跳，我们……"

话还没说完，窗外她的同学骑着脚踏车呼啸前来，大声地叫着她的名字，女儿一跃而起，向着窗外大声回答："来了！来了！"然后回身向我摆摆手，就高高兴兴地跑出去了。我走到门口，刚好看到她们这群女孩子的背影，才不过是中学生而已，却一个个长得又高又大，把车子骑得飞快。

我手中还拿着那张相片，其实我还有很多话想告诉我的女儿。我想告诉她，我们怎样认真地一再排练，怎样在演出的时候互相关照，在知道得了第一的时候，男同学怎样兴奋热烈地给我们煮夜宵吃、围着我们照相；其实不过是一场小小的校内活动而已，但是因为用的是中国学生的名字，在二十几个国家之中得了第一，就让这群中国学生紧紧地连接在一起，过了一个非常快乐的夜晚。

我很想把这些快乐的记忆告诉我的女儿，可是我没有机会。在晚餐桌上，是她兴奋热烈地在说话，她和她的同学之间有那么多有趣和重要的事要说，我根本插不进嘴。整个晚上，我都只能远远地对她微笑。

3

在把病情向我详细地分析了之后，医生忽然用一种特别温柔的语气对我说："无论如何，你想再要回从前的那个妈妈，是绝对不可能的事了。"

医生大概也有60岁了，有一种老年人特有的智慧和洞察。他说完这句话以后，有一个极短的停顿，好像知道在这个时候我应该已经开始流泪了。可是，我不上当，我就是不肯上当，我一滴泪水也没让它显露出来。

我是不会轻易上当的。在这世间，有些事你可以相信，有些事却是绝对不能相信的。绝不能流泪，一流泪就表示你相信了他的话，一流泪就表示你也跟着承认事情无法改变了。

母亲虽然再度脑卒中，但是，既然上一次那样凶猛的病症都克服了，还能重新站起来，那么，谁敢说这次就不能复原呢？谁敢对我说，我不能得回一个像从前那样坚强和快乐的妈妈呢？

父亲和姐妹们都打过长途电话来，说是会尽快回来陪她。我想，这位医生并不太认识我的母亲，并不知道她的坚强和毅力，所以才会对我说出这样一个错误的结论来。

到了夜里，我离开医院一个人开车回家，心里仍然在想医生白天说的那句话，忽然之间，有什么在脑子里闪了过去，我因为这突来的意念而惊呆了。

医生说的，其实并没有错啊！

日子一天一天过去，从前的那个妈妈一天一天地在改变，从来也没回来过啊！到底哪一个才是我从前的那个妈妈呢？

是第二次脑卒中以前，在石门乡间，那个左手持杖一步一顿满头白发的老太太呢？还是再早一点，第一次脑卒中以前，和大婿在欧洲团聚，在友人的圣诞聚会上那个衣衫华贵的妇人呢？还是更早一点，在南京的照相馆里，怀中抱着刚刚满月的幼儿，在丈夫与子女的环绕之下望着镜头微笑的那个少妇呢？还是更早一点，在重庆乡间的山野里，仓皇地躲避着敌人的空袭，一面还担心着不要惊吓了身边的孩子，不要压伤了腹中胎儿的那个女子呢？

还是更早、更早在一张泛黄的旧相片上，穿着皮质黑呢长大衣，站在北平下过雪的院子里，那个眼睛又黑又亮的少女呢？

从前的妈妈，从前的妈妈啊，日子就这样一天一天地过去了，为了我们五个孩子，从前的那些个妈妈就一天天地被遗落在后面，从来也没回来过啊！

现在的妈妈当然是可以再复原，然而，也绝对不再是我从前的那个妈妈了。

"妈妈，妈妈。"在深夜的高速路上，我轻轻呼唤着在那些过往的岁月里对我温柔微笑的母亲，我从前那些所有的不能再回来的母亲，不禁失声痛哭起来。

坚持等待的人

□岑 嵘

在浙江横店，有一群被称为“横漂”的群众演员，他们工作很辛苦，有时需要在夏天穿着厚厚的戏服，有时需要在泥水里翻滚，但收入很低。对大多数“横漂”来说，他们坚持下去的理由，就是成为知名演员的希望。

还有很多人，坚持不懈地写小说，将大部分的业余时间都花在这上面。他们接到出版社一次又一次的退稿信，而让他们坚持的，是有一天自己的作品成为畅销书，被放在书店显眼位置的希望。

《黑天鹅》的作者塔勒布把这样的职业称为“成功集中”的职业，因为“他们把大部分时间花在等待重大日子到来的那一天，而这一天，通常永远不会到来”。

能坚持这样做并不是一件容易的事情。人们习惯于从一系列稳定的、小而频繁的奖励中获得快乐，奖励不需要很大，只要频繁就行。我们的祖先每天出发去打猎或采集果实，他们需要当天或者几天内就得到成果，而不是等上几个月才猎到一头大象，那样的话捕猎者恐怕早就饿死了。

同样，如果我们一年赚了100万元，在之前的9年中一分钱也不赚（假如还不至于饿死），与在相同的时间里平均地获得相同的收入，即10年内每年获得10万元的收入，带来的幸福感是不同的。实际上，你的幸福感更多地取决于正面情绪出现的次数，心理学家称之为“积极影响”，而不是某次正面情绪的强度。

也就是说，只要是好消息，它究竟有多好并不重要。想要过快乐的生活，你应该尽可能平均分配这些“积极影响”，大量的、小小的好消息，远比只有一个非常好的消息更令人感到幸福。

我们常说，一场胜利会带来另一场胜利。当我们经历一场胜利后，激素的分泌会加速身体的反应，视觉会变得更敏锐，耐力也会增强，同时具有无所畏惧的心态。然而失败也是如此，长期的失败会减少我们的激素分泌，我们的压力变得越来越大，直至破坏心脑血管，在一连串的失败后，我们不再相信自己有能力掌控自己的命运，这就会处于“习得性无助”状态。在这种状态下，动物会表现为，即使把笼子的门打开，它也不会逃走，而人则会自暴自弃、心灰意冷，坐在椅子上发呆。

当一件事情长期没有正面反馈时，这种长期的失落，还会损伤人们的大脑，侵蚀记忆力。海马体是掌管记忆的组织，也是大脑最敏感的部分，会吸收反复遭遇的打击造成的伤害，比如由于每天持续的、少量的不良情绪造成的长期压力。长期压力会对海马体造成损伤，使其发生不可逆转的萎缩。

因此，当你立志从事这些“成功集中”的职业，有时需要自己为自己创造奖励，作为群众演员，即便你每天都在为生计奔波，也仍可以总结出今天相较于昨天的进步；当你埋头创作那些无人赏识的作品时，起码你要认可艺术和文学本身就能给你带来快乐。

人们总认为某些成功的榜样能带来力量，比如“王宝强曾经也做过群众演员”“《平凡的世界》也被退过稿”，等等。但是，成功向少数人集中的问题，不但使大多数人无法得到奖励，还造成了等级差异。当片场里那些明星颐指气使的时候，手捧盒饭的

“横漂”们感到的或许不是激励，而是体面与尊严的丧失。

等待是如此艰难，那么我们该放弃这些为了希望而坚持的努力吗?

这个问题的答案并非简单的“应该”或“不应该”，它其实是一种筛选机制。通过这种艰苦条件，才能筛选出真正有信念的人。而人类历史的进程，往往与这些能够坚守、推迟获得满足感的人有关。如果只着眼于眼前，航海家何必耗费数年去远洋航行，物理学家又何必耗费一生去寻找某个未知的粒子？于1977年发射的“旅行者1号”卫星如今仍在茫茫太空中飞行，当它获得“大奖”传回太阳系以外的珍贵信号时，那些设计它的科学家大都不在人世了。这可能就是对人类的坚持与等候的最好诠释。

我早已习惯一切艰难

□徐竞草

1965年4月的一天，法国《普罗旺斯报》的主编下班后，发现妻子非常沮丧，于是询问其原因。

妻子告诉他，今天有一个81岁高龄的妇人来他们家推销慈善日历，她接过日历，翻看起来，结果发现其中有一幅作品画的是普罗旺斯玉米地，那正是凡·高的作品。当她凝视这幅作品时，老妇人说道：“我叫哈伯缇娜，这幅画的作者是我舅舅。”

凡·高还有一个尚在人世间的外甥女，这绝对是一个新闻。出于职业的敏感，《普罗旺斯报》主编第二天便去拜访了哈伯缇娜。她住在一个专门租给贫穷老人的廉租房内，就像凡·高在阿尔勒小镇时住的房间一样，这间房简陋无比，墙上贴着一张印制的凡·高油画《向日葵》。哈伯缇娜虽然穿得破破烂烂，但仍然气质优雅。

哈伯缇娜告诉他，她的母亲伊丽莎白，也就是凡·高的亲妹妹，在诺曼底的一个小村庄跟一个男人生下了自己。由于她是私生女，母亲并没有把她带回荷兰，而是交由当地的一名寡妇来抚养。长大后，她得知自己的身世，也曾想回到荷兰找家人，但又怕凡·高家族不愿意承认她，“体面”的母亲不愿接纳她。

为此，哈伯缇娜只好忍下这一切，独自生活。不幸的是，35岁那年，一次严重的感冒几乎夺走了她的听力，她因此失去了工作，变得越来越贫穷。

直到生母去世后，哈伯缇娜才收到一封自称她妹妹的人（名叫珍妮）的信。原来，母亲在生命的最后一刻才告诉珍妮，她还有一个同母异父的姐姐。在信中，珍妮承诺把母亲留给自己的遗产分一半给这个素未谋面的姐姐，但哈伯缇娜拒绝了。

哈伯缇娜一生都崇拜舅舅，为了离他近一些，38岁时，她辗转来到凡·高生前待过的普罗旺斯。为了谋生，她唯一能做的就是挨家挨户地卖慈善日历，而这一卖就是43年，风雨无阻。

主编将哈伯缇娜的故事写出来，刊发在《普罗旺斯报》上。当地几位知名画家读到后，感动不已，决定每年各卖一幅画捐助她。然而，哈伯缇娜再次拒绝了。她说：“我已经80多岁了，早已习惯一切艰难。”

4年后，哈伯缇娜在廉租房里去世，只有《普罗旺斯报》的主编和当地的几名画家参加了她的葬礼。大家为她送上了一捧向日葵——那是她和舅舅心灵之间的桥梁。

博尔赫斯意象

□张洪浩

博尔赫斯小的时候，常到离家不远的动物园观看动物，他喜欢猛兽，尤其喜欢老虎。他的外祖母试图说服他羔羊比老虎好看，但没有成功。他对老虎的崇拜，是出于对家族不凡历史的怀念：博氏家族诞生了许多勇士，他们在战争中创下过许多光辉业绩。老虎在此成了一种象征，代表了他童年生活中缺少的东西：冒险、暴力和激情。

很多年以后，他承认“被众神摈弃在壮丽的命运之外”的自己，“有一种强烈的渴望之心”。

老虎激发了博尔赫斯的记忆、梦幻和创造的勇气。三十五岁时，他曾在《梦中之虎》一文中写道：“我既有无限的力量，便可以造出一只老虎。”他的确造出了“老虎”，而且造出了许多只。他的“老虎”赋予他以巨大的力量，使他英名远播，致使“博尔赫斯”成了他全球的忠实读者之间的“联络暗号”。

在早期的作品中，博尔赫斯写了许多凶犯的故事，实际上那是老虎形象的现实化。后来，老虎又成了许多事物的象征，但它有着同一的本质：黑暗与火焰，原始的无知与邪恶，消融一切的本能与盲目暴力。老虎还成了时间的象征，因为时间吞噬着人们；成了“一串费力的比喻”的象征，因为他在丛林般的图书馆里苦苦捕捉它而又不可得……

尽管崇拜和敬佩老虎，但现实中的博尔赫斯是一个羔羊一般懦弱的人。他内向，害羞，四十五岁时，他才决定克服口吃的毛病。他一生都为自己不是实干家而悲叹，总觉得当一名作家就是做一个懦夫。

这个生活中的无力者，曾经接受过来自外界的嘲讽：因为他客观上是一个有影响的反独裁的知识分子，庇隆政府对他的惩罚是把他调出图书馆，提升他为某国营市场的家禽家兔稽查员——鸡和兔在西班牙语里是怯懦的同义语。此后一段时间，他曾靠演讲维持生计。为了避免紧张，这位胆怯的大师演讲时从不直视观众，而是盯住远方的某一点自言自语；而在演讲之前，他要朋友陪他步行前往，到后还要钻进咖啡馆，喝下一杯烈酒壮胆。

这个极度不切实际的人，只在幻想世界中才具有老虎的威仪和魅力，才能做到游刃有余、无往而不胜。

博尔赫斯七十多岁时，在一首题为《老虎的黄金》的诗中，总结了老虎在他生活的不同阶段的含义。这个时候，眼疾已经导致他完全失明，他的眼前只剩下了黄色：老虎的金色，原始的金色，继而化为心爱的女人头发的金色。

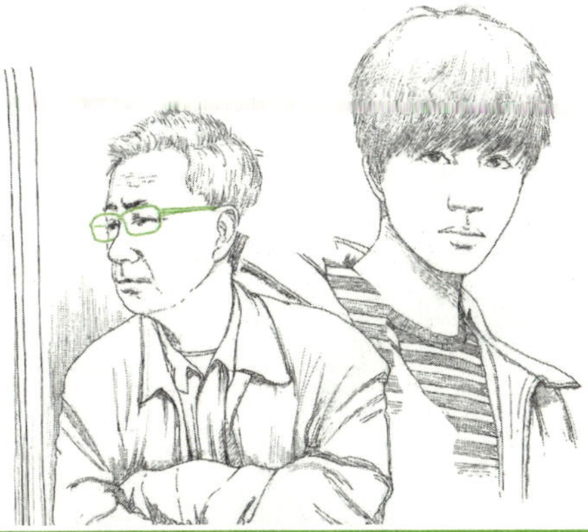

父子之情

□叶宇翔

父亲的同学聚会结束后，我和他聊天。父亲的同学中有的人去外面的世界发展，找了一份高薪的工作；有的人到了部队，取得了一个高职务；还有的呢，则是留在了这里，我的父亲就是留在这里的一员。这是他们高中毕业二十周年，他们重回母校聚会。

父亲的同学们都离开了，我问父亲：“爸，怎么样？高兴吗？”

父亲说：“高中三年同学，有的还是六年同学。还是很怀念以前那段时光的。”他顿了一下，凝视着前方。父亲的神情像什么呢？就像往井里一瞥，能看到什么，却又似乎不行，很复杂的神情。

我先打破了沉默：“爸……到底怎么了……”父亲不再吞吞吐吐，声音开始清晰起来，眼睛却不看着我：“你会看不起我吗？”

“什么？”我瞬间怀疑自己听错了。“我想，你听清楚了。回答我。”最后三个字是那么坚决、不容置疑。我半信半疑，缓缓地说：“不会。”

“世上只有两种人。一种是成功的，另一种是不成功的……”他身上有酒气，脸色微红，看上去有些亢奋，在深夜中毫无倦色。我只在他一次喝醉后看见过他这样。这是酒后吐真言吗？

父亲一向是坚强的，不管受了什么伤，他都不会喊痛。无论有什么事，他都自己扛着。可他现在，却流泪了。

“我跟他们就比不了。你的书、零食等，我都能满足你。但有些不行。我不配，不配……”他的眼中似有泪光。我呆了。我不住地说：“没事，没事……你怎么会这样想呢？”当一个人十分震惊时，他只会说些废话，完全不起作用。我想，我就是这样。

“我虽然在这个地方待了很久，是东道主，但结账时，我什么都不敢说。我不是怕花钱，是怕这笔钱太大了，可能是我一个月的工资……”父亲骑上了电动车，我没看见他的脸，并不知道他有没有哭。人流中，我和他回家了。他又说了一些话，就是想表达他的“不配”。他认为，他不配做我爸爸，不能给我更好的生活。

“可是……”我打断了他的话，“你是我的爸爸啊……”父亲愣了一下。“我很爱你……”

电动车突然刹住了，在街上留下一条不明显的轮胎印。由于惯性，我差点摔倒。父亲连忙从前面伸出一只手来，扶住我。“没事，没事了……我知道了……”父亲不住地说。坐在后座的我，突然感到脸上一湿——是父亲的泪，被风吹到了我的脸上。我抱紧了他。他轻声说：“我也……爱你……”

姚万勤在《我的父亲》中这么说：“但我知道，再华丽的文章，都无法表达出，父亲无私的奉献。”父子之情，我想，他一定是最简单的，又是最动人的。

步道上的微光

□刘云霞

大概有两年，我坚持每天爬艾坪山，风雨无阻。

如果说2010年父亲的摔伤让我跌落到雨季的荒谷，那么2013年弟弟与祖母的先后离世就是直接把我拽入不见天日的无底深渊。我像上了年岁的老朽，像裹在茧中的蚕蛹，拒绝一切快乐的聚会，常常独自莫名流泪，常常从噩梦中惊醒，常常在夜深人静时悲伤得不能自已。也是在那一年，像一尾游向陌生水域的孤独鳗鱼，我从小镇白沙考调到城区学校上课。我努力调整状态投入工作，让忙碌充实自己的生活，借此对抗悲伤、难过、抑郁。但是，在放学后空落回家的每一个瞬间，徘徊在生活土壤和深水的阴暗处，我看到了自己躯体和意志的分离。我想尽快改变，却做不到。

那天天气很好。晚饭后，不知道是在怎样的一种力量的牵引下，我想起了要去爬山。艾坪山的黄桷步道就在我们小区南门对面。山上长满了高大的乔木和茂盛的灌木，还有一些果树、菜地和庄稼。级级石级坚固、冷峻、端正，不露声色地回应着我的足音。爬过一段笔直陡峭的石级后就是一个开阔的平台，继续往上爬需要拐一个弯往下走一段窄梯。一块长满油菜的开阔田地就在那段窄梯旁边。一大群萤火虫就在那片连天接地的开阔之中繁星般闪烁，与步道两旁昏黄的路灯辉映着。五月的风穿过不远处的树林送来熟悉的香。萤火虫与别的小动物不同，它们发出的光能够把记忆照亮。童年蜂拥而至，在闪烁的繁星里游移飘忽。我回到了过去，聆听到亲人的欢呼。时光倒流，像一个久别故土的孩子满含着委屈和酸楚，我胡思乱想，泪流满面，静静地伫立了好久。

第二天晚饭后又去爬山。我是冲着那群萤火虫去的，向着它们的光去的。黄桷步道散步的不多，人们大都喜欢往江边去。我并不理会他们的心思，我在刻意与人群保持距离。我在意的是凄凉与孤独时有萤火虫的陪伴。但是第二天，那群发光的精灵不见了，这之后再也没有见过。是魔术，是聊斋，是天使的羽翼，它们震动过我灵魂的幽谷，却是秘密地孤立地呈现于我的视野，只见过一次就万劫不复。抑或是亲人们捎来的挂念化为微光，倏忽便归于无迹。我无从再找到他们。但是我深信，那点点微光已经照进了我的生命里。之后，我坚持爬山，晚饭后，或者周末的白天，每次经过那个地方，都要驻足回顾。

爬山很累，而我总要近乎苛刻地为自己定下目标：一定要到那个亭子的座椅旁才歇息，一定要爬到山顶最高一级石级才止步。就是在那样的设限中，我悟透了一些执念。每个人都在自己的生命中，孤独地攀爬，身体和心灵都在步道上。磨难、挫折、阻滞、窒碍，壮阔、卑微、成功、惨痛，年岁、肉身、荣耀、精神，“爬”就是人生常态，就没有不与“爬”相关联的生命存在，关键是个体能不能惊鸿一瞥，发现属于自己的那束微光。

山上有很多充满活力又有趣的东西：抽枝颤丫的老树，五颜六色的野花，列队飞翔的鹤。渐渐地，我的心境发生了奇妙的变化，我不再对新鲜美好的东西无动于衷。春天馥郁的柑橘花唤醒我的嗅觉，我集中精力去辨别它与茉莉花的差别；秋天漫山鹅黄的雏菊美不可言，我竟然情不自禁地摘下一朵插在黄葛树干裂开的缝隙里边。我喜欢站在山顶默默地眺望，长江蜿蜒将城区环绕，再突然一个转向，虎虎生威地向东奔去。长江大桥横跨南北两岸，过往车辆川流不息。一览无遗的是宁静的江、欢腾的桥、古朴的山、鲜活的城。我的心境澄澈清朗。

自此，我真正接受了亲人的离去，距离他们离开我已经有两年了。两年里，站在山顶也看不见的地方发生了很多大事，台风、暴风雪、干旱、洪涝、地震、有毒气体泄漏……我注视着车流涌动，人头攒动，永远不知道别人有着怎样刻骨铭心的疼痛。可是，生活不只有种种颓丧，还有茶香、诗歌、日出、春暖花开、微风吹过时光等种种美好，所以车流依然涌动，人头依然攒动，所以生活与江河一样历尽艰辛依然干干净净，生龙活虎。

在那段难挨的阴暗日子里，正是艾坪山以坚韧的珍贵的本质充实着我。如果哪天我郁郁寡欢，那一定是我没有完成爬山计划。我知道，领我走出困境、改变我的是艾坪山上萤火虫的光，更是我自身有改变的欲望与勇于攀爬的决心。

镜中观画

□许靖然

马克·吐温的《看画》讲了这样一个故事：画家的一幅精美画作，挂在一面镜子对面，人们可以站在镜旁的合适位置，从镜中观画，画作色调明朗，美丽精致。画家的猫将此事告诉了森林众兽，并给它们描述画的美妙。大家听了，对画十分好奇，都想一睹为快。驴却怀疑猫在说谎，它不相信有这么美的东西存在。驴的怀疑对众兽产生影响，它们也怀疑起来，猫见状无奈离开。几天后，众兽对画的好奇心仍在不断增长，于是驴为了证明它的观点，决定亲自去看画，弄清真相。驴来到镜子前，站在画和镜子之间，因为它的身体挡住了画，所以画根本无法在镜中出现。驴回去告诉大家：猫撒谎，镜中只有一头驴，什么画都没有！众兽大为惊奇，迷惑不解。于是为判断猫与驴谁是谁非，众兽便一一前往查看。它们看画的方式跟驴一样，所以在镜中都只看到自己，没看到画。并且它们都固执地认为，只有自己看到的才是真相，其他动物全在撒谎……

每个人的心灵都像一面镜子，人们通过心灵之镜来观察和看待外界的一切。生活中，有许多美好的人和事物，只要在照心灵之镜时，明智地选择正确的观看位置与角度，就能发现和欣赏到那些美。但如果盲目地选择了错误的观看位置与角度，那么自己的偏见和怀疑，就会在心灵与外界之间生出一道屏障，使得自己与人生中的美好擦肩而过。

最后的“名画”

□编译／青衣江

我的外祖父是芝加哥一位有名的古董商，但世事变迁，到我母亲这一代，家境已经急剧衰落，母亲嫁给我父亲时，口袋里只有50美元，另外还随身携带着一个上了锁的小小的红木箱子。我童年最大的乐趣就是傍晚听母亲讲外祖父那些早已不存在的古董后面的传奇故事。

我的父亲那时候只是一位小公务员，微薄的薪水不足以养活我们兄弟姐妹6个，为了改善窘迫的处境，父亲找银行贷了一些钱，准备和两个朋友在郊区合伙办一座小型的养殖场。但父亲万万没有想到，那两个所谓的朋友拿到父亲的钱后，竟然从此无影无踪。

经此打击，父亲变得意志消沉。那时候，在一家超市工作的母亲也失业了，家里显得非常拮据。我常听见父亲在深夜里长吁短叹。有一天，母亲打开了那个从不让我们碰的红木箱子。她从里面拿出几件造型异常精美的工艺品，然后微笑着对父亲说：“这是我父亲送给我的嫁妆，你拿去文物市场上卖了吧。如果所得的钱还有剩余的话，你就拿去炒股，一切都会好起来的！”

父亲想不到母亲还收藏着这么值钱的古董，他深情地吻了母亲一下。那天，父亲还破例带我们全家人去海边踏浪，父亲用卖古董换来的钱还了银行贷款，剩下的他全部投到了股市。然而祸不单行，一场席卷全美的金融危机令父亲购买的股票成了一堆废纸，他再次亏得血本无归。父亲再度变得焦虑，因为他觉得自己是一个十足的穷光蛋了。他再也没有了奋斗的信心。

这时，母亲又搬出了她的那个红木箱子，悠悠地说：“其实我们并不是太穷。我还有一幅达·芬奇的名画《樱桃树下的午餐》，值很多钱，但那是最后一幅名画了，也是我父亲留给我的仅有的纪念物。你得答应我，不到山穷水尽的时候绝不卖掉它！”父亲看着母亲变戏法似的从神秘的红木箱子里拿出了那幅达·芬奇的名画《樱桃树下的午餐》在他眼前晃了晃。父亲再次深情地拥抱了母亲，泪水止不住地从他苍白的脸上流了下来。

父亲又开始了奋斗，他利用工作之余四处兼职，甚至到殡仪馆给逝者整容。许多有钱人看不起父亲卑微的生活方式，他们往往找一切机会羞辱他。每每想起这些，父亲就委屈得泪光闪烁。有好几次他真想把那幅达·芬奇的名画给卖了，然后过一种不再低三下四的生活。但父亲是那么爱母亲，他不愿意将她父亲留给她的最后的纪念物卖掉。于是，父亲只得自我安慰：我不想卖掉那幅名画，是因为我不想让妻子伤心啊，但其实我并不是真的穷得一无所有！

父亲的诚恳与执着终于赢来了好运，一位地产商热情地邀请父亲加盟他下属的公司。父亲在那里的事业蒸蒸日上。半年后，他就升为公司的高级管理人员。两年后，父亲从那家公司辞职，独立注册了一家新公司。他的生意越做越大。父亲拥有了富豪拥有的一切东西。

父亲曾说，是那幅达·芬奇的名画给了他无穷的力量，让他在落魄失意时，不至于觉得自己一无所有。他请求母亲把那幅画拿出来，装裱一新后挂在了富丽堂皇的客厅墙壁的中央。

春天的一个黄昏，父亲的一位朋友来访，他是一名文物拍卖商。见到那幅达·芬奇的名画《樱桃树下的午餐》时，文物拍卖商的眼睛惊讶地睁大了，但观察良久后，他肯定地对我父亲说，这绝对是一幅赝品！父亲当然不相信，他认为妻子出身于古董世家，不可能看走眼，但我的母亲在一旁微笑着说：“这幅画的确不是达·芬奇的真迹。”“那你为什么不早点告诉我呢？”父亲有些生气地问，也许他认为将一幅赝品挂在家里最醒目的地方是一件很不光彩的事。母亲解释说：“如果你早知道它是赝品，你还会有奋斗的雄心和今天的辉煌吗？很多时候我们一蹶不振，并不是因为我们真的不行，而是我们错误地认为自己已穷得没有了任何可供重新崛起的资本。其实，只要还拥有勇气和信心，我们就永远不要说自己一无所有！”顿了顿之后，母亲又深情地说：“我的父亲临终前特意馈赠给我这幅赝品，他预料到它也许会在你将来可能的失败中发挥作用，可以说，它不仅仅是一个美丽的谎言，也是一份巨大的财富！”

在母亲温柔而坚韧的凝视中，父亲泪如泉涌。

想法其实不值钱

□罗振宇

据说很多作家都有过这样的经历：有人找到他，跟他说，我有一个非常棒的创意，我现在告诉你，你能把它写成小说吗？如果有收益的话，咱俩五五分成。

这些人觉得这个要求很合理，创意是我的，这很难啊！而你这个作家只不过是出点劳动力把它写成小说而已，这很简单。这件事我们当然知道很扯，写成一篇小说，当然不只是靠一个创意。

但是，在现实中，这样想的人很多。比如，有的创业者就坚信自己的某个主意非常值钱，只需要找一个写代码的工程师把它实现就好。再比如，有的领导觉得自己苦口婆心讲的战略方针很重要，手下的人怎么就是不会干呢？再比如，有人掏心掏肺地给别人提建议，觉得自己讲得很明白，对方怎么就是不按自己的正确方式做呢？

想法其实不值钱，真正的难题在于怎么把想法实现。

另一种时间

□［日］星野道夫

一天夜里，我与朋友有过这样一段对话。当时，我们正在阿拉斯加的冰川上野营，抬头便是满天星斗。

“如果在东京也能看到这么多星星就太好了……工作到深夜，带着一身疲惫下班时，随便抬头一看，宇宙仿佛就在触手可及的地方。能在每天快结束的时候看到那样的光景，是个人都会浮想联翩吧。”

“假设你看到这样的星空，或是美得让人热泪盈眶的夕阳，你会用什么样的方法把风景之美与当时的心情传达给心爱的人呢？”

“可以拍照啊，如果擅长画画，还能画在画布上给他看……不，还是直接告诉对方比较好。”

“我会把自己的变化告诉他。被夕阳之美感动，一个人会因为心绪的改变而渐渐改变，所以把自己的心情传达给对方是最好的方法。”

大自然会在人一生中每一个时期发出不同的讯息。无论是刚出生的婴孩，还是即将离去的老者，大自然会向他们诉说各不相同的故事。

小时候有一天，我在家附近的空地上看完连环画后一路狂奔回家，生怕赶不上晚饭。那个绝美的黄昏，我至今无法忘怀。那时我如何看待时间，又如何看待周围的世界呢？也许我虽然年幼，却也在一天即将结束的悲伤中朦朦胧胧地意识到，我是不可能永远活下去的。那是孩子所特有的、出于本能的、初次和世界打交道的方式吗？现在回想起来，我也经历过好几件让我以不同的角度感知世界的事情。每一段体验，好像都成了我来阿拉斯加之前的人生分歧点。

第一段体验，来自我上小学时碰巧在家附近的电影院看到的一部电影，名叫《蒂科和鲨鱼》。故事发生在南太平洋的塔希提岛，当地因旅游开发迎来剧变。与鲨鱼为友的当地少年蒂科和来自欧洲的少女游客发展出一段青涩的恋情。这部电影为什么能吸引儿时的我呢？关键在于背景中那一望无际、无比蔚蓝的南太平洋。直到现在，我还记得女主角名叫“狄安娜”，可见它对我产生了多大的影响。

不久，我便对北海道产生了强烈的向往。对当时的我来说，北海道是一片特别遥远的土地。我看了各种各样的书，然后在这个过程中对棕熊产生了不可救药的兴趣。当我在大都会东京的车厢里摇摇晃晃时，当我置身你推我搡的嘈杂人群时，我会忽然想起北海道的棕熊。就在我生活的同一时刻，棕熊也生活着，呼吸着……此时此刻，有一头棕熊在某处的山林中跨越倒地的大树，强有力地前进着……我觉得这件事特别不可思议。仔细想想，这其实是理所当然的事情，但是在十多岁的少年眼里，这点小事都是触动心弦的。我心想，自然可真有趣，世界可真有意思啊！那时我还无法把这些念头转化成语言，但那应该就是“万物平等共享同一条时间轴”的神奇吧。在那一刻，世界不再是干巴巴的知识。我虽然还小，却在感官层面第一次真正把握住了世界。

几年前，有一位朋友发表了一段异曲同工的感言。她是个编辑，在东京过着十分忙碌的生活，好不容易才挤出一个星期，跟着我一起出海拍摄鲸鱼。对前一天还在东京忙到深夜的她而言，阿拉斯加东南部的夏天与海景，就是赫然出现在她眼前的异世界。

一天傍晚，我们遇见一小群座头鲸。我们坐着小船，慢慢跟在一边喷水一边前行的座头鲸身后。距离那么近，我们甚至能感觉到鲸呼出的气息。这是多么震撼人心的情景啊——四周尽是冰川与茂密的原始森林，在悠久的时光大潮中，所有的自然元素和谐共存，生生不息。朋友靠着船舷，沐浴着徐徐微风，凝望着奋力前行的鲸群。

就在这时，一头鲸跳出海面，巨大的身躯飞至半空，静止片刻，又沿原路落下，把海面生生劈开。那画面如此震撼，仿佛电影中的慢镜头。

不一会儿，大海重归平静，鲸继续强有力地游动，仿佛什么都没有发生过。这种行为被称为“鲸跃”，我见过好几次，却从没有这么近距离地观察过。人类总想解释动物的每种行为，但到头来我们还是无法理解鲸到底想通过这种行为表达什么。它也许只是想感受一下海面的风，也许只是想随便跳起来试试看罢了。

眼前的光景让我的朋友一句话也说不出来。想必打动她的并不是取景框中的巨大鲸鱼，而是大海的广阔，以及生活在此的鲸鱼的渺小吧。

很久以后，她对我说了这样一番话：“虽然东京的工作很忙，但我很庆幸自己去了这一趟。你问我为什么庆幸，因为这次旅行告诉我，当我在东京忙得团团转时，也许在同一时间有鲸鱼冲出阿拉斯加的海面……回东京后，我思考了很久，不知道该怎样表达此行的收获。我想来想去，仍然觉得根本说不清楚。”

我们一天天地活着，而就在同一时刻，另一种时间也的的确确在缓慢地流动。能不能在日常生活中用心的一角惦记着这一点，必定会给人带来天壤之别的感悟。

狭小空间 跑出盘带天才

□江　澍

美洲足坛向来有“南美无弱旅”一说，这不仅仅是描述一种客观现象，南美球队之间往往实力差距不大，经常出现以弱胜强的冷门。

从足球技战术层面剖析，该现象是有内在原因的：南美足球风格向来较为开放，在进攻及防守两端往往会出现大开大合的情况，可利用的空间相对大，不似欧洲足球那么讲究战术纪律性及执行力。

而且，由于南美的独特社会生态，其大量职业运动员都出身于各国的贫民窟，接受着街头足球洗礼成长起来。这些运动员大多出生在犯罪率及失业率很高的街区，足球是他们改变命运的唯一天梯。这些运动员从小极度缺乏训练装备，往往连鞋子都没有，在布满碎石及尘土的空地上踢球。

很多时候，“球门”就是两个书包摆成的，“足球”可能仅是一个可乐罐。这种条件极其艰难的环境，却锻炼出了一种独特的足球运动员类型：创造力极强的进攻型球员（往往是前锋或者边锋）。

因为在这种街头环境下，踢球空间狭窄，孩子们很多时候就是在大街的一角或者某个停车场的空地上比赛。这种街头足球没有过多的教练干预，孩子们可以尽情发挥天性，不断地进行小场区比赛，从小就适应了如何在有限的空间及时间下控制球。

而且，由于这种街头足球场地往往濒临大街或者马路、山坡，如果使用长传球或者大力射门，足球便会穿越马路甚至掉下山坡。为了不浪费时间捡球，孩子们常常会尝试大量的盘带，通过带球突破去创造得分机会。由此，南美各个俱乐部几乎都拥有一些技术能力突出的明星球员，而且球员个人技术水平普遍较高。这样独特的足球生态，孕育了个人英雄主义色彩鲜明的南美足球。

是什么决定了你人生的上限

□郑峰禹

在《西游记》中，孙悟空和猪八戒的本领都比唐僧高，但是唐僧的地位凌驾于二人之上，这是为何？要理解这个问题，我们首先要了解他们是为何去取经的。

先说猪八戒，他因为触犯天条，被贬下凡间。到了凡间没了生计，正好卯二姐招女婿，猪八戒就去当了上门女婿。后来卯二姐死了，他就在山里做妖怪，抓行人来吃。后来又跑去高老庄当上门女婿，混口饱饭吃。观音菩萨寻找取经人的时候，遇到了猪八戒，劝他去取经，猪八戒浑不在意，并不想去。菩萨劝解他，在这里做妖怪吃人，会受到上天的惩罚，并说道：“汝若肯皈依正果，自有养身之处。”猪八戒一听，跟着唐僧取经，有饱饭吃，马上答应：“愿随，愿随！”

取经一路，孙悟空要猪八戒干什么事，基本上都要靠“好吃的”去引诱猪八戒。做上门女婿有饭吃，他就做上门女婿；取经有饭吃，他就去取经。在猪八戒眼里，取经不过是个混饭吃的方式。职场上这样的人少吗？工作对他们来说就是挣钱的方式，于是他们没有目标，没有规划，也没有动力，一切向钱看。这样的人，不过是混日子。他们往往越混越差，日子越过越难。

再说孙悟空，孙悟空是有野心的，他刚从石头里蹦出来，听说谁飞过瀑布就能当猴王，马上冒着巨大的风险飞进了水帘洞，当上了美猴王。后来又想上天当官，先是当弼马温，他嫌官小，又做了齐天大圣。最后因为大闹天宫，断绝了他在天庭发展的机会。此时取经成了他奔前程的唯一机会。刚遇到唐僧时，他嫌唐僧啰唆，不想继续保唐僧。东海龙王劝他，说道：“大圣，你若不保唐僧，不尽勤劳，不受教诲，到底是个妖仙，休想得成正果。”孙悟空听了这话，才下定决心跟着唐僧取经。取经一路，孙悟空总是冲锋在前，一方面是因为他的性格就争强好胜；另一方面是他想多立功劳，争取更好的前程。

孙悟空这样的人，有野心，有干劲，总是拼命地想要获得更高的职位、更多的薪水。他们的干劲来源于名利，往往缺乏韧性。比如孙悟空几次三番因为受不了唐僧的训斥而脱离取经团队，险些葬送前程。他们太热衷于名利，又容易走入歧途，比如孙悟空的邪念就曾滋生出六耳猕猴，想打死唐僧取而代之。这样的人能成为将才，却必须有人监督、约束，所以很难成为职场上的帅才。

最后说唐僧，唐僧的父亲是状元郎，外公是宰相，遭遇灾祸，他才流落到金山寺做了和尚。但是他把这当成了自己一生的事业。唐僧长大后，抓住了水贼刘洪，救出了母亲，父亲也因为神仙搭救死而复生，被调到朝廷里做高官。此时的唐僧完全可以过上锦衣玉食的生活，但是他不肯回家，只想住在寺院里继续修行。观音菩萨去大唐寻找取经人，唐僧立刻主动站出来，表示愿意担此重任。有人劝他，西天一路，到处是虎豹豺狼、妖魔鬼怪，此一去九死一生。唐僧说：“心生，种种魔生；心灭，种种魔灭。我弟子曾在化生寺对佛设下洪誓大愿，不由我不尽此心。这一去，定要到西天，见佛求经。”

对唐僧来说，取经既不为名也不为利，而是一种追求和理想。为了理想而拼搏，才能信念坚定，毫不动摇；为了理想而奋斗，才能目光长远。这样的人，会成为事业的掌舵者，职场上的领航人。

职场上，能力水平决定了一个人成就的下限，而对工作和事业的态度，则决定了一个人成就的上限。你为什么而奋斗，决定了你的毅力和动力，也决定了你未来的成就。

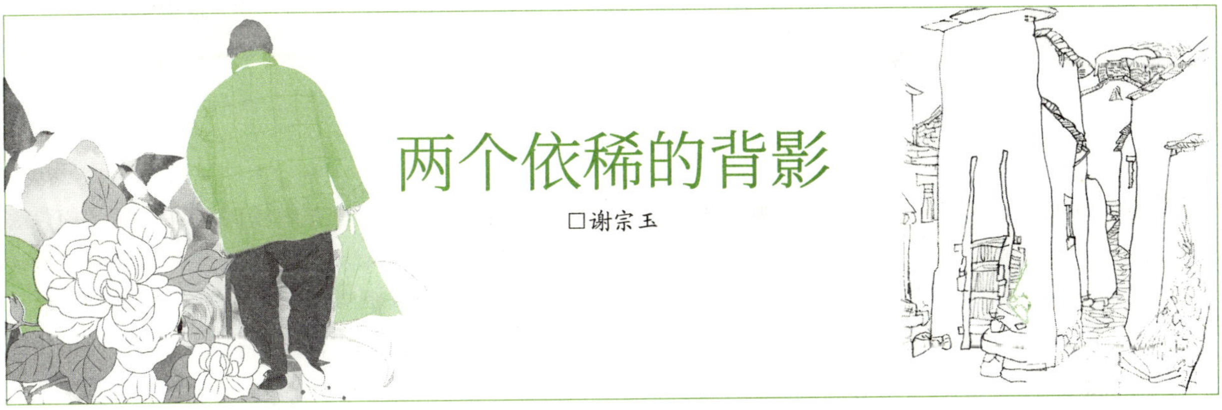

两个依稀的背影

□谢宗玉

少年时我不太会读书，大概与恋家有点关系。我读初中时，星期六回到家中，星期天就再不想回校了，特别是在雨天。

那些雨天离家的情景，我会记一辈子。临行前，我还坐在西房发愣，风弄得窗棂吱嘎吱嘎地响，雨打在西墙的爬山虎叶上声声断断，心就被这些声音搅碎了，泪花汪汪的不自觉储满一眼眶。抓起书包站起来，在屋内转了转，又坐下来想再停一停。母亲走进来，看着我，半天不吭声，她手里拿着两把伞。后来她说："你再不走，天黑前到不了学校。要不，就明早去？明早我煮早饭……"我不等母亲说完，就站起来说："我就走。"语气中莫名其妙竟像生气了。我夺过母亲手中的雨伞，撑开，走进茫茫雨幕。母亲撑开另一把伞，走在我身旁。

冷冷雨声充塞着整个天地，溟溟暮色似乎也从雨外青山上合围上来，只有母亲温暖的呼吸声如此近地贴在耳畔，我不争气的眼泪，终于一窝子滚落下来。但我不能让母亲看见，我扭头望着青山之外，抬手飞快擦掉脸颊上的泪水。母亲想必知道，但她不能点破，她一点破，这个黄昏我就再不会去学校了。母亲心中凄苦，我从她有点发涩的呼吸声就能判断。这时的母亲就像一个小女孩目送她在激流中远去的纸帆，心里实在舍不得，可她又想依靠这只纸帆寄托她遥远的梦想。

母亲总在那条溪边不声不响地停下脚，站在桥头目送我过桥，目送我渐渐远去。母亲什么时候止步，我当然知道，但我不敢回头，我一回头，就无法控制本来就有点失控的意志。只有等走了一段路，等雨幕迷离了我们的面部表情，我才敢回头。母亲依然站在桥头，她举着伞，挺拔的身子被倾斜的风雨勾勒出无尽美感。

母亲剪影的后面是依稀的村庄，村庄在雨中也像镀了一层伤别离的情绪。一时间，我的眼泪又汹涌而出。我掉头拔腿跑起来，在转过山坳的时候，我似乎听见母亲长长的一声叹息，从我身后的雨中传来。

我到现在还不知为什么，年少时每次雨中分别都会弄得像生离死别。现在我和母亲都老了，有一次，母亲看着我爱妻疼儿的样子，就落寞地说："每个人年少时都喜欢母亲，长大了就都不喜欢。"我听了心里一酸，我知道母亲想起以前的事了。可是母亲你知道吗？我怎么会不喜欢你？我只是换了一种表达形式而已。如果我再像以前那个脆弱的男孩儿，那我怎经受得了这尘世纷扰的俗事呢？

蘑菇定律

□欧阳晨煜

对蘑菇的印象，我有三个。极为斑斓的色彩和伞状的体态、雨后长椅上长出簇簇蘑菇的震惊事件、热爱采蘑菇的儿歌主人公在童年时的热心推介。因此，2021年夏天，在厌倦了绿叶植物后，我买了很多蘑菇种植桶，打算一睹这彩色生物的生长过程。

按照种植说明，我首先需要在蘑菇种植桶的盖子中央剪一个苹果大小的圆片，然后严严实实地覆上一层纸巾，保持其持续湿润即可。卖家特地叮嘱我："在蘑菇长到足以突破盖子的高度之前，切记不要提前打开盖子，揭开纸巾去看其长势，以免导致阳光泻入，种植失败。"这让我非常惊讶，起初我以为种植蘑菇和种植其他植物一样，我大可以淋漓尽致地观察其从发芽，到慢慢长大，根茎粗壮，毫无遗漏地记下这一过程，写一本厚厚的观察日记。可谁知，一开始的这条温馨提示就打破了我所有的计划。

于是，我按照说明进行操作，用湿纸巾蒙住了那个唯一可以用作观察蘑菇长势的圆孔。这样，我和蘑菇，从一开始，就保持了相当的距离。我打开观察日记，记录喷水的频率，为蘑菇营造一个尽可能潮湿的环境。然而，连续喷水两周后，蘑菇的表面没有任何变化，我和蘑菇进入了遥遥无望的等待期，我想象它从平平无奇的菌包孕育出乳白色的菌丝，然后长出图钉大小的蘑菇，然而这一切重要的萌发和形成过程，均在盖子下的阴暗区域神秘又孤独地进行着，禁止观赏。

而在第17天，几株蘑菇顽强地顶着纸片，我终于可以揭开盖子，参与它们的生长过程了。而一开盖，17天的长势结果让我震撼。在不平整且丑陋不堪的菌面上，连绵长出了许许多多小珊瑚状的粉色蘑菇，数量极多，尤其可爱，簇簇遍布整个菌包。这时候的它们已经从孢子体变成蘑菇实体。接下来的几天，我信心满满地写起了观察日记，不料才三天，蘑菇就长成了平时可食用的大小，需要连根收割了。于是，我割掉蘑菇，整个菌包又和刚开始一样，裸露又陌生地呈现在我面前，回到原点。

蘑菇为什么要如此坚决地隐瞒自己起初的生长过程，为自己设立在圆盖位置那样的生长线？除非达到并突破那条目标线，长出蘑菇形状的实体，否则决不会让人看到自己奋力的身影。而在阴暗潮湿中生长的时间里，只有蘑菇陪着自己。

很快，我明白了，这样的生长方式符合一条专属蘑菇的蘑菇定律，或叫萌发定律。而把它从潮湿的环境中移植到社会，这条定律也有特别的意义。原来蘑菇这样独特的生长方式并不是自己选择的，而是由一种残酷的社会规则决定的。初入世者或某件事的新手在进入一个全新的领域后，往往会面临不受重视、不被看好的一段时间，就像蘑菇在没有萌发出对人们有用的实体时，不得不被弃置在阴暗潮湿的环境里，孤独地自生自灭，自我生长，无人赏识。这通常是蘑菇最脆弱且最稚嫩的时期，无法面对阳光，仅靠一点点水量的补给，自己奋力生长。就好像我们进入全新领域后，最初并不能得到周围人很多的关注和帮助，只有凭一己之力做出成绩后，才会被看出日后发展的潜力，从而获得赞扬和助力。

蘑菇也一样，只有当它生长到足够的高度，才会顶破圆盖上的纸片，得到普遍的关注。这时候，它阴暗孤独的环境就会有所改善。人们会揭开压制在它头顶的圆盖，让其充分享受外界的呵护。殊不知，这时的它已经足够强壮，褪去稚嫩，完全可以享受阳光雨露了。

你有没有过这样的“蘑菇经历”呢？这一定是最难熬的磨炼时期，是痛苦、怀疑和无力同时袭来的黑暗时期，可以借助的资源少之又少，可以依靠的环境也养料干涸。你唯有自己沉淀，通过不断努力加快自己的“蘑菇进程”，才有突破之日。

“像蘑菇一样去生活”，是要懂得所有鲜艳斑斓的孕育过程都是何其阴暗孤独的。心理学家对处在“蘑菇时期”的人提出了一些必要的建议。首先，要正确衡量自己处于孢子时期的水平，消除缤纷彩菇般不切实际的幻想，切忌眼高手低，要以平和的心态面对自己缺乏经验和能力的孢子身份。其次，加速适应贫瘠的环境，脚踏实地的同时要使自己尽可能获得更多的营养和补给，以便尽快达到生长线。最后，千万不要消沉，“蘑菇时期”虽然极其痛苦，但对人生价值的提炼和能力的提高一定有事半功倍的效果。在这个时期你所获得的，不仅是专业技能的提升，更是意志力和抗挫折能力的双重提高，这将为你积攒许多宝贵的经验和素质。

蘑菇用降落伞一样的伞帽证明自己，而你用什么证明自己呢？

把悲伤留给自己

□陈艳涛

《红楼梦》第七十八回里，得知晴雯的死讯时，宝玉虽“一心凄楚”，却还能想到为晴雯在“芙蓉前一祭”，写一篇“洒泪泣血，一字一咽，一句一啼”的长文，“用晴雯素日所喜之冰鲛縠一幅，楷字写成，名曰《芙蓉女儿诔》，前序后歌”，可谓形式感十足。他为晴雯写下的长文言辞华丽，但总让人觉得跟晴雯没多大关系，看起来陌生而做作。

整部《红楼梦》里，这是宝玉写过的唯一的祭文。等宝玉最爱的黛玉离世时，脂砚斋批文说，宝玉并没有写任何祭文。

在真正的悲伤时刻也许反而说不出什么，也写不出什么。生离死别的伤痛，只能留给熬过漫漫长夜的自己，没有人能够真正理解，这是人生中的一种无奈和孤独。就像陶渊明《拟挽歌辞三首》中的诗句：“亲戚或余悲，他人亦已歌。死去何所道？托体同山阿。”

悲痛也是一种个人的秘密，说出来固然可以解压，但最好留给信任的亲朋挚友，留给静夜，留给岁月。面对至亲至爱的死亡，最好的方式，是把痛彻的想念，化为对生命最真实的敬畏和最热烈的拥抱，代替逝去的人，努力好好活着。

就像电影《泰坦尼克号》里，杰克用他的死换来罗丝的生。在影片结尾，老年罗丝回忆她这一生时，平静地说她结了几次婚，也爱过几个人，生了几个孩子，行走过世界上许多地方，她的一生充实而有价值。她不是不爱已逝去的杰克，只是她用珍惜生命和努力延展生活可能性的方式，来表达她珍爱杰克以生命换来的她的人生。

你想怎么样，说出来吧

□李松蔚

1

我在咨询中意识到：有一种体验比通常认为的更具普遍性，那就是觉得自己“不正常”。绝大多数的“正常人”，都以这样或那样的方式经历过这种担忧。

很多人的印象未必很深，因为我们很早就已经学会了隐藏，这可以追溯到幼儿时期，当父母说出“小朋友都喜欢幼儿园，你怎么会不喜欢”，或者老师说“大家一起鼓鼓掌，让××勇敢一点别哭了”的时候。那时我们就开始学会分类，将自己的体验分成两部分：一部分是正常的、符合身边人的期待的；另外一部分是挑剔的、悲观的、不满意的，是可耻的、不正常的。但那些感受是真实的，所以我们忍不住怀疑：我是一个“不正常”的人吗？

那些与其他人不同的情感、困惑和冲突，我们能做到的也只是暂时不去看。但它们并不会真正消失。

此后很多年，我们照样会在某些时刻质疑生活的意义，会为自己的欲望感到羞耻，会担心伪装被人识破……而对那些应该做的事情与应该保持热情的事物，我们内心深处也在怀疑，是否只是出于道义而勉力维持。

2

或迟或早，人们会下决心做一点改变。所以在做心理咨询时，很多来访者都会经历一个关键时刻，他们需要鼓足勇气向某个人坦白：“是时候对你说真话了。”

真话是：“我只能是我自己，我跟你想象的不一样。”说出这句话既让人心虚，也让人暗暗舒了一口气。有时是孩子向父母宣告真正想选的专业，有时是伴侣告诉对方自己另有人生的主张，有时是找到一份喜爱的工作，或者在辞职的时候，诚实地告诉老板：“公司哪里都没问题，只是不适合我。”

就拿工作来说吧。我有一个来访者，用了好几年，才相信“我想换个地方，不是我有问题”。因为工作压力，她身心皆处在超负荷状态，几乎每年都要提一次离职。每次老板都说，我知道你累，我们谁不累？老板还说，Winners never quit（胜者永不退缩）。她一下子就无话可说了。

她说老板是一个自律且内心强大的女性。她视老板为人生榜样。但在内心深处，她一直有一个说不出口，也不敢面对的疑问，那就是：万一我跟她不一样呢？

站在局外人的角度，你大概觉得这算不上问题：不一样就不一样呗！别人是别人，你是你。但这对当事人起不到安慰的作用。在她的体验里，我不只是跟老板不一样，更是跟“最好的人”不一样，我就是不正常的。她一直相信，那种大多数人认可的人生才是值得一活的。证据是她一直遵循那种方式生活，读一流的大学，去一流的公司，做一流的业绩。

3

承认自己是另一种人，生活还能理直气壮地继续吗？她不敢想象。应对恐惧的最好办法就是不看它，勉强让自己再努力一点。一直以来她都是这么做的，唯一的问题是，她越来越感到力不从心。

请一位临床医生来看，这种力不从心的感觉可能会被当成身心亚健康，或诊断为情绪障碍。但我还关键是你想怎么样。”她愣了一会儿，说她从来没有这样想过。“我一直以为，‘你想怎么样’这个提问是用来怼别人的。我想怎么样就怎么样吗？我想休息就能休息吗？我还想上天呢！”她从没想过，这是一个真的问题。

这当然是一个真的问题。人有感情、有态度，也有主观的偏好和身心的边界。正如开篇所说，我猜很多人都有过自我怀疑，我们遵照特定的轨道运转到某一刻，突然意识到真实的自己其实不是现在这样的。我们开始面对真实的愿望，同时头脑里跳出这样的声音：“我想怎么样就怎么样？”如此严厉。我们毫无分辨之力，只能惊惶地看一眼四周：还好没人发现。于是假装什么事都没发生，同时藏在心底的疑惧更甚。

在对这些人的咨询中，我试图让他们理解：别人没那么在乎你。做人做事要顾及别人的感受，但不等于通过别人来限定你能做什么或不做什么。“别人都看着我呢”，只是一种想象。

要打破这种想象，最好的办法就是面对。“我难过，就是想哭！”别人能拿你怎么样？最可怕的后果永远在头脑里。我的来访者再次提出辞职，面对老板的那套说辞，她说：“我懂，我不是想逃避，只是我发现自己没那么想要这种成功了，我想要另一种成功。”老板愣了一下，说：“哦。”

后来她就回了老家，用她在互联网行业培养出的技能帮家里经营果园。她给我写了一封邮件，说现在快乐多了，工作不累，又能照顾父母，自己的身体也好了。

距离她获得这样的生活，最难的一步就是承认：这就是我，对我想要和我不想要的，不需要感到羞耻。她本来做好准备，迎接老板的恨铁不成钢，结果无事发生。饯行时老板还有些歉疚：“这几年难为你了，好在你找到了想要的生活。”她简直不能相信：原来这样就可以了？

我是我，也只能是我。这句话简单到无须证明，但一个人往往要经过好多年才能面对：这样的我，也许不同于别人的期待，这是我要解决的问题，而不是我有问题。我能否在这个世界找到更自在的位置？大可以带着这个疑问，多走、多试。无论如何，承认“这样的我”，是走出的第一步。

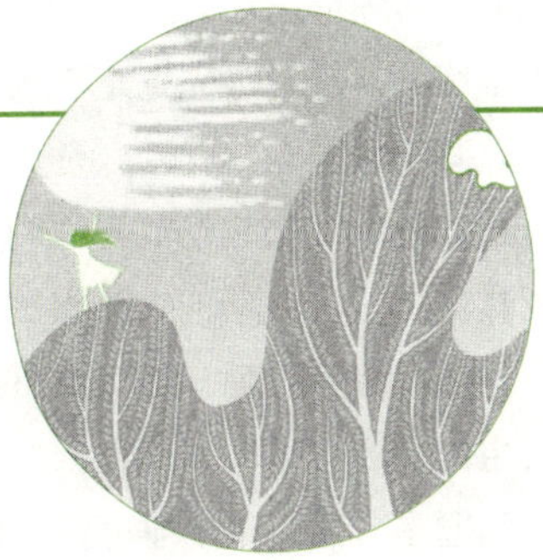

童年就是冒险

□张　炜

我们小时候，身边大人最担心的是我们走得太远，在林野里迷失，不小心被一些野物伤害。传说中林子里有妖怪，有难以预测的危险发生。比如，连小小的虫子都会害人，像林子里五颜六色的蜘蛛，有的就有剧毒。蛇、毒蛙、蜇人的黄蜂，深深的水潭，甚至有一种带毒针的鱼能要人命，还有诱人的果子能让人昏迷。总之，危厄太多了，不测之事难以历数。但也正因如此，大地才充满诱惑，大自然才让孩子们上瘾和着魔。

今天的孩子一天到晚待在屋里倒是安全了，可是这种局促的生活带来的是更大的危险：失去整个童年。

那时候，我们在林子深处突然遇到一个老婆婆，有时竟会怀疑她是不是妖怪变的，因为平时听多了老妖婆的故事。遇到一个故意吓唬我们的打鱼人或采药人，也会把他想象成一个幻化成人形的精灵。我们的忐忑不安或胆战心惊随时来临，也随时消失。这种冒险的生活就是童年。

“做完”就好

□刘荒田

临睡前读《随园诗话》，被其中一则害得失眠：“小秋妹婿张卓堂士准，弱冠以瘵疾亡。弥留时，执小秋手曰：‘子能代理吾诗稿，择数句刻入随园先生《诗话》中，吾虽死犹生也。’”年纪轻轻就死于痨病的书生，最后的愿望是请代他整理诗稿的人，设法让袁枚把他的诗作收入《随园诗话》。这本诗话在当时名气已大得不得了，天下诗人，或亲身，或托人，源源不绝地把作品送到随园。诗话中多处提及这一“盛况”，袁枚不堪重负，频频叫苦。他自有标准，要求严苛，不是谁都跃得了这个“龙门”。好在，对早逝的张卓堂，袁枚“怜其志而哀其命”，便真选了“数句”。

我在昏暗中对着天花板，想到两个字：做完。张书生临终前，把“做完”定义为“有诗入《随园诗话》”，其逻辑该是这样：《随园诗话》一定不朽，而经袁枚的法眼，把自己的诗作纳入其内，“我”遂“虽死犹生”。古人所推崇的立德、立功、立言“三不朽”，能争取到最后一个，泉下当感欣幸。进一步想，人生的“完”即了结，谁都轮得到，放之四海而皆准。问题是“生”这个躯壳内有的是内容。实的是日逐日的生活，虚的是记忆、思考、情怀、梦。到了人生后半段，如何“了”才算有所交代？我想起和卧室距离不过数米的后院，那里有三种植物，算得上三个“完结”的象征。

第一个是栅栏旁边的枫树。这种枫树叶子常年呈褐色而不坠，树形矮小而娉婷如少女，我早就想种一棵，苦于买不到。后来经友人指点，网购一棵。收到后，才一尺高，极纤弱。好不容易栽下，一个月后便枯死了。先天不足，水土不服，属于早夭，可拿来譬喻半途而废的一类，备受压抑，加上自身定力不足，潜能来不及滋长就失去了生机。

第二个是柠檬树，移栽后第一年就落尽叶子，萎了，差点被我拔掉。次年春天，干枯的枝条冒出两枚鹅黄色的芽尖儿。一场微雨，树干由黄黑变成淡绿，叶子次第长出。这是历劫而生还的一类。它虽然活过来了，但不蓬勃，让我想起“蔫人”。行动能力有限，凑合着过下去。于他们而言，“做完”不成问题，因为压根儿“无为”。他们在晚年无嗜好，无奔头，只被动地应付逼近的病痛和无聊。

第三个是南瓜。粗壮的藤蔓逶迤墙头，黄花灿灿照眼，蜜蜂捧场，小瓜一下子结了十多只。一个月后，完成淘汰，只剩两只最大的瓜。如今，瓜沉着地蹲在叶丛间，一天比一天胖。可以预期，到了金秋，它们可重达数十斤。前提是无意外，如恶劣天气、虫害以及人为过失。南瓜提供的是“做完”的榜样。首先是生命力强大，你在旁赞美或诋毁，它都不理会。完整地经历从萌芽、成长到结果的过程，是外物难以遏制的使命。其次是主次分明，有所舍弃，以求最后的丰盛。

总之，做完，不是烂尾楼，不是半桶水晃荡，不是心有余而力不足，是南瓜就致力于长大。如果说，歌手最美丽的“做完”是在舞台上谢幕时，掌声如潮水般涌来，他鞠躬却起不来，就此撒手；那么，把一直在做的事做到最后，于凡人就不是太奢侈的要求。

有人说，做完又怎么样？谁欣赏你？《随园诗话》中另有一则说，有人老称赞自己的诗，很讨人嫌，但一老于世故者说：“勿怪也。彼自己不赞，尚有何人肯赞耶？”努力对镜自我赞美就是。

6 坚持热爱，毅然奔赴江河湖海

奥运会冷门
给我上了一堂哲学课

□小　莉

万万没想到，没怎么看奥运会的我，会被一场自行车比赛爆出的夺冠大冷门所感动。她叫安娜·基森霍夫，在本届东京奥运会女子公路自行车赛之前，没有人知道她是谁，现在，她的名字已经响彻全球了，有人称，“这是奥运史上最大的冲击之一”。

为什么这么说呢？因为她没有教练，没有队友，没有队医，独自首次参加奥运会女子公路自行车赛，凭一己之力碾压荷兰名将、前世界冠军安妮·埃克·范·弗洛腾，为奥地利赢得了125年来首枚自行车项目金牌。

1

我去看了这场比赛的回放，镜头不断拉近，拉远，切换，137千米赛道将东京风景尽收眼底，一度以为自己看的是一场治愈系风光大片，但仿佛又让我看到了漫漫人生旅程的隐喻，路上行人有的结伴而行，有的你追我赶，有的孤勇奋战……朝着人生最终的方向驶去。

而安娜，在4小时的比赛里，一直是那个纯粹的、坚定的、享受自己旅程的独行侠，只是恰好第一个到达了终点。

我在她身上看到了发挥到极致的忘我无他的拼搏精神，看到人要如何超越自我，甚至看到了人在困惑的混沌里如何脱身的方法论，她比任何人都值得拥有这枚金牌。

有意思的是，当落后75秒的荷兰名将弗洛腾冲线时，一度以为自己就是冠军，还老练地张开双臂微笑庆祝。可等她和教练激动地拥抱后，得知冠军另有其人时，失落瞬间爬满了脸庞。我猜她甚至有点冒火，如果比赛时有人提醒她前面还有人，说不定追得上。

因为荷兰对这个项目是具有垄断优势的。许多业内人士很早就达成共识，公路自行车比赛的个人英雄时代已经过去，更多比拼的是团队协作和战术策略，一个人单枪匹马几乎不可能拿到好的名次。所以，这次比赛，荷兰队派出了王炸四人组，两个奥运会冠军，两个世锦赛冠军，金牌志在必得。

比赛一开始，就可以看出来她们的团队战术早已在各大比赛中磨炼得十分娴熟，队员轮流当“破风手”骑在主车手前面做保护，在大部队里冲出去又退回来，互相给队友空间。因为轮流领骑可以最大限度减小风阻，节省各个队员的体力。她们还可以利用团队作战，不断观察其他选手的位置，互相牵制，压着速度，让自己的队友一直处于有利的位置。

2

这明明具有压倒性的优势，怎么就把唾手可得的金牌弄丢了呢？因为单打独斗的安娜，完全不按常理出牌啊！

她一开始就选择冲了出去，一路领骑，不管风阻大小，只是疯狂向前奔袭。按照专业车手的常识，是很少有人这么快就冲出大队伍的，因为很难避免后续体力不够的问题，但安娜在赛后接受采访时说，“不要太相信权威”。

她在过去的一年半里，对这场比赛做了详细的计划，计算可能会在什么时候完成多少千米，计算必须吃多少食物，从营养和设备到训练和战术，完全自己归纳总结。

“我不是那种只会踩脚踏板的骑手，我要当自己的教练。”也许正是安娜的职业背景使她养成了独立思考的习惯，谁也不会猜到她竟然是个一路读数学读到博士的学霸，精通5门语言，发表过多篇学术论文，骑自行车只是她的业余爱好。

她用数学的方式研究比赛，在正式比赛的一个月前研究了东京气温，结合自身做出了适合自己的热适应表，记录体温超过38.5°C时的反应。

路况研究也不能落下，137千米的赛道中间要面对富士山和三国山两次艰难的爬坡，总共2692米。

她也计划好一开始就要发起攻势，尽力让自己保持靠前的位置，于是在比赛开始后不久，安娜就与大部队选手拉开了10多分钟的差距，这样的领先优势大到大部分人都忘记了她的存在。

安娜从头到尾就是自己训练，搜集比赛数据和资料制定策略，加上她全程给自己领骑，“一个人活成一支队伍”这句话，在她身上展现得淋漓尽致。

而真正的队伍在干吗？她们的确一直在认真执行着策略，荷兰的几个队员在最后大概10千米时还在为冲出去的弗洛腾压着大部队的速度，挡着其他对手冒头，车手之间不得不在大部队里进行内部消耗。可这样反而更加拉开了所有人和安娜的距离，让她们更加没机会看到最重要的对手。弗洛腾在冲刺阶段，甚至还能站起来骑行招手，看得出来她还存有体力。用了这些所谓的比赛策略，金牌如探囊取物，她似乎找不到再拼尽全力去争取更好成绩的理由。

3

这不禁让人想问，比赛的意义到底是什么？是为了比别人骑得更快吗？安娜·基森霍夫交出了完全不同的答卷。她说自己不会过多关注外部的变化，其他人的选择都是不可控的因素，她只是专心地骑行，拼尽全力地骑行。看得出来她是真的热爱自行车，在奥地利，自行车比赛一直属于冷门项目，只有她认真起来，申请了去参加东京奥运会。但她对奥运会比赛设定的最好成绩目标，是第25名，这更像是一个对自我的挑战目标，所以假如她在独行过程中，最终被对手超越，也不是什么大不了的事情，她一心一意只想做好自己，唯一的对手就是自己。

回到我们自己身上，在这个快节奏的时代里，我们是不是也在长久的竞争中迷失了自己？

我是一个什么样的人，我要成为什么样的人，我喜欢什么，我的目标是什么……这些需要不断向内探索的命题，在激烈的竞争、比较中被抹杀，被跳过了。

很多人常把“只和自己比”用作竞争落后时的自我安慰，但安娜用亲身经历告诉我们，“只和自己比”才是完全甩开狭小格局的人生终极命题，金牌、名利、声望或者金钱，都只是旅程中的附加物。

正如安娜所说：“不要放弃，坚持做适合你性格的事情，你只需要遵循你的直觉。”

敌人的价值

□［西班牙］阿兰·珀西

你的敌人是你最好的导师，因为你为了与他竞争，会使出所有的聪明才智。最棒的镜子是让我们坐立难安的镜子。

哥伦比亚作家尼古拉斯·布埃纳文图拉·比达尔以诙谐的口吻和清楚的思绪解释应该拥有好敌人的理由：

好朋友可能会抛弃、背叛我们，让我们失望，被其他人取代……但是一个好的敌人是一辈子的。

敌人永远说真话，尤其是伤人的时候。

若是朋友，永远不知道将来会发生什么，但换作敌人，永远会做最糟糕的打算。

作者在最后提到，一个人与敌人之间，最糟糕的莫过于他们有一天化敌为友。总之，比达尔认为，一个人的伟大要由他敌人的身份来衡量。

我们人类
并不喜欢无所事事

□姚家怡

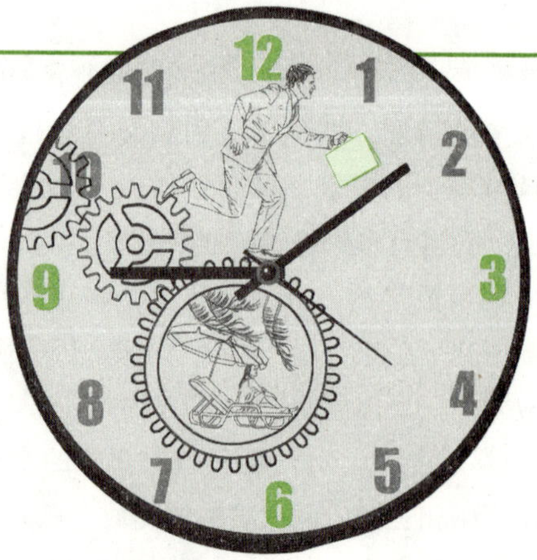

有上百件事情需要去做，却没有一点空闲——这是加州大学洛杉矶分校营销及行为决策研究教授莫吉纳·霍姆斯对个人生活的感受，她甚至想过放下一切，搬到荒岛上，每天躺在沙滩上。在现代社会里，许多人无疑和她一样，感到没有足够的时间，并且不断追求更多自由时间，但是当人过上有着大量空闲的生活后，他们真的会感到更加快乐吗？

莫吉纳·霍姆斯的研究结果并没有印证人们惯常的观念——可以自由支配的空闲越多越好，反而当空闲过多时，人的幸福感会随之下降。

“拥有适量的自由支配时间的人，会比只有少量自由支配时间的人更快乐，因为它舒缓了时间压力，更有趣的是，拥有大量自由支配时间的人，没有过得更加快乐，因为有了大量的自由时间后，人们会觉得缺乏生产力和目标感。”莫吉纳·霍姆斯的研究合作者、宾夕法尼亚大学沃顿商学院市场营销系助理教授玛丽莎·谢利夫介绍说。

她们的研究成果在期刊《人格与社会心理学杂志》上发表，该研究对超过3.5万名研究对象进行了两项数据分析和实验，探究自由支配时间的量与人的幸福感之间的联系。

在研究过程中，她们首先收集了21000名研究对象关于时间使用的调查，受访者会详尽地讲述其在过去24小时内所做的事情，以及每项花了多少时间、个人感受。研究发现，当人拥有的自由支配时间在两小时内时，自由时间与幸福感呈正相关，而当自由时间超过五小时后，幸福感则开始下降。

研究还招募了6000名参与者，让他们在一天中想象不同数量的自由时间。在整个过程中，他们被要求报告在这些场景中的感受，以衡量其幸福感。其后，参加者还被要求想象将空闲用于“生产性”活动，如健身、爱好等，或是用于“非生产性”活动，如看电视等。

这一实验结果显示，有太多自由时间和没有足够自由时间一样会使人感到有压力。

那些自由时间太少的人，会感受到压力，因为没有足够的时间去丰富生活，或者是做有价值感的事情；至于那些有过多自由时间的人，则因为自己没有足够的产出而有压力。

但是，当参加者把自由时间用于健身或者练习乐器等“生产性”活动时，他们的幸福感并没有随着自由时间过多而下降。

研究者总结道：“我们人类并不喜欢无所事事。”

莫吉纳·霍姆斯分析，研究数据也展示出两种重要的影响因素——压力和目标感，当自由时间太少时，人会受压力影响；而自由时间太多时，人则会受目标感影响。另外，她指出，这类研究应该结合社会文化的背景，其研究数据只是美国人的情况，如果想得到更全面的结论，还需要在不同文化背景地区进行研究。

美国心理学研究者夏洛特·弗里茨也赞同该项研究的结果，并认为影响幸福感的不仅是自由时间的多寡，更在于人们如何使用这些时间。她认为，能保持幸福感的“生产性”活动指的应该是“值得的感觉”，而不是实际的贡献，“对一些人来说，这可能是躺在沙滩上看海，对另一些人来说，则可能是去当志愿者或者翻新房子”。

基于这一研究，对自由时间比较多的人来说，把时间用于“生产性”活动，例如培养新的爱好、做运动或是学一门新语言，都是提高幸福感的好办法。

为了百万分之一而存在

□［美］博恩·威尔金斯

我认识一名运动员——一开始，我确实以为他是运动员。

我是在运动场上认识他的，当时，他正在练习跑步。我开始跑步时，他已经在跑步了，当我停下时，他仍然在跑步。“真是一位勤奋的运动员。”我在心里称赞道。

几天后，我又在泳游馆里见到了他。他正在泳池里游泳，一圈又一圈，似乎永远不知道疲倦。当他走出来，坐在我身边的椅子上休息时，我忍不住对他伸出大拇指。他笑了笑，对我说：“我需要不断地锻炼以保持我的体能。”

我好奇地问：“您是一名游泳运动员吗？”

“可以这样说。但并不准确。”他点点头，接着说，“事实上，我是一名救生员。”

“噢，那太酷了。”我对他的敬佩又多了一些，“这份工作给您带来了很多荣光吧？我是说，当您救起一个人的时候，一定感觉很自豪。”

“可能吧。不过到目前为止，我还没有经历过这样的时刻。”他摊开双手，脸上露出一丝无奈。

看到我疑惑的表情，他解释说：“我是奥运会游泳比赛中的救生员。游泳比赛开始时，坐在泳池旁穿着统一的服装，戴着一顶小红帽，胸前配着口哨，手上拿着救生浮板的工作人员里，有一个就是我。”

听了他的解释我很吃惊，甚至哭笑不得。能够参加奥运会游泳比赛的都是世界顶尖水平的选手，他们需要救生员吗？

他告诉我，在奥运历史上，游泳健将在赛场发生意外需要营救的先例只有一例。那是在1948年的伦敦奥运会上，100米自由泳冠军格雷塔·安德森在400米自由泳预赛中因为身体不适突然失去了知觉，然后慢慢沉入泳池底部。不过，坐在场边的救生员们还没来得及行动，旁边的匈牙利选手立刻潜入水中将安德森的头部托出水面，救了她。

“事实上，游泳赛场上有选手发生溺水事件的概率是百万分之一。其实，我和你想的一样，也不认为选手需要我们，但我们依然会时刻准备着。万一意外发生了呢？”他看着我，认真地说。

那一刻，我对他肃然起敬。他只是为了百万分之一而存在，却付出了百分百的努力。

钩

□庞永力

世上所有的饵都是香甜的，否则就不能吸引人上钩。道理都可以反过来：所有香甜的东西后面，都有着一个钩——或软性的，慢慢侵害；或刚性的，一下子就把人钩得鲜血淋漓，置人于倒悬之地。

世上懂得这个道理的人不多，懂得这个道理后，能扛住诱惑收手、掉头的，更少。

深　味

□张正旭

与云南人打交道，最令人费解的是，他们根据菜肴咸淡不同，都叫“深味”。比如，菜肴咸淡正合口味，叫正深味，若菜肴咸得很，就叫咸深味。相反，淡得很，叫淡深味。“深味”这个词语就好比外国人学汉语中的“东西”一词，很难掌握它的意思。

在外漂泊时，喜爱读一些润泽心灵的诗句：丢一片绿叶/不会惊醒沉睡的夜/我在梦的这边/采撷春色……读了这样的诗句，我对“深味”有所了解：总有一些生命是顽强的，它们最终保持住了生命独立自由的天性。之所以能这样，是视名利权势之饵为粪土，把尘世的一切羁绊斩断，这样才能冲出牢笼，采撷春色若梦江湖，让大自然的一片绿叶洗涤心灵的尘垢，让生命与自然融为一体，保持心灵的轻松和自由，徜徉于生命的原汁原味。

时光如水，从生活中汲取“深味”，不妨去品味杨慎的《临江仙·滚滚长江东逝水》：“滚滚长江东逝水，浪花淘尽英雄。是非成败转头空。青山依旧在，几度夕阳红。白发渔樵江渚上，惯看秋月春风。一壶浊酒喜相逢。古今多少事，都付笑谈中。”

这是一首咏史词，借叙述历史兴亡抒发人生感慨，豪放中蕴藏着含蓄，高亢中腾跃着深沉。全词慷慨悲壮，读来荡气回肠，读后令人万千感慨、遐思翻转：从苍凉悲壮中袅袅而出淡泊宁静的气氛，并且折射出高远的意境和深邃的人生哲理，那就是在历史长河的奔腾与沉淀中探索永恒的价值，在成败得失之间寻找深刻的人生哲理，有历史兴衰之感，更有人生沉浮之慨，体现出高洁的情操、旷达的胸怀。

杨慎，明朝状元，满腹经纶，由于嘉靖皇帝要追授已故的藩王父母为皇帝皇后，他以不合规为由，发动“大礼仪之争”，被廷杖流放云南边陲，永不叙用。杨慎以他大起大落的人生感悟，以看透宦海沉浮的超然态度，写出了这首气场宏大的《临江仙》，那切身的感受、视觉的历史高度、厚重的人生底蕴、深厚的文笔功力，令人叹服！

“是非成败转头空”这句话对一些失意的人是最好的安慰，也是对心灵最轻盈的抚慰。人生长河波澜壮阔也罢，涓涓细流也好，百川归海，最终在从“有我”到“无我”的进程中消散，从“变幻”到“永恒”中奔腾。正如布兰夏尔德认为，“凡是主张理性的自主性和客观性，并且要求在一个内在的共同的理性面前放弃个人意志，都是属于一个伟大的传统”。人作为自然界的个体，应该遵循良知良俗：“无善无恶是心之体，有善有恶是意之动，知善知恶是良知，为善去恶是格物。”

人至中年，经历生活洗礼与锤炼，看到了太多的人情世故上演，对“深味”有了全新的解读。再读刘禹锡的诗句时，心情久久不能平静：“莫道谗言如浪深，莫言迁客似沙沉。千淘万漉虽辛苦，吹尽狂沙始到金。”人生在世不称意，总有不公平的待遇，总有被人攻击蒙冤的时候，但一个人不能丢了“本真与本质”，那是一个人熠熠生辉之处。正如一首诗歌写的那样：一颗星星撕破夜空/眨巴眼睛/雨的背影流淌着夜色空灵……由此，我想到了佛家语：“身是菩提树，心如明镜台。明镜本清净，何处染尘埃！”这就告诉人们，众生的身体就是一棵觉悟的智慧树，众生的心灵就像一座明亮的台镜，要时时不断地将它掸拂擦拭，不让它被尘垢污染障蔽了光明的本性。

“雪沫乳花浮午盏，蓼茸蒿笋试春盘。人间有味是清欢。”人生知味淡如茶，人生有味是清欢，也许是对云南人口中“深味”的另一种解读吧！

民间性格

浅　水

民间性格是一地的气质和风骨，是这个地方的口味和腔调。

每个地方都有民间性格。吾地乡民性情小雅，晨起喜欢手捧一只玻璃茶杯，杯中嫩芽翻滚。口味即性格。我们这个地方的人，口味清淡，菜中偏甜，性格柔中带刚，刚中有柔，就像两个人争吵，想打架，吵了半天也打不起来。

民间性格，是一种与生俱来的气质。

杭州人风雅。清代的《四时幽赏录》中记述杭州人一年四季的风雅闲事就有48件：春时，在孤山月下赏梅花，八卦田看菜花；夏天坐在三生石上谈月，飞来洞避暑；秋天去满家巷赏桂花，胜果寺望月；冬天攀三茅山顶望江天雪霁，西溪道中玩雪……那些呈现性格和气质的雅事，在春天尤多，其中以两件事最雅：虎跑泉水试新茶、西溪楼上吃笋。先去虎跑泉水试新茶：“香清味洌，凉沁诗脾。每春当高卧山中，沉酣新茗一月”；再去西溪楼上啖煨笋：“西溪竹林最多，笋产极盛。但笋味之美，少得其真。每于春中，笋抽正肥，就彼竹下，扫叶煨笋，至熟，刀截剥食，竹林清味，鲜美莫比。人世俗肠，岂容知此真味。”

民间性格，是暗生和滋长于民间的一种风骨。

扬州人的俏皮，且不说那句著名的“网红”金句“乖乖隆地咚，韭菜炒大葱”，单扬州评话中就有很多俏皮话，《皮五辣子》的主人公皮五，有人说他是亡命徒，有人说他是无赖，实质是一位机智、幽默、疾恶如仇的“民间智者”，代表着一种此地独生的民间性格。

民间性格，不仅是这个地方人的性格，戏曲也是其中一部分。

比如，吾乡与扬州毗邻，乡人喜淮、扬二剧，坐着小马扎的老头儿，收音机开着，听着听着就睡着了。不但喜欢听，还爱哼，老澡堂里音质浑然天成，美妙绝伦。这样民间性格的背后，是闲适的人生态度作注解。

我曾采访过一个剧团，那天他们到乡下演出。开演前，演员们挤在简陋的一角认真地化妆，开演后，站在后台，见台下黑压压的一大群人，如痴如醉地看着舞台，他们浸淫在戏中，进入特定的情境。我知道，观众是如此喜爱这样的艺术表演，因为这样的戏曲接地气，更接近乡村淳朴憨厚的民间性格。

菜市场也是体现民间性格的一个地方。一个卖，一个买，从两个人的对话中，可以了解这个地方的民间性格特点。菜市场里有不加修饰的民间性格，高声吆喝的，亲热招呼的，浅笑吟吟的；粗嗓门，细喉咙……粗犷与细腻，呈现得淋漓尽致。

民间性格，更体现在那些日常生活的小人物身上。有一次，我们在陌生的地方迷了路，问旁边一位经过的路人，对方不仅给指了路，还把我们带到一个路口，再三说明，才放心离去。

民间性格，是一个人的性格，更是一个地方的性格。

闲阅县志列传，里面有一段记载古代乡贤魏老先生预知生死的故事：“预自刻期沐浴，具衣冠端坐而卒，卒之日犹诗赋饮酒谈笑如常时。”这位曾官至明代兵部左侍郎的老先生，似乎听到死亡的脚步走近，便清水沐浴，穿戴好衣冠，端坐而逝。去世前，留亲友在家中饮酒赋诗，谈笑自若，面色温和。

我读罢此数行文字，唏嘘不已。此乃真正通透、明事理之人，视生死如瓜熟蒂落，心胸豁达，超越一切。

民间性格，有如泥土和植物，是一个地方的风情和神韵，它潜伏于此，千年不变。

先生冒寒不易

□秦淮桑

某年冬，一友去山里，说许多年未见这样的大雪，把路也埋了，枯枝也压断了，极目四望，莽莽苍苍，人在那时，心无所思，只是跟着脚步走，不知会走到哪里——也许是一户人家门前，也许是更深更冷的山里。总觉得自己会迷路，但最终还是走了出来，记得来路有松，松枝覆雪，沉沉欲坠，几成不可承受之重。渐近黄昏，顺着那些松树的指引，好不容易走出深山，回到暖灯可亲的家中，心就安了。

看他发来的照片，万物都在深雪里，我只感到一阵清寒。

大雪纷飞，美则美矣，却也冻手冻脚萧瑟难耐，最自在莫过于闭门不出，煮水烧茶，喝滚烫的普洱，读明清小品，手倦抛书，拥被午寐，窗帘不必拉上，睡眼蒙眬之际，仍见大雪片片，轻飘飘落在屋外。

然而，他随雪去了山里，见了更为深静的琉璃世界，那里一点人烟也不见，一点人声也不闻，目之所见，全都是白，万籁俱寂的白，落了片白茫茫大地真干净的白。“走在雪中，就算迷路，我也愿意。”

看着照片中厚厚的积雪，顿觉寒意扑面。我回复：“先生冒寒不易。”

随之说起《雪夜访戴》，王子猷行事洒脱率意，自有一段魏晋风流。那样的大雪夜，寒恻恻天地一白，谁不想拥被而眠一枕黑甜。王子猷偏不，记起戴安道在剡，就要乘兴而往，驾一叶扁舟经宿方至，到了人家门前却不进去，掉头回去了。“吾本乘兴而行，兴尽而返。”这话说得也有意思，好兴致都在雪夜行舟间，兴致尽了，自然也就不必见戴了。

“戴安道事后得知，不知会作何感想？”朋友发来消息。

我说：“大概也会觉得‘先生冒寒不易’吧，那么远的路途，四处落雪，寂无人声，难为王子猷在舟中过了一夜。”若我也有雅兴雪夜访友人，必不会效仿王子猷，怎么也得讨碗热茶喝，而后与友人一同踏雪闲行，有梅探梅，无梅探松，竹亦可。

先生冒寒不易。这一句，起先是在诗人周梦蝶《不怕冷的冷》一诗中读到的：

最宜人是新雨后晚风前
当你曳杖独游，或临流小立
猛抬头！一行白鹭正悠悠
自对山，如拭犹湿的万绿丛中
一字儿冲飞——
冷冷里，若有鼓翼之声来到耳边，说：“先生冒寒不易。”

读着极喜欢，新雨、晚风、白鹭、青绿，俱在眼前，水流潺潺，曳杖人独立，不怕冷，也不怕孤寂，能得山水禽鸟以恬淡诗意酬赠，那么，远路而来所受之寒也就不值一提。

曾完整地把这首诗抄在笔记本里，日间诵读，纸页间都是山风拂过般的清寒。后来方知，此句原出自《三国演义》。

书中，刘备说得最克制而有人情味的一句话，莫过于“先生冒寒不易”。其时，刘备为请诸葛亮，三顾草庐，两次寻访不遇，第二回临走前见一人冒雪骑驴而回，误认为此人是诸葛亮，遂上前施礼道：“先生冒寒不易！刘备等候久矣！”

细细品味，这句话是很有意思的，堪下酒。尤其暮天飘雪，烧着红叶，隔水温陈酿，偶有微雪飘入火里，眨眼即化。酒温好，仰头喝进肚里，肠胃俱暖。

看雪，烤火，饮酒，再想想刘、关、张也都是冒寒而来，刘备却闭口不提，只说人家的不易，世故人情与钦慕关怀都在里边。何须小菜下酒，只一句“先生冒寒不易”，就足够滋味深长了。

诸葛亮受了刘皇叔的三顾之恩，这一顾二顾三顾都是冒寒而来，委实是“冒寒不易”，诸葛亮想来是能体会到这种不易的，遂决计出山辅佐。奈何刘备“创业未半而中道崩殂”。诸葛亮受托孤之重，为复兴汉室，南征北伐，亲理细事劳心劳力，终致形疲神困心力衰竭，病故于五丈原。一身智谋随风散去，真是可叹可惜！

这时再念一声“先生冒寒不易”，不知几多况味在其中矣。

落雨的时刻

□高　兴

傍晚时分，天又下起了雨。想做点什么，却怎么也集中不了心思——已在那雨中了，我知道。雨，不断地下，点点滴在我的心头，湿润了我的记忆。

童年，就这样，在雨声中一步步走近。

在江南，下雨是一种日常，也是天的性情。随时都会下雨。阵雨，中雨，毛毛细雨。下得最多的就数毛毛细雨了，毛毛细雨成了江南的典型氛围。

我们家乡人不说下雨，而说落雨。由于时常落雨，家家户户都要备上几把伞。那时，人们撑的都是油纸伞，戴望舒诗中的油纸伞，绛红色的，在雨中飘着，让灰色的世界有了点色彩。

我小时候不喜欢撑伞，下再大的雨，也不撑。总觉得那样的伞太柔弱，再说拿着也麻烦。我从未希望“撑着油纸伞”，遇到“一个丁香一样的，结着愁怨的姑娘”。那时，哪里有什么愁怨啊，只有单纯的快乐。

在雨中行走，其实，是件极为惬意的事，尤其在夏天。雨，打在身上，绝对比人的抚摩还舒服。雨的抚摩，是最体贴的抚摩。我就这样长期享受着雨的抚摩，从不担心会因为淋雨而感冒。记忆中，我也确实没有因为淋雨而感冒过。

我还喜欢在雨夜，关上电灯，躺在床上，听雨打屋顶的声音，仿佛天在演奏。那是我童年的音乐。

和雨的特殊缘分，最终促成了发生在上海街头的故事。那是20世纪80年代，我陪同罗马尼亚女演员卡尔曼去商店购物。忽然，就下起了雨。所有人都躲进了商店，或打起了伞。唯有我和卡尔曼，在雨中从容地走着。卡尔曼说，欧洲的艺术家都喜欢在雨中漫步。我说，如果这样的话，我从小就是艺术家了。

抵达饭店时，卡尔曼为了感谢我雨中的陪伴，竟当着许多人的面，热烈地拥抱我，在我脸上重重地吻了三下。三个火热的吻，和雨连在一起。

我从此更喜爱落雨了。

深时之旅

□苗　炜

英国作家罗伯特·麦克法伦写过一本书，叫《深时之旅》。“深时”是一个地质学的时间概念，指的是“地球那令人眩晕的漫长历史”。在这本书里，作者深入矿场、洞穴、冰川内部等地下空间，把眼光放到万年、亿年，用深时的视角重新审视人类活动。

我们知道，人类所生活的地球，它的生命不是以年、月来计算的，而是以“世”“宙”这样的单位来计算的，这些属于地质纪年方式，时间跨度是十万年、百万年甚至上亿年。地表一切生生不息的现象，都无法成为地球生命的记录载体，能记载它的只有岩石、冰川、海床沉积物和漂移的地壳板块。以前认定的说法是，我们生活在新生代第四纪的全新世，但这个概念正在改变。1999年，在墨西哥城的一次关于全新世的研讨会上，诺贝尔奖得主、大气化学家保罗·克鲁岑提出，“全新世”的说法已经不再准确。根据传统的地质学观点，全新世是从11700年前开始的，一直持续到今天。但克鲁岑认为，现在整个世界已经发生了剧变，人类将在接下来的几千年甚至上百万年中，成为对地球的地质产生主要影响的因素。我们需要一个新的词——人类世。我们人类，既是人类世的核心生物，也是它的缔造者。不要以为“缔造者”在这里是一个好词。我们可以想想人类世的地层上会留下哪些印记。

麦克法伦在书里写到，他在挪威北部边缘岛屿的海滩上，看到了五花八门的塑料垃圾，这些是典型的人类世物质，它们不是从自然中诞生的，也无法在自然中降解，变成了没有办法被消化，也没有办法从整体上把握的东西。我们持续不断的活动甚至创造了一种新的岩石，叫“塑料聚合岩”——人们用篝火燃烧海滩垃圾而产生的熔化塑料，与沙砾、贝壳、木头和海草等凝结在一起，由此形成了一种坚硬的聚合物。这种岩石构成特殊，又非常耐久，很可能成为人类世地层的标志性物质之一。书里有句话让人印象很深刻：“比我们的存在更长久的是塑料，猪、牛、羊的骨骼，和铅207。”铅207就是铀235衰变链条末端的稳定同位素。我们可以理解为核废料。

“人类世”这个概念，是“深时”给我们的当头一棒。

美国弗吉尼亚大学的城市规划师蒂姆·贝特里曾经提出一个概念，叫“自然金字塔”，他说人们应该摄入一定剂量的“大自然”。金字塔的顶端是一年一度或者两年一度的荒野之旅，“那些地方会重塑我们的核心，为你注入对自然的深刻的敬畏感，让你重新跟更广阔的人群连接，重新确定自己在宇宙中的位置”。往下一层，是每月去一次森林、海边或者沙漠、群山。再往下一层，是每周去一次公园、河边，暂时逃离城市的喧嚣，至少在自然环境里待够一小时。然后，底层的是我们日常交互的自然，包括社区里的鸟、树木、喷泉、家里的宠物、绿色植物、自然光线、新鲜空气、蓝天白云，这些都类似于日常的蔬菜，可以帮你缓解压力、提高专注力、减轻精神上的疲惫感。希望你在每天一小时与自然的接触之后，还能尝试一下金字塔顶端的“深时之旅”。

万物入心

□周春梅

“仔细观察，记下你所看到的一切，设法把美变成需要，设法使需要变成美。”加拿大作家安妮·麦珂尔斯的小说《漂泊手记》，为我们提供了一种生活准则和努力的方向。

小说中的女主人公，每次旋开速溶咖啡罐，总要对它的香气赞赏半天；每折一下新洗的亚麻布，总要停下来深吸它的芳香；吃从店里买来的糕点时，能慢慢品上半天，好像那是大师亲手烤出来的一般；每次买了新东西回来——通常不过是必需品（比如一块布已经缝补得不能再用了，必须替换）——总是爱抚着它，好像那是一流的物品。

在简朴的生活中，能够品味并珍惜青蔬之滋味长，就是一种幸福。如果可以沉潜其中，并对世界万物有所领悟，大概就近于宗教境界了。

宗教境界并不必然对应某种具体的宗教，而是指一种专注和虔诚的心境。美国女诗人玛丽·奥利弗长年隐居山林，创作多以山野自然为对象，被称为美国当代的“归隐诗人”。从她的诗中，我们甚至能够感受到“只在此山中，云深不知处”一般的东方隐者的高洁气质。

她教我们学会看：鱼跳跃，像一朵小小的睡莲，跃出水面，又落下。教我们学会听：金翅雀歌唱，在不可触及的树梢；白杨树摇晃着叶子，奏出最甜美的音乐，接下来是一阵美丽而短暂的沉默。教我们学会感受和想象：郁金香感受到热，张开花瓣，变成了一颗星；蚂蚁钻进牡丹的花苞，里面藏着一个针孔似的甜蜜暗井；沙滩上的石头，每一块都被阳光镀成了黄金。

她的一首诗以“寺庙从何处开始，在何处结束”为题，提醒我们，打开自我，万物入心，每个人都可以拥有一座自己的寺庙，随时，随地，随心：

我看着，从早到晚，我未曾停止观看
我说的看，不是只站着，而是
敞开怀抱似的站着
并且思考：有些事物也许会降临
一些闪亮盘旋的风
或者，老树上飘落的几片叶子——
它们都在其中
现在，我将告诉你真相
世上的万物，降临。

无音之音

□［日］河合隼雄

58岁时，我再次吹起了在学生时代因吹不好而放弃的长笛。学习某种技能真是不错，每次都能因学到新东西而感到开心。因为我从事心理治疗的工作，对人的生活方式高度关注，学习长笛时多能和人的生活方式及心理疗法关联起来。这样一“算”，感觉学到了两倍甚至三倍之多的知识。

长笛不同于钢琴，它一次只能发出一个音，因此只是吹单曲而已。吹到得意时，会被老师问“这里的和音怎么处理”。也就是说即便是吹单曲，如果不了解和音如何变化也是不行的。我总认为，无论知不知道和音变化，曲子本身都不会发生变化，实际却并非如此。随意地吹奏和用心地吹奏明显不同，老师一听就明白。

这时，没吹响的音反而很重要。细想一下，这在人际关系中是不是也很重要呢？人只有一张嘴，一下说不了太多话。比如，说“我很悲伤”时，如果把它想成曲子，同样一句“我很悲伤”下面就会有各种和音，这就大有异趣了。聆听没有被说出来的和音是不是也非常重要呢？我想，倾听无音之音的态度在深度理解他人方面是非常必要的。

我还在另一件“无音之音”的事情上被教导过。长笛是可以发出高音的乐器，可是想把高音吹得漂亮太难了。我一吹就成了所谓的“高亢”之音。这种时候尽管老师会提醒，但吹起高音时总感觉身体也在往上提，仿佛“浮了起来”，总是吹不好。

吹的声音升高时，身体的感觉应该是下沉到腹部下方的，必须将气息支撑起来才行。就是要由成不了音的低音来支撑高音的那种感觉。

这样吹起来真的很难。若到高音时连身体也不由自主地浮了起来，音色就会变坏。

练习时我想的是，人在一帆风顺处于上升趋势时很容易“飘起来”。无论升到多高，要想牢牢地支撑住自己，就必须伴随着产生某种下降的力量。要有某种存在于高位和低位之间的紧张感支撑着高位，并同时赋予它厚度。

人的幸福或许也与此相似。即便身处幸福的巅峰，倘若没有与之相对应的深沉的悲伤来支撑，也终将化为浅薄。没有单纯的幸福存在。

当然，一般人只能听到长笛的高音。正如好的音色有着无音之音的支撑。幸福也一样，即便他人眼中只能看见幸福本身，要使其拥有厚度，也必须靠悲伤来支撑。

我想强调的是，幸福无论多么美好或看起来多么光彩夺目，只要缺少深沉的悲伤来支撑，也只能是飘浮之物。更重要的，是支撑幸福的那种悲伤。

生命的时区

□蒋　曼

女儿上高中，班级大合唱时，她被音乐老师选为钢琴伴奏。

她从小学习钢琴，接受专业的训练，在流畅、悦耳的旋律背后，是大量枯燥的练习。

后来学业繁重，女儿不再练琴。钢琴上落满灰尘。我暗自后悔，觉得女儿因为学琴浪费了大把时间。老师安慰说："孩子从小练，属于童子功，现在不想弹就算了，以后总有想弹的时候，恢复起来也是很快的。"

突然而至的伴奏任务激发了女儿弹琴的热情。她想尽一切办法挤出时间练琴，严格遵守当年钢琴老师的指导，甚至保持着弹奏时先跑几遍指头的习惯。在停止练习弹钢琴3年后，女儿此时似乎获得新的魔力，从心态到技法，完全像换了一个人。我想起钢琴老师说的："没有白练的说法，只是有些种子长得慢一些。"

当速度和效率成为信息时代的标杆，光阴是背后的一支支利箭，催着人快马加鞭。当时间成为流水线，传送带上是不断增加的恐慌和焦虑。人们总是害怕自己或者孩子成长太慢，成功太晚。

网上有一首很火的诗，名叫《走在自己的时区里》：

在时间上，纽约走在加州前面3小时，但加州并没有变慢。有人22岁毕业，但等了5年才找到好工作。有人25岁就当上了CEO（首席执行官），却在50岁时去世了。也有人直到50岁才当上CEO，最后活到了90岁。

世上每个人都有自己的发展时区。有些人看似走在你前面，也有人看似走在你后面，其实每个人在自己的时区有自己的节奏。不用忌妒或嘲笑他们。生命就是等待正确的时机行动，所以，放轻松，你没有落后，也没有领先。在命运为你安排的时区里，一切都非常准时。

一个种青花椒的朋友告诉我，青花椒的种子比一般作物的奇特。播下去，发芽的时间参差不齐，早晚不定，有时前后相差一年多。所以，种青花椒要有耐心。着急也没有用，每一颗种子都有自己的节律。生命从来拒绝整齐划一，它们不疾不徐，酝酿着自己时区里的阳光和风雨。在生命的时区里，快与慢，奔跑和静止，都很准时。

柳宗元记载过一个名叫郭橐驼的种树高手，他批评其他的种树人："爱之太恩，忧之太勤，旦视而暮抚，已去而复顾，甚者，爪其肤以验其生枯，摇其本以观其疏密，而木之性日以离矣。虽曰爱之，其实害之；虽曰忧之，其实仇之。"殷勤照拂实际成为强行打扰，还是因为太心急，和今天焦虑的人们如出一辙。

每个人的生命都有自己的时区，它们不是流水线上标准整齐的产品，需要高效率的规划和设计。它们有属于自己的四季。时间不仅要用来追赶，也要用来酝酿和发酵，在静默中生长出从容安详的灵气。

那些年
为彼此流过的眼泪

□肖　遥

20世纪90年代，我们举家从山区搬迁到城市后，小时候的山居生活便时常浮现在我的脑海中。

住在山区时，父母在一家光学仪表厂工作，它有一个好听的名字，叫“云光”。冬天的早晨，我们起床后做的第一件事是去锅炉房打开水，这是家中孩子分担家务的第一课。开水房也是厂里的“信息中心”，山区里的厂区处于半封闭状态，离最近的镇子也有一小时的车程。这么小的地方能有什么新闻呢？最大的新闻就是谁要调走了。后来，这种消息逐渐多起来。父母那一代支持三线建设的大学生已近中年，他们都千方百计地想调回自己的家乡，有的是因为子女教育的问题，有的是要回去照顾老人，有的是看到了城市的发展，害怕会错过什么。知道我们要搬家了，年少的我却心情复杂，对即将面临的新生活虽也有期待和好奇，但更多的是对山区生活的留恋和离别的伤感。

厂区就是一个小社会，从幼儿园到高中、技校，以及医院、澡堂、公园等一应俱全，在路上走着走着就会碰到熟人。我父母是20世纪70年代大学毕业后来到这里的，和他们一起进入这座大山深处的同学有六七对。几家人逢年过节都会相互登门问候，这是远离家乡的生活中的一项重要仪式，其乐融融的相聚可以冲淡乡愁。父母和他们的同学，相互扶持着一路走来，感情深厚，胜似亲人。

我上幼儿园的时候，全家搬到了厂区八号楼，几年后，我们又多了很多“亲人”。这里夜不闭户、路不拾遗，邻居们互相帮忙挖地种菜、照顾小孩。于是，每年春天全楼的餐桌上都少不了夏阿姨采摘的香椿、王阿姨做的咸鸭蛋和豆腐乳，家家户户的鸡圈里都有张阿姨家的母鸡孵的小鸡。我记得，隔壁赵叔家是第一个买电视机的，那时几乎全楼的孩子都挤在他家看电视。现在回想起来，赵叔家或许经济条件并没有多好，但是赵叔爱小孩、爱热闹，便有意识地把自己家打造成一个家庭影院。

那个年代的娱乐活动不多，人们之间反而更亲密，精神生活也更细腻精致。吴阿姨特别会养花，昙花开放的某个月夜，邻居们都跑到她家等待花开，就像共同期待一个奇迹。这个奇迹因为齐聚一堂的紧张期待而变得更加神秘和盛大。每年换季时，我家的缝纫机就开始忙碌起来，母亲的几个女同事传阅着《上海裁缝》杂志，琢磨着新衣服的样式，她们一起剪裁、缝纫，嘻嘻哈哈，亲如姐妹。我上小学时穿的毛衣都是高阿姨织的，而许阿姨家的枕头上、门帘上的花都是母亲绣的，还有很多新款布料和毛线都是许阿姨托上海的亲戚寄来的。

有一次，我在学校发现自己和同班同学小燕撞衫了——我们俩穿的裙子一模一样。原来，我的裙子是小燕的父亲去北京出差时买的。谁叫我们的父亲是同事呢？此后，我们便心照不宣地亲近起来，成了无话不谈的好朋友。父母其他同事的孩子，也大多和我成为朋友。记得每次跟父母去车间，我都仿佛进入一个异度空间，机器、齿轮、车床，飞溅的火花和机器的轰鸣声，这些曾让我感到畏惧的事物，因为有新结交的小伙伴相伴同行而变得有趣。从此，车间门口的钢筋下弦杆成了我们的游戏器械，废弃的零件池成了我们的百宝箱。在厂区孩子的心目中，还有什么比混凝土花池、红砖墙面、水塔和烟囱等更令人心潮澎湃的呢？

在那个晚上有着灿烂星空、白天能望见连绵伏牛山的厂区，我每年春天和同学们一起上山摘桃花，夏天和邻居家的小伙伴一起游泳，在车间结识的小姐姐曾经给我摘紫色的野葡萄和红色的野草莓，邻家哥哥曾经教我在坡道上滑冰。

上学时走过的绿色田野、爬过的小山、蹚过的小河，因为小伙伴的陪伴，都成为我生命中生动而绚丽的记忆。

记得我们全家离开云光厂之前，大家轮流请我们到家里吃饭。就这样一家家吃下来，足足持续了一个月，那种依依不舍的情感，朴实又深切。临行前一晚，我们住在赵叔家。他的小女儿毛三正值黏人的年龄，每次我去赵叔家玩耍完回家时，她都依依不舍哭着不让我走。这次终于有机会跟我挤在一张床上，她高兴得合不拢嘴。可是，一想到天亮后我就要离开这里，她便不由得伤心哭泣。

第二天，送行的大人们拉着我父母的手，一个个眼眶都是红红的。载着我们的车子开动的时候，我看见车下的毛三追着车跑啊跑，早就哭成了泪人。赵叔追上来隔着车窗想跟我们交代点什么，却哽咽着说不出话。王阿姨笑着挥手，眼泪像断线的珠子一样滚滚而下。我的几个同学也来了，少男少女迎着朝霞，眼睛里盈满泪水。

这个情景多年后我回味起来，甚至觉得有些荒诞。只因如今人们越来越吝惜自己的情感、吝于表达，城市里密集的人群，物理距离那么近，心灵距离却那么远。相形之下，我小时候的岁月如此平静而幸福，如此珍贵。那种纯净而浓郁的邻里之情，可能是那个百废待兴的工业年代所特有的，人与人之间的深情厚谊，就像遇到充沛的阳光和雨水的鲜花一样盛开着，纯真而丰盛，朴素又醇厚。

在此后的人生中，无论遭遇多少失败和失望，我对人性的信任始终没有垮塌。因为年少时的山区生活，仍在默默地支撑我，让我相信自己还有能力去感受爱，还敢于为别人付出。人与人之间的情感，是一股最能滋养生命的源泉，就像那些年我们为彼此流过的眼泪，真挚而温暖。

文字里的生活细节

□唐不闻

我看书特别喜欢关注一些细枝末节的东西。比如乐府诗《陌上桑》里有一段问答：

问："罗敷年几何？"

答："二十尚不足，十五颇有余。"

我就想，原来女孩子的年龄自古就不好随便对别人讲，非要遮遮掩掩，跟你绕弯弯。而且我猜，罗敷的年龄肯定不是十八，就是十九，否则就不是二十"尚"不足了，她大概会骄傲地告诉你：二十"颇"不足。

还有一个例子，司马懿的侄孙司马彪，他所写的《九州春秋》里，出现了一个词："唾掌而决"。

这个词的意思是：往手心吐口唾沫，事情就解决了。这个词，显然和后来的"唾手可得"是一个意思。

这个词透露了一个很有意思的信息。它说明有一个习惯，可能人类已经保持了至少2000年。就是在干重活的时候，很多人会先往自己两只手的手心里分别吐一口唾沫。在我小的时候，见过很多人干力气活，都有这个习惯。

随着工具的进步，这个超过2000年的习惯早晚会消失。但曾经的生活细节，会永远保留在那些文字里。

瓷娃娃

□李家同

我在柏克莱念博士的时候，有一位美国好朋友约翰，我当时是单身汉，他已婚，太太非常和善，我便成为他们家的常客。约翰夫妇都是学生，当然收入不多，可是家里却布置得舒适极了，他们会买便宜货，收集了不少的瓷娃娃，满屋子都是。我每次到他们家，都会把玩这些瓷娃娃。

约翰告诉我，他们的瓷娃娃都是从旧货店买来的。有一天，我发现一家旧货店，也去买了一个瓷娃娃带给他们，是一个高高瘦瘦的少女，低着头，一脸忧郁的表情，他们大为高兴。

我们先后拿到博士学位后就各奔前程了。约翰的研究是有关传感器的，毕业后不久就自己开了一家公司，用传感器做一些防盗器材，生意越做越大。很快他就成为美国一家安全系统公司的老板。毕业二十年以后，他的身价已近四亿美元。

有一年，我去找他，他亲自带我去参观他的系统展览室，我才知道现在的汽车防盗系统几乎都是他们公司的产品。看完展览以后，约翰开车带我到他家去。约翰的家在纽约的乡下，全是有钱人住的地方。当他指给我看他的住宅时，我简直以为是在看电影，如此大的庄园，没有一点儿围墙，可是谁都看得出这是私人土地，告示牌上也写得一清二楚：有安全系统，闲人莫入。约翰告诉我他的家有三层红外线的保护，除非开飞机，否则绝不可能闯入。

约翰的太太在门口迎接我。他们的家当然是优雅至极，一进门，迎面而来的就是一个明朝的青花瓷，往昔的瓷娃娃早已不见了踪影。这座豪宅当然有极为复杂的安全系统。我发现，入夜以后，最好不要四处走动，恐怕连到厨房里拿杯水喝都不可能，必须打电话给主人，由他解除了系统，才可以去。

约翰唯一的女儿在哈佛念书，那一天到了傍晚6点，还没有回来，他们夫妇都有点儿不安。原来这个女孩子厌恶有钱人的生活方式，开一部老爷车，也不肯带移动电话，他们担心她的老爷车会中途抛锚。我们一直等到8点，才接到她的电话，果真车子坏了，可是她现在安然无恙，在一个陌生人的家里，我和约翰一起去接她。他女儿告诉我们，她车子坏了以后，就去求救，没有想到家家户户都装了爸爸公司设计的安全系统，让她无计可施。亏得她最后找到了这座又破又旧的小房子，她知道这座小房子是不会有安全系统的，果然她见到了这位和气而友善的屋主。

我们一再谢谢这位好心的年轻人，也邀他一起去吃晚饭。晚餐是在一张长桌上吃的，夫妻俩分坐长桌的两端，一位脸上没有表情、穿制服的仆人来回送菜，每一道菜都很精致，每一种餐具更是讲究无比，可是我想起当年我们在约翰家厨房吃晚饭的情形，我觉得当年的饭好吃多了。还有，那些可爱的瓷娃娃到哪里去了？

一年以后，我在《华尔街日报》上看到一则消息，约翰将他的公司卖掉了，他一夜间得到了四亿多美元，他的豪宅卖了500万美元，他只留下一个零头，用四亿多美元成立了一个慈善基金会。

几天以后，约翰夫妇不见了。他的女儿已和那位年轻人结婚，到非洲去帮助穷人了，这位科技名人从此失踪了。后来我收到了他的信，他现在住在英国一个偏远的乡下。再后来，我去英国开会，和约翰约好了去看他。下了火车，我找到了那条街。我在街上闲逛，忽然看到一幢房子的落地大玻璃窗与众不同，因为这个窗台上放满了瓷娃娃。

好可爱的瓷娃娃，我想这一定是一家旧货店，我想起约翰夫妇喜欢瓷娃娃，决定进去买一个送给他们。没想到当我抬起头时，看到约翰在里面，这不是旧货店，这是他们的家，完全对外开放的家。约翰夫妇热情地招待我，他们的家比以前的豪宅小太多了。他们把明朝的青花瓷捐给了纽约的一家博物馆。

约翰告诉我为什么他最后决定放弃一切。他的公司得到了一个大合同，改善整个加州监狱的安全系统，他发现加州花在监狱上的钱比花在教育上的还多，而他呢？他越来越有钱，却越来越像住在一座监狱里面。约翰决心不再拼命赚钱，而是要找回失去了很久的自由和恬淡。

约翰夫妇在附近的一家高中教书。他们俩的薪水就足够应付他们的生活了，因为他们生活得很简单，平时骑自行车上班，连汽油都用得很少。坐下来吃晚饭的时候，我才发现我送的那个瓷娃娃放在桌子中间，他们舍不得丢掉那些瓷娃娃。我总算吃到了我当年常吃到的晚饭，也重新享受到约翰夫妇家中的温暖。

我离开的时候，约翰送我去火车站，他告诉我他还有一些钱，他的女儿不会要他的这些钱，等他和太太都去世后，这些钱就全部捐出去。我说我好佩服他，因为他已经捐出他的所有。他忽然一笑，告诉我他仍然有一样宝物，没有捐掉。我对此大为好奇。他用一张小纸写了下来。火车开了，我和站在月台上的约翰挥手再见，等看不见他以后，我打开了那张纸，纸上写的是“我的灵魂”。

我坐在火车里，不禁一直想着，有些人什么都有，却失落了自己的灵魂。

感受的稀薄

□陈嘉映

我们可以区分哪些事是我们不得不做，哪些事是我们乐意做的，但这种区分是挺有限的。比如带孩子，不爱换尿布，爱逗孩子笑。但你不给孩子换尿布，逗孩子笑就没那么快乐。

好玩的事情是怎么跟有点儿苦、有点儿累的事情连在一起的，我们并不大清楚，但我们大致知道，如果我们为孩子付出了很多精力，我们跟他的相处就会有一些不同的品质。等到把不爱干的事情都交给机器人以后，剩下的爱干的事情的性质也会改变，我们作为人的品质总体上也会改变。

我们劳作得很辛苦，难免有时会希望别人做这些工作，我们来享受劳动成果。不过，正如伯纳德·威廉斯指出的，人并不是只会享受的生物，我们不仅希望获得结果，也希望这些结果是亲力亲为得来的。劳动创造了人，是人的基本需求。如果把劳动与享受割裂开来，劳动由机器完成，人单单享受结果，那么人的定义就改变了。

我们实际上正在经历这个过程。我们对世界的感知越来越集中到结果这一端。我们住在楼房里，不知道楼房是怎样盖起来的；打开餐盒，里面是大米饭，但我们没见过水稻长在地里是什么样子的；我们通过各种屏幕看到海底世界、太空、非洲的动物、世界各地的骚乱，但没有哪件事情是我们亲历的，没有哪样东西是我们亲力亲为的结果。不断进步的技术把人类劳动一项一项接过去了，我们不必经历劳动的艰辛就能够享受劳动的成果，这让技术乐观主义者欢欣鼓舞——技术把苦活儿累活儿难活儿都干了，我们享受成果，有何不可？但事情还有另一面，那就是，我们只享受结果，不再能感知产生结果的过程。仅仅享受结果而不感受过程，这让我们的感受变得越来越稀薄。

我的专业很“土气”

□叶橙子

这真是在上课吗

每一所农业大学的食堂都有着“××地区高校第一食堂”的美誉，正如每一所海洋大学都绑定着“吃海鲜不要钱”的谣言。这些说法未必属实，但它代表着广大吃货对这些大学与偏小众专业的刻板认知：上课在种菜、钓鱼。所以，总让人忍不住发出“这真是在上课吗”的质问。

社交平台上一搜“食品科学”，你会发现“食品人”的视频里，十个有八个在穿着白大褂做菜。“打扰了，这就是新东方厨师考试现场吗？”猪肉与牛肉齐飞，果冻共苹果醋一色，正所谓上课时笔可以不带，筷子不能少。神奇的是，不论来自哪所学校，这些视频总会出现一个通用菜式——灌香肠，还灌出了七十二种花样。

时不时成为互联网围观宠儿的还有农学，农学是个很大的学科，有园林、动物科学、林学、草业科学、烟草、茶学等专业，但大多数都逃不过挖地的命运。某林学学子表示，连挖了三天的坑、种了三天的树后，他做梦都在扶苗培土。

有动物科学或畜牧学的朋友，上学前幻想迪士尼公主剧情，可爱的小动物亲切地围绕在身边。后来发现剧本其实是“网红”华农兄弟——永远奋斗在逮动物的路上。地上跑的、水里游的，只要和考试分数挂钩，都别想逃走。

曾以为学了水产养殖，就能成为央视《致富经》里在养殖池子边侃侃而谈“今年又赚了一笔”的民间大佬，没想到大佬梦的第一步，栽在期末考试钓鱼只钓了半塑料袋上……

专业总是与新生的想象对着干

专业的土气与洋气是薛定谔的状态，它总是与新生们的想象对着干。当你以为现代农学很高端、每天窝在实验室分析基因，下一秒就被小三轮拉去村里种红薯……当你以为某个专业或许轻松有趣时，却又被能把书架压弯的大部头巨著震慑！奔着海鲜自由去学海洋生物学，结果发现那些深海生物自己连见都没见过，偏偏家里的亲戚还等着你给挑海鲜呢。

地质学新生做着白日梦，想着哪天在野外凭专业知识发现一条矿脉。等拿着镐子到野外实践、被咬了满腿的蚊子包，才发现和“矿”字相关的特质就一个：大家集体敲石头、找石头，挺像“黄金矿工”。

这些实践多的专业乍看很特别、很欢乐，可其中的惨痛教训是其他学科想象不到的。

农学，是为数不多的“靠老天爷”吃饭的学科。无数学生作业的生死存亡，就在阴晴不定的天气与隔壁村民的菜篮里。有时为了交上昆虫课的五十只标本作业，出门旅游都带着家伙。实在凑不够，蟑螂也可以试试。人间最惨莫过于种个桃子，开花遇上倒春寒，坐果遇上大冰雹……哪怕抱上老师的大腿哭个三天三夜，老师也只能无奈地说：“娃儿啊，这是天命。”

能有多坚强，不堪一击好不好？如果能再来一次，宁愿那天下大雨涨水的是我的宿舍，而不是项目组的鱼池，谁能想到一场暴雨过后，漫山遍野都是我的毕业论文……宁愿大风刮走的是我的假发，而不是养了大半年的小橘子苗。对学农人来说，当你一觉起来发现培育的甜瓜不知所终，找到偷盗者时第一反应不是愤怒地追究，而是火急火燎地追问：“老乡，你把籽吐哪儿了？”

他还听说同校同学孵小鸡，孵出来第一天夜里就遭遇黄鼠狼了，前辈却还苦涩地笑笑说没关系，因为每年都得“给黄大仙上供”。

天天做吃的很快乐

每个专业有每个专业的为难，你以为食品学同学天天做吃的很快乐？非也非也。一来，实验课也不是天天都上，本科大部分时间还是用在理论学习上。二来，很多时候实验目的不是“哪种更好吃”，而是测试不同材料、不同做法、不同成分的差异与变化。自己做的未必如外面卖的好吃。最尴尬的是，吃完自己做的零食拉了肚子，一边在厕所里痛不欲生，还要一边回想实验哪一步出了错。

学地质的阿潮是内蒙古人，上大学前见过的最大起伏的地势也就是公园里的小山坡，进山实习时她明白了什么叫“山头林立”。大一大二实践的内容还只是老师领着大批同学敲敲石头、看看岩石，整体就像高配版春游。等到她混成了“成熟的地质狗”，首次扎进莽莽大山独自测绘，阿潮脑海里响起了一首歌——《美丽的草原我的家》，从未想过“平坦”是如此可贵的一个词。

说来矛盾，这些专业明明与衣食住行联系紧密，却一直算是“边缘专业”，对应的往往是就业方向的困难与薪资的平淡。而且，它们需要和普通社会学科一样苦哈哈地写论文。

影响论文成型的因素多种多样，这些学科某种意义上“太接地气”，要是实验的小鼠不肯生崽，毕业论文一个字憋不出来。换个角度看，这些学科又“太不接地气”，因为外行人根本看不懂，也一时无法想象，茶、酒、食品、水果蔬菜、山林等熟悉的事物原来也有讲究。普通人以为种地只是播种、浇水，再等着收获，学术领域内光土壤肥料就足以单列一个专业。这些科研结果“看天命”的学科，研究的反而是想办法“抗天命”，让粗放的农业、渔业走向精细化，风险再小一点儿。就像超市货架上那些零食、调料，背后是食品学在把关。

纪录片《克拉克森的农场》里，节目组让一个著名主持人去农场养鸡种地，给他配备了一个助手查理。主持人最开始不喜欢见到查理，因为他总是带来悲伤的消息，播种时间要错过了、仓库里不能这么放肥料、这片土地不该这么用……告诉他农业没这么简单。

主持人真正对查理改观，是在他仅看一眼小麦的颜色就猜到了蛋白质含量的时候：“会种地的人，真是酷毙了。”

力　量

□薛瑞华

三年前，窗外的二楼平台，在防水层的裂缝中，长出一个嫩芽。我试图拯救它，小心地将其连根一起挪走，栽到院前的土地里。虽然我精心呵护，但它日渐枯萎，直至死去。

去年，随着天气渐暖，原来的裂缝处，第二个嫩芽迎着春风钻出来，茁壮成长。直到初冬，冷风呼啸，它也像周边的大树一样，叶落枯黄，只剩干枝。但它迎风而立，不惧寒冬。我想来年春天，它的枝叶一定会更加繁茂。

今年春天，过了发芽的时节，仍未见它冒出一点儿小芽。我每天看看窗外，期盼绿叶再生，但未能如愿。直到有一天，在干枝的旁边，另外一棵嫩苗挣脱阻拦，努力地生出一枚绿叶，伴着风和雨，渐渐长大。夏天，几场大雨过后，它更加努力，很快便赶上了去年的大小，而且叶更宽、绿更浓。时序推移，夏去秋来，即便霜降已过，旁边的杨树纷纷落叶，它那宽大的叶子依旧每天迎接着太阳。

生命的力量，往往在艰苦的条件下，才真正得以呈现！